面向新工科高等院校大数据专业系列教材
信息技术新工科产学研联盟数据科学与大数据技术工作委员会 推荐教材

头歌平台官方推荐图书

Cloud Computing and Big Data Technology

云计算与大数据技术应用

第2版

安俊秀 靳思安 黄 萍
董相宏 蒋思畅 韩沛伦 编著

本书系统介绍了云计算与大数据的基础知识和主要技术。全书共 11 章，主要内容包括云计算概述、大数据技术概述、虚拟化技术、数据中心与云存储技术、并行计算与集群技术、OpenStack——功能强大的 IaaS 平台、Docker——用途广泛的容器技术、Hadoop——分布式大数据开发平台、Storm——基于拓扑的流数据实时计算框架、Spark——基于内存的大数据计算框架，以及云计算仿真。本书注重实用，实验丰富，理论紧密联系实际，使读者可以系统全面地了解云计算与大数据技术。

本书由头歌平台在线提供一站式配套实验环境和内容，扫描封面勒口二维码即可访问。

本书可作为高等院校云计算、大数据相关课程的教材，也可以作为计算机相关专业的专业课或选修课教材，同时也可以作为从事云计算与大数据技术相关领域研究的人员的参考用书。

本书配有教学资源（包括电子课件、程序源代码、教学大纲、习题及答案），需要的教师可登录 www.cmpedu.com 免费注册，审核通过后下载，或联系编辑索取（微信：15910938545，电话：010-88379739）。

图书在版编目（CIP）数据

云计算与大数据技术应用 / 安俊秀等编著. —2 版. —北京：机械工业出版社，2022.8（2023.2 重印）

面向新工科高等院校大数据专业系列教材

ISBN 978-7-111-71412-5

Ⅰ. ①云…　Ⅱ. ①安…　Ⅲ. ①云计算-高等学校-教材　Ⅳ. ①TP393.027

中国版本图书馆 CIP 数据核字（2022）第 149884 号

机械工业出版社（北京市百万庄大街 22 号　邮政编码 100037）
策划编辑：王　斌　　责任编辑：王　斌
责任校对：张艳霞　　责任印制：单爱军

河北宝昌佳彩印刷有限公司印刷

2023 年 2 月第 2 版 • 第 3 次印刷
184mm×240mm • 14.5 印张 • 345 千字
标准书号：ISBN 978-7-111-71412-5
定价：59.00 元

电话服务
客服电话：010-88361066
　　　　　010-88379833
　　　　　010-68326294

网络服务
机　工　官　网：www.cmpbook.com
机　工　官　博：weibo.com/cmp1952
金　　书　　网：www.golden-book.com
机工教育服务网：www.cmpedu.com

面向新工科高等院校大数据专业系列教材
编委会成员名单

（按姓氏拼音排序）

出版说明

当前，我国数字经济建设加速推进，作为数字经济建设的主力军，大数据专业人才需求迫切，高校大数据专业建设的重要性日益凸显，并呈现出以下四个特点：实用性、交叉性较强、专业设置日趋精细化、融合化；专业建设上高度重视产学合作协同育人，产教融合发展迅猛；信息技术新工科产学研联盟制定的《大数据技术专业建设方案》，使得人才培养体系、专业知识体系及课程体系的建设有章可循，人才培养日益规范化、标准化；大数据人才是具备编程能力、数据分析及算法设计等专业技能的专业化、复合型人才。

作为一个高速发展中的新兴专业，大数据专业的内涵和外延不断丰富和延伸，广大高校亟需能够系统体现大数据专业上述四个特点的教材。基于此，机械工业出版社联合信息技术新工科产学研联盟，汇集国内专家名师，共同成立教材编写委员会，组织出版了这套《面向新工科高等院校大数据专业系列教材》，全面助力高校新工科大数据专业建设和人才培养。

这套教材依照《大数据技术专业建设方案》组织编写，体现了国内大数据相关专业教学的先进理念和思想；覆盖大数据技术专业主干课程的同时，延伸上下游，涵盖云计算、人工智能等专业的核心课程，能够更好地满足高校大数据相关专业多样化的教学需求；引入优质合作企业的技术、产品及平台，体现产学合作、协同育人的理念；教学配套资源丰富，便于高校开展教学实践；系列教材主要参编者皆是身处教学一线、教学实践经验丰富的名师，教材内容贴合教学实际。

我们希望这套教材能够充分满足国内众多高校大数据相关专业的教学需求，为培养优质的大数据专业人才提供强有力的支撑。并希望有更多的志士仁人加入到我们的行列中来，集智汇力，共同推进系列教材建设，在建设数字社会的宏大愿景中，贡献出自己的一份力量！

面向新工科高等院校大数据专业系列教材编委会

前　言

随着计算机和互联网的迅猛发展及广泛应用，人类社会不断向数字化、网络化前进，云计算与大数据技术应运而生。追溯云计算的根源可以回到 1956 年，克里斯托弗·斯特雷奇发表了一篇有关虚拟化的论文，正式提出了虚拟化的概念。虚拟化是今天云计算基础架构的核心，是云计算发展的基础。云计算技术的大规模运用促进各行各业进行数字化转型，从而催生了大数据。

本书是 2019 年出版的《云计算与大数据应用》一书的最新改版，主要面向群体为对云计算与大数据技术感兴趣的初学者、从事应用服务软件开发的从业者以及大中专院校云计算与大数据方向的学生使用。相较于第 1 版，本次改版做了较大幅度的增删和调整。其中，删减了数据中心部署选址等内容，使得结构更为紧凑；新增第 7 章，重点介绍当今企业 IT 领域中大量采用的 Docker 容器技术及容器编排技术 Kubernetes；第 8 至第 10 章调整了对云计算大数据框架的介绍顺序，以批处理为先导，逐步带领读者进入大数据处理的世界，并对技术框架的版本进行更新，如更新 Hapdoop 为 3.0 版本并介绍其架构变更、Storm 一章中加入了对 Flink 的介绍以进行对比学习等，力争向读者介绍更为先进的技术。

全书共分为 11 章。

第 1 章是云计算概述，主要介绍云计算的定义、发展背景、基础架构和服务模式，以及云计算的部署模式、典型的云计算产品、云计算技术的新发展、我国的云计算产业现状。

第 2 章是大数据技术概述，包括大数据技术的产生、大数据的 4V 特征、大数据的主要应用及行业推动力量、大数据的关键技术、典型的大数据计算架构。

第 3 章对虚拟化技术做了较为详细的介绍，主要包括虚拟化技术简介、虚拟化技术原理、常见的虚拟化技术解决方案、常见虚拟化技术的应用实践。

第 4 章介绍数据中心和云存储技术，主要包括数据中心的基本概念、云计算、大数据时代的数据中心发展趋势，着重介绍云存储技术，包括云存储的概念、结构、实现的基础及其特性。

第 5 章详细讲解了并行计算与集群技术，主要内容包括并行计算概述、云计算基础架构——集群、并行计算的分类、并行计算相关技术、并行程序设计实践——MPI 编程。

第 6 章介绍了 OpenStack 这一功能强大的 IaaS 平台，主要包括 OpenStack 架构和关键模块的介绍。

第 7 章介绍了 Docker 容器技术，分别介绍了 Docker 的基本指令、镜像和容器运行等，并对容器编排技术 Kubernetes 做了初步介绍。

第 8 章介绍了 Hadoop 分布式大数据开发平台，包括 Hadoop 概述、分布式文件系统 HDFS、分布式计算框架 MapReduce、列式数据库 HBase 以及 Hadoop 开发环境的搭建。

第 9 章详细介绍了 Storm 这一基于拓扑的流数据实时计算框架，包括 Storm 原理及其体系结构、Storm-Yarn、搭建 Storm 开发环境及 Storm 应用实践，并介绍了 Flink 框架。

第 10 章主要讲解了基于大规模数据实时处理的 Spark 内存计算框架，包括 Spark 概述、Spark 运行机制、Spark 运行模式、Spark RDD、Spark 的处理模式和 Spark 的生态系统。

第 11 章介绍云计算仿真，包括 CloudSim 云计算仿真系统、CloudSim 的模型使用场景、CloudSim 的应用实践。

本书由成都信息工程大学安俊秀教授、印第安纳大学（Indiana University）靳思安博士和成都信息工程大学黄萍教授等共同编写。其中第 1 章、第 2 章、第 3 章由韩沛伦、安俊秀编写；第 4 章、第 5 章、第 6 章由蒋思畅、黄萍编写；第 7 章由安俊秀编写；第 8 章、第 9 章、第 10 章、第 11 章由董相宏、靳思安编写。岳希、文仁强、陶武文、王梓懿、薛凯文等参与了本书的审阅工作。同时，本书的编写和出版还得到了国家社科基金项目（21BSH016）的支持，同时也是四川省社会科学高水平团队的阶段性成果。

本书除了配备电子课件、程序源代码、教学大纲、习题及答案等丰富的教学资源外，更与头歌（www.educoder.net）合作，精心研发了本教材在线配套学习和实验资源，由头歌平台在线提供一站式配套实验环境和内容（扫描下方二维码即可访问）。实验内容与章节对应，实验 1、2、3、4 由韩沛伦、安俊秀编写；实验 5、8、10 由蒋思畅、黄萍编写；实验 6、7、9 由董相宏、靳思安编写。

头歌作为大规模开放在线实践（MOOP）开发社区和运行平台，为高校和企业提供了实验教学、混合教学、一流课程建设、产教案例开发等环境，包括计算机程序设计、系统能力、电子技术、云计算、大数据、人工智能、区块链等众多方向实践课程及配套系统，是国家一流课程建设平台。

尽管在本书的编写过程中，编者力求严谨、准确，但由于技术的发展日新月异，加之编者水平有限，书中难免存在错误和不足之处，敬请广大读者批评指正。如果有任何问题和建议，可发送电子邮件至 86631589@qq.com。

本书配套在线实验资源

头歌公众号

安俊秀

2022 年 3 月于成都信息工程大学

目　　录

第1章　云计算概述

云计算(Cloud Computing)是基于互联网相关服务的增加、使用和交付模式，通常涉及通过互联网来提供动态易扩展且常为虚拟化的资源，是并行计算（Parallel Computing）、分布式计算（Distributed Computing）和网格计算（Grid Computing）等的融合和发展，也是虚拟化（Virtualization）、效用计算（Utility Computing）、面向服务架构（SOA）等概念混合演进后商业实现的结果。本章将介绍什么是云计算、云计算的发展背景和特点、云计算的基础设施、云计算的商业模式及云计算的主要服务模式。

1.1　什么是云计算

随着计算机技术的不断发展，云计算已经成为推动社会生产力变革的新生力量，那么什么是云计算？它有什么特点？下面分别进行介绍。

1.1.1　云计算的定义

到目前为止，业界对云计算尚没有一个统一的定义。云计算行业的领先者如 Google、Microsoft 等 IT 厂商及研究机构，依据各自的利益和各自不同的研究视角给出了以下对云计算的定义和理解。

1）维基百科：云计算是一种动态扩展的计算模式，通过计算机网络将虚拟化的资源作为服务提供给用户；云计算通常包含基础设施即服务（Infrastructure as a Service，IaaS）、平台即服务（Platform as a Service，PaaS）、软件即服务（Software as a Service，SaaS）。

2）Google：将所有的计算和应用放置在“云”中，终端设备不需要安装任何软件，通过互联网来分享程序和服务。

3）微软：云计算是“云+端”的计算，将计算资源分散分布，部分资源放在云上，部分资源放在用户终端，部分资源放在合作伙伴处，最终由用户选择合理的计算资源。

4）国际数据公司（International Data Corporation，IDC）：云计算是一种新型的 IT 发展、部署及发布模式，能够通过互联网实时提供产品、服务和解决方案。

5）美国国家标准与技术实验室（National Institute of Standards and Technology，NIST）：云计算是一种无处不在的、便捷的、通过互联网访问的、可定制的 IT 资源（IT 资源包括网络、服务器、存储、应用软件和服务）共享池，是一种按使用量付费的模式。它能够通过最少量的管理或与服务供应商的互动实现计算资源的迅速供给和释放。这是现阶段广为接受的云计算的定义。

6）美国联邦云计算战略报告中，定义了四种云。

- 公有云：提供面向社会大众、公共群体的云计算服务。如 Amazon 云平台、Google App Engine 等。公有云有很多优点，但最大的一个缺点是难以保证数据的私密性。

- 私有云：提供面向行业/组织内的云计算服务。如政府机关、企事业单位、学校等内部使用的云平台。私有云可较好地解决数据私密性问题，对数据私密性要求特别高的行业或组织，建设私有云是必然的选择。例如，Window Azure 是私有云平台管理和服务软件。
- 社区云：提供面向社团组织内用户使用的云计算平台。如美国航天局（National Aeronautics and Space Administration，NASA）的 Nebula 云平台为 NASA 的研究人员提供快速的 IT 访问服务。
- 混合云：包含上述两种以上云计算类型的混合式云平台。

7）我国对云计算定义：2012 年 3 月，在国务院政府工作报告中，将云计算作为国家战略性新兴产业，并给出了定义——云计算是基于互联网服务的增加、使用和交付模式，通常涉及通过互联网来提供动态易扩展且经常是虚拟化的资源。云计算是传统计算机和网络技术发展融合的产物，它意味着计算能力也可作为一种商品通过互联网进行流通。

云计算可以分为广义的和狭义的两类。狭义的云计算是指 IT 基础设施的交付和使用模式，即通过网络按需求、扩展的方式获得所需的资源；广义的云计算是指服务的使用和交付模式，即通过网络按需求、扩展的方式获得对应的服务。

简而言之，云计算是一种通过互联网以服务的方式提供动态可伸缩的虚拟化资源的计算模式。云计算的资源是分布式的，通过虚拟化技术动态易扩展。云计算是通过互联网提供的一种具有服务等级协议（Service-Level Agreement，SLA）的服务。SLA 协议是云服务提供商和客户之间的一份商业保障合同，而非一般的服务承诺。终端用户不需要了解“云”中基础设施的细节，不必具有相应的专业知识，也无须直接进行控制，只关注自己真正需要什么样的资源以及如何通过网络来得到相应的服务即可。

1.1.2 云计算的概念模型

由云计算的概念可知，云计算的实质是网络上的应用，其业务实现的概念模型如图 1-1 所示。云计算包含了多层含义。

1）用户的公共性。云计算面向各类用户，包括企业、政府部门、学术机构、个人等用户，也包括应用软件、中间件平台等“用户”。中间件是一种独立的系统软件或服务程序，分布式应用软件借助这种软件在不同的技术之间共享资源。中间件位于客户机/服务器的操作系统之上，管理计算机资源和网络通信，它是连接两个独立应用程序或独立系统的软件。

2）设备的多样性。云计算用于提供服务的设备是多样的，既包括各种规模的服务器、主机、存储设备，也包括各种类型的终端设备，如计算机、智能手机、各种智能传感器、RFID（Radio Frequency Identification，射频识别。它是一种通信技术，可通过无线电信号识别特定目标并读写相关数据，而无须在识别系统与特定目标之间建立机械或光学接触）设备等。

3）商业模式的服务性。云计算的服务特性体现在两个方面：简化和标准的服务接口、按需计费的商业模式。

4）提供方式的灵活性。云计算既可以作为一种公用设施，提供社会服务，即“公有云”，也可以作为企业信息化的集中计算平台来提供，即“私有云”。

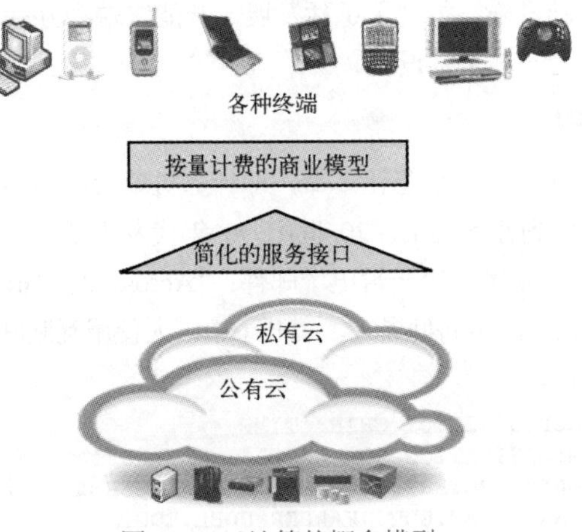

图 1-1　云计算的概念模型

1.1.3　云计算的特点

与传统计算机系统相比，云计算具有以下特点。

1）具有大规模并行计算能力。基于云端的强大而廉价的计算能力，为大粒度应用提供传统计算系统或用户终端所无法完成的计算服务。云计算系统的计算资源包括：CPU 运算资源、存储资源、网络带宽等。一般企业私有云有成百上千台服务器，有的甚至拥有上百万台服务器。

2）资源虚拟化（Virtualization）和弹性调度。云计算系统的资源池中包括存储、处理器、内存、网络带宽等资源。它们以按需分配方式，为小粒度应用提供计算资源，实现资源共享。并且，云计算系统的规模可以动态地伸缩，满足不同的应用和不同的用户需求。同时，云计算系统中不同的物理机和虚拟机资源可根据客户需求动态分配。客户所获得到的资源可能来自于北京的云计算资源，也可能来自于上海的云计算资源。虚拟化技术也是云计算的核心技术之一，包括了网络虚拟化、存储虚拟化、服务器虚拟化、操作系统虚拟化、应用虚拟化等。

3）数据量巨大并且增速迅猛。由于在云计算环境下，人们既是信息的使用者，也是信息的创造者，导致互联网上的信息量剧增，那么如何使用这些数据为人们提供更好的服务成为目前的研究热点，并产生了典型的大数据处理技术，如 Hadoop、Spark、Storm 等，而这些技术都与云计算密不可分。

云计算还有一些其他特点：高可靠性，云计算应用了数据多副本容错，计算节点同构可互换等措施保证高可靠性；通用性，即同一个云可以支持不同的应用运行；高性价比，云计算相对低廉的价格使得用户使用起来更“实惠”。

1.2　云计算技术发展背景

从技术上来说，云计算的出现得益于网络带宽的飞速增长和互联网的飞速发展。网络带宽的迅速增长使得在互联网环境下进行快速数据处理成为可能。互联网提供了一种新的数据浏览与交流的方式，用户既是信息的浏览者也是信息的创造者，由用户生成了海量数据。互联网成为用户日常生活所不可或缺的基础设施，得到了迅猛发展，智能终端和互联网的用户剧增，促成了云计算的产生，并且云计算成为一种基础设施。

1. 飞速发展的互联网

20 世纪 60 年代发生了第一波信息化革命，即计算机革命，很多传统企业紧跟这一轮信息化的浪潮，将计算机广泛应用到业务当中。20 世纪 90 年代发生了第二波信息化革命，即互联网革命。1987 年 9 月 14 日中国发出了第一封电子邮件："Across the Great Wall we can reach every corner in the world.（越过长城，走向世界）"，揭开了中国人使用互联网的序幕，如图 1-2 所示。当时互联网的通信速率为 300bit/s。

```
DATE:      MON, 14 SEP 87 21:07 CHINA TIME
FROM:      "MAIL ADMINISTRATION FOR CHINA" <MAIL@ZE1>
TO:        ZORN@GERMANY, ROTERT@GERMANY, WACKER@GERMANY, FINKEN@UNIKA1
CC:        LHL@PARMESAN.WISC.EDU, FARBER@UDEL.EDU,

           JENNINGS%IRLEAN.BITNET@GERMANY, CIC%RELAY.CS.NET@GERMANY, WANG@ZE1,

           RZLI@ZE1
SUBJECT:   FIRST ELECTRONIC MAIL FROM CHINA TO GERMANY


"UEBER DIE GROSSE MAUER ERREICHEN WIE ALLE ECKEN DER WELT"

"ACROSS THE GREAT WALL WE CAN REACH EVERY CORNER IN THE WORLD"


DIES IST DIE ERSTE ELECTRONIC MAIL, DIE VON CHINA AUS UEBER RECHNERKOPPLUNG
IN DIE INTERNATIONALEN WISSENSCHAFTSNETZE GESCHICKT WIRD.

THIS IS THE FIRST ELECTRONIC MAIL SUPPOSED TO BE SENT FROM CHINA INTO THE
INTERNATIONAL SCIENTIFIC NETWORKS VIA COMPUTER INTERCONNECTION BETWEEN
BEIJING AND KARLSRUHE, WEST GERMANY (USING CSNET/PMDF BS2000 VERSION).

   UNIVERSITY OF KARLSRUHE           INSTITUTE FOR COMPUTER APPLICATION OF
-INFORMATIK RECHNERABTEILUNG-        STATE COMMISSION OF MACHINE INDUSTRY
          (IRA)                                     (ICA)

PROF. WERNER ZORN                    PROF. WANG YUN FENG
MICHAEL FINKEN                       DR. LI CHENG CHIUNG
STEFAN PAULISCH                      QIU LEI NAN
MICHAEL ROTERT                       RUAN REN CHENG
GERHARD WACKER                       WEI BAO XIAN
HANS LACKNER                         ZHU JIANG
                                     ZHAO LI HUA
```

图 1-2　中国第一封电子邮件

1997 年 11 月，中国互联网络信息中心（China Internet Network Information Center，CNNIC）发布了第一次《中国互联网发展状况统计报告》：中国共有上网计算机 29.9 万台，上网用户数 62 万，CN 下注册的域名 4066 个，WWW 站点约 1500 个，国际出口带宽 25.408Mbit/s。1999 年 1 月国际出口带宽 143Mbit/s。截至 2020 年 12 月，中国国际出口带宽为 11511397Mbit/s。从中可以看到网络的发展速度之迅猛。2003 年，移动互联网开始兴起，随着 3G、4G 的出现，移动互联网的网速实现了快速提升。如果说 3G、4G 充分连接了人与人，那么 5G 则可以实现万物互联，尤其是为虚拟现实、自动驾驶、远程医疗的实现提供了坚实的基础。据中国互联网络信息中心（CNNIC）报告，截至 2020 年 12 月，我国网民规模达 9.89 亿，互联网普及率达 70.4%。手机网民占比达 99.3%，手机支付习惯已经形成。手机网民规模及其占网民比例如图 1-3 所示。

图 1-3　手机网民规模及其占网民比例

云计算的核心是基于网络的应用，接入网络的带宽直接决定了企业使用云计算平台的质量。云计算服务使用方式简单、轻巧、方便，但是背后却消耗着大量的网络带宽，会大幅度增加互联网流量。云计算是一个可全球访问的资源结构，这意味着采用云计算结构的用户将是跨广域网的。

2．万维网的发明与发展

1989 年，在欧洲核子研究中心工作的蒂姆·伯纳斯·李出于高能物理研究的需要发明了万维网（World Wide Web），简称为 Web，如图 1-4 所示。4 年后，美国网景公司推出了 Mosaic 浏览器，顿时风靡全世界。万维网的诞生给全球信息的交流和传播带来了革命性的变化，一举打开了人们通过互联网获取信息的方便之门。

http://info.cern.ch

伯纳斯·李：欧洲核子研究中心　　　　世界上第一个网站

图 1-4　万维网的发明者及世界上第一个网站

万维网不等同于互联网，万维网只是互联网所能提供的服务之一，是靠着互联网运行的一项服务。也许大家想不到，尽管伯纳斯·李发明的万维网在 20 多年内创造出了无数的财富，但是创造者本人却坚持不对万维网申请专利，坚持让所有人都可以不付费而使用。由于他的杰出贡献，他被称为“互联网之父”。

Web 1.0 时代开始于 1994 年，其主要特征是大量使用静态的 HTML 网页来发布信息，并使用浏览器来获取信息，这个时候主要是单向的信息传递。Web 1.0 的本质是聚合、联合、搜索，其聚合的对象是巨量、无序的互联网信息。Web 1.0 只解决了人对信息搜索、聚合的需求，而没有解决人与人之间沟通、互动和参与的需求。这个时期诞生了百度、Google、亚马逊等知名互联网企业。

在 21 世纪初期，正当互联网经济的泡沫破碎之际，Web 2.0（始于 2004 年 3 月）的兴起让网络迎来了一个新的发展高峰期。在 Web 2.0 时代，软件被当成一种服务，万维网演化为一个成熟的、为最终用户提供网络应用的服务平台，强调用户参与、在线网络协作、数据存储网络化、社会关系网络、简易信息聚合（Really Simple Syndication，RSS）应用以及文件的共享。这个时候互联网上的信息传递变成了双向传递，用户既是信息的浏览者也是信息的创造者，Web 2.0 模式大大激发了创造和创新的积极性，使互联网变得生机勃勃。

在 Web 2.0 时代，Flickr、Myspace、Facebook、YouTube、Blog、Wiki 等社交网站的访问量已经远远超过传统门户网站。用户数量多以及用户参与程度高是这些网站的特点。因此，如何有效地为如此巨大的用户群体服务，让他们参与时能够享受方便、快捷的服务，成为这些网站不得不解决的一个问题。为了解决大型网站的访问量大、并发量高、海量数据的问题，企业一般会考虑业务拆分和分布式部署，可以把那些关联度不太大的业务独立出来，部署到不同的机器上，从而实现大规模的分布式系统。这也促进了云计算与大数据的产生。

3．信息产业的发展演进

纵观整个信息技术的发展历史（如图 1-5 所示），在不同时期，信息产业发展有两个重要的核心驱动力起着作用：硬件驱动力、网络驱动力。这两种驱动力量的对比和变化决定着产业中不同产品的出现时期以及不同形态的企业出现和消亡的时间。硬件驱动的时代诞生了 IBM、Microsoft、Intel 等企业，网络驱动的时代诞生了 Google、Yahoo、Amazon 等企业。

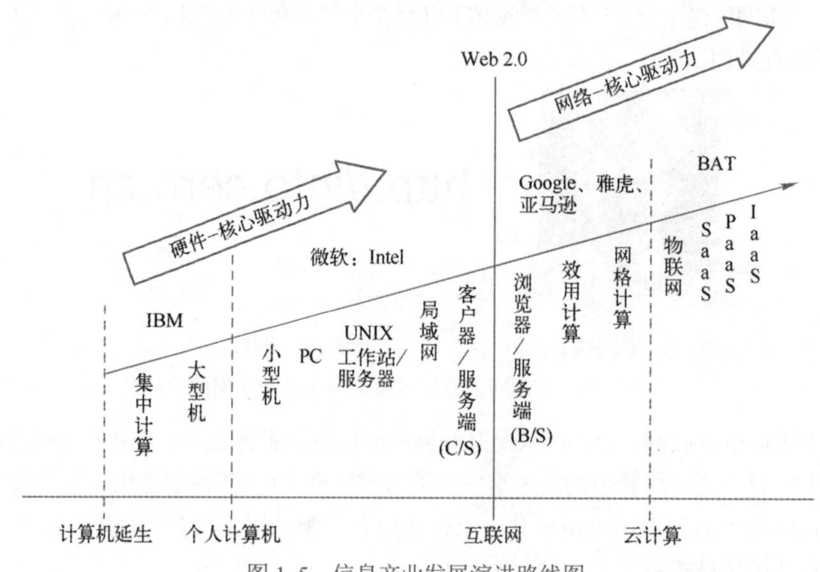

图 1-5　信息产业发展演进路线图

随着2010年掀起的第三波信息化革命（即移动互联网革命），世界正式进入大数据时代。与此同时，凭借 Google 文件系统搭建起来的 Google 服务器集群，为 Google 提供了强大的搜索速度与处理能力。如何有效利用这些服务器资源，为更多的企业或个人提供强大的计算能力与多种多样的服务，就成为像 Google 这样拥有巨大服务器资源的企业需要考虑的问题。云计算就应运而生。

4．云计算的提出

计算机提供的计算能力取决于硬件资源，计算能力不够时，需要不断增加计算机的硬件资源；但任务不多、计算能力富裕时，硬件资源处于闲置状态，如不能将其共享加以使用，将是一种巨大的资源浪费。云计算正是为了解决这一问题而提出的新的计算服务模式，其基本思路是集中计算资源提供巨大的计算能力的同时，提供使用上的方便性和灵活性。

在 IT 领域，任何新事物都需要业务和技术的推动。随着分布式存储、并行计算、虚拟化技术、互联网技术的不断发展与成熟，使得基于互联网提供服务成为可能。在 1983 年，Sun 公司提出了“云计算”的概念，即“网络就是计算机（The Network is the Computer）”，但是因为只提出了名词，并没有提出基础架构，而没有得到广泛认可。2006 年 8 月 9 日，时任 Google 首席执行官的埃里克·施密特（Eric Schmidt）在搜索引擎大会（SES San Jose 2006）上首次提出“云计算”的概念及体系架构。他将 2003 年 Google 在 SOSP（操作系统原理会议）上发表的 Google 文件系统（Google File System，GFS）分布式文件存储系统、2004 年在 OSDI（操作系统设计与实现会议）上发表的 MapReduce 分布式处理技术和当年发表的 BigTable分布式数据存储系统结合起来，提出了云计算基础架构。GFS 解决了超大文件存储的问题，MapReduce 解决了并行计算问题，BigTable 解决了海量数据非关系型数据库的存储问题。这三篇论文仅仅提供了思想，并没有对代码进行开源。而 MapReduce 的概念是在 1960 年由“人工智能之父”约翰·麦卡锡（John McCarthy）提出的，当时他曾预言：“今后计算机将会作为公共设施提供给公众”，所以云计算最初的思想雏形可追溯到更早的时间，如图 1-6 所示是提出云计算概念的两位代表人物。2008 年，云计算进入中国。2009 年，中国首届云计算大会召开。2012 年，我国的政府工作报告中给出了对云计算的定义。

“The computation and the data and so forth are in the servers. ... We call it cloud computing.”
(Eric Schmidt, 2006)

a)

“computation may someday be organized as a public utility”
(John McCarthy, 1960)

b)

图 1-6　提出云计算的代表

a) 埃里克·施密特　b)“人工智能之父”约翰·麦卡锡

1.3 典型的云计算基础架构

了解了云计算技术的概念和发展背景之后，在此以 Google 的云计算架构为例介绍典型的云计算基础架构。

Google 的云计算技术实际上是针对 Google 最重要的搜索应用而开发的。针对内部网络数据规模超大的特点，Google 提出了一整套基于分布式的并行集群基础架构，并且 Google 的数据中心采用廉价的 Linux PC 组成集群，利用软件来处理集群中经常发生的节点失效问题，从而形成了 Google 的云计算基础架构。

Google 的云计算基础架构包括三个相互独立又紧密结合在一起的系统：GFS 分布式文件系统、针对 Google 应用程序的特点提出的 MapReduce 编程模型和大规模分布式数据库 BigTable，如图 1-7 所示。

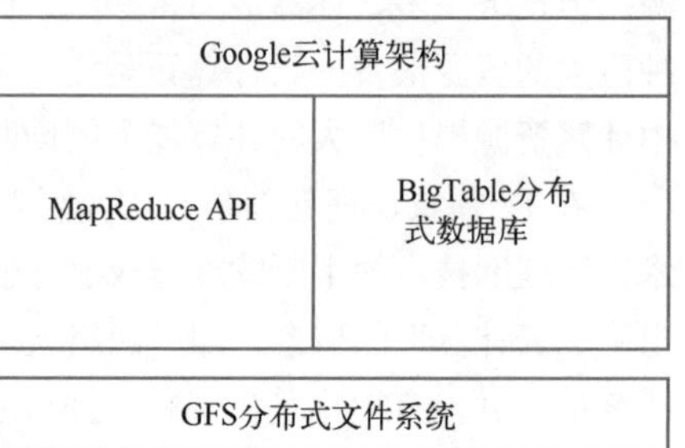

图 1-7 Google 的云计算架构

1）GFS 是建立在集群之上的分布式文件系统，Google 为了满足其迅速增长的数据处理需求，对文件系统进行了特别优化，解决了包括超大文件的访问、读操作比例远超过写操作和集群中的节点极易发生故障造成节点失效等问题。GFS 默认把超大文件分成 64MB 的块，分布存储在集群的机器上，使用 Linux 的文件系统存放，同时每块文件至少有 3 份以上的冗余，从而解决该问题。

2）MapReduce 是分布式并行编程模型。Google 构造 MapReduce 并行编程模型来简化分布式系统的编程，用户只需要提供自己的 Map 函数以及 Reduce 函数，就可以在集群上进行大规模的分布式并行数据处理。Map（映射）是把输入 Input 分解成中间的 Key/Value 键值对，Reduce（化简）把 Key/Value 键值对合成最终的输出 Output。这两个函数由开发者提供给系统，Map 和 Reduce 操作分布在集群上运行，并把结果存储在 GFS 上。

3）BigTable 是分布式大规模数据库管理系统，由于 Google 应用程序需要处理大量的半结构化数据，Google 构建了弱一致性要求的大规模数据库系统 BigTable。它是稀疏的、分布式的、持久化的、多维排序的，并以 Key/Value 键值对形式存储的数据模型。BigTable 不是关系型数据库，像它的名字一样，就是一个巨大的表格，用来存储半结构化数据。

以上是 Google 内部云计算架构的三个主要部分，除了这三个部分之外，Google 还构建了其他云计算组件，包括领域描述语言、分布式程序调度器、分布式锁服务 Chubby 机制等。

图 1-8 为 Google 云计算的核心技术构成。其中，数据处理采用 MapReduce 并行编程模式；大文件存储采用 GFS；大规模数据库管理系统采用 BigTable；云计算服务采用 Google App Engine。广为流行的 Hadoop 是对 Google 的 MapReduce、GFS 和 BigTable 等核心技术的开源实现，由 Apache 软件基金会支持。

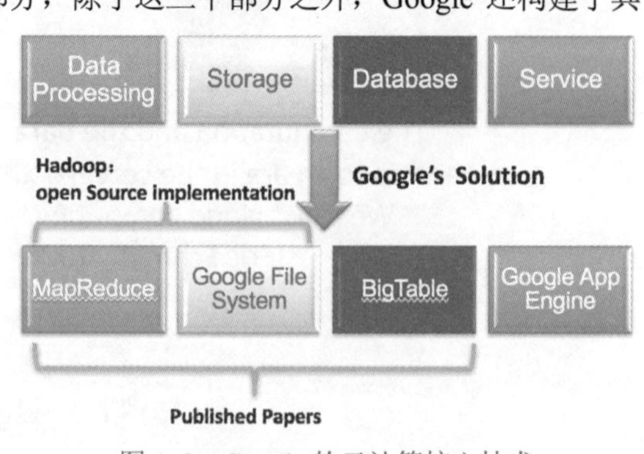

图 1-8 Google 的云计算核心技术

1.4 云计算的主要服务模式

从用户体验的角度，云计算主要分为三种服务模式：基础设施即服务（Infrastructure as a Service，IaaS）、平台即服务（Platform as a Service，PaaS）、软件即服务（Software as a Service，SaaS）。SaaS 侧重于软件服务，通过网络提供软件程序服务；PaaS 侧重于平台服务，以服务平台或者开发环境提供服务；IaaS 侧重于硬件资源服务，注重计算资源的共享，消费者通过互联网可以从完善的计算机基础设施获得服务。

1.4.1 基础设施即服务（IaaS）

基于 IaaS 模式的虚拟计算和数据中心，能够把计算单元、存储器、I/O 设备、带宽等计算机基础设施集中起来成为一个虚拟的资源池，通过网络提供服务。IaaS 提供接近裸机（物理机或虚拟机）的计算资源和基础设施服务。

IaaS 的典型代表是 Amazon 的云计算服务（Amazon Web Service，AWS），AWS 平台如图 1-9 所示，它提供了两个典型的云计算平台：弹性计算云（Elastic Computing Cloud，EC2）和简单存储服务（Simple Storage Service，S3），EC2 完成计算功能，在该平台上用户可以部署自己的系统软件，完成应用软件的开发和发布。S3 完成存储计算功能，S3 的基础窗口是桶，桶是存放文件的容器。S3 给每个桶和桶中每个文件分配一个 URI 地址，因此用户可以通过 HTTP 或者 HTTPS 协议访问文件。收费的服务项目包括存储服务器、带宽、CPU 资源以及月租费。月租费与电话月租费类似，存储服务器、带宽按容量收费，CPU 根据时长（小时）运算量收费。

图 1-9 Amazon 的云服务 AWS

早在 2007 年，美国《纽约时报》就曾租用 Amazon 云计算平台，用于将 1851—1922 年的 1100 万篇报刊文章转换为 PDF 文件，供读者上网免费访问。《纽约时报》共租用了 100

个 EC2 节点，运行了 24 小时，处理了 4TB 的报刊原始扫描图像，生成了 1.5TB 的 PDF 文件。每节点每小时费用为 10 美分，整个计算任务仅花费了 240 美元（100 节点×24 小时×$0.10）。如果用《纽约时报》自己的服务器，将需要数月时间和昂贵的费用！所以，当用户想运行成批的程序组，但是没有合适的软硬件环境时，云计算是一个很好的选择。

IaaS 的关键技术是虚拟化技术。使用虚拟化技术，将多台服务器的应用整合到一台服务器上的多个虚拟机上运行，其思路如图 1-10 所示，图左上侧有 5 台独立的服务器，每个服务器有其相应的操作系统和应用程序，但从图左下侧可看到每台服务器的利用率都很低，为了充分利用服务器，将 5 台服务器上的应用整合到一台服务器上的多个虚拟机上运行，如图右上侧所示，其利用率大大提高，如图右下侧所示。计算虚拟化提高了服务器资源的利用率，安全可靠地降低了数据中心的总成本 TCO（Total Cost of Ownership）。

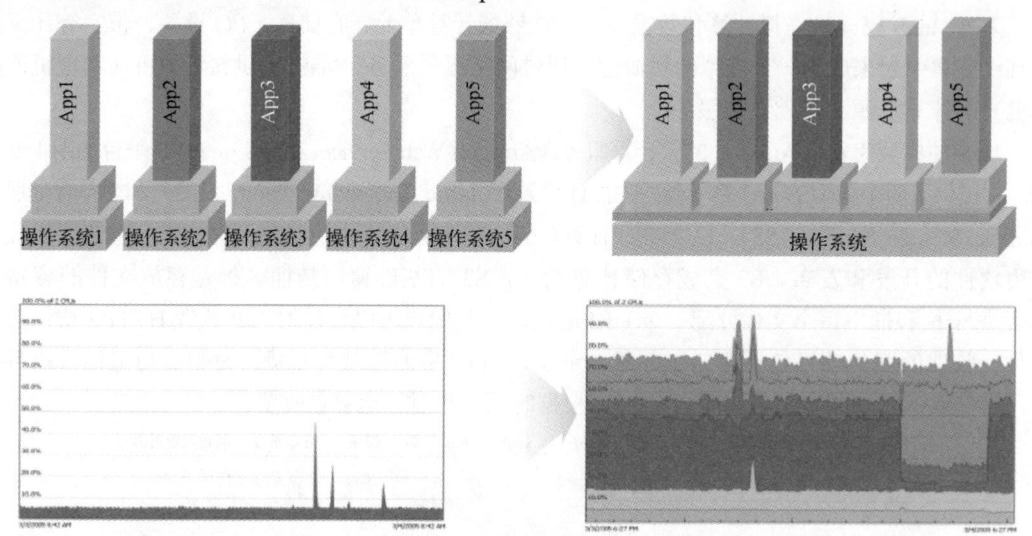

图 1-10　一台服务器虚拟化整合 5 个应用，提升了 CPU 利用率

虚拟化技术的一些主要功能可以用来应对数据中心面临的挑战，这些主要功能之一就是分区。分区意味着虚拟化层为多个虚拟机划分服务器资源的能力；每个虚拟机可以同时运行一个单独的操作系统（相同或不同的操作系统），从而实现在一台服务器上运行多个应用程序；每个操作系统只能“看”到虚拟化层为其提供的“虚拟硬件（虚拟网卡、SCSI 卡等）”，使它认为运行在自己的专用服务器上。

虚拟化技术的另一个主要功能是隔离。如某个虚拟机崩溃或故障（如操作系统故障、应用程序崩溃、驱动程序故障等），不会影响同一服务器上的其他虚拟机。在某个虚拟机中的病毒、蠕虫等与其他虚拟机相隔离，就像每个虚拟机都位于单独的物理机器上一样。虚拟化技术还可以进行资源控制以提供性能隔离，即可以为每个虚拟机指定最小和最大资源使用量，以确保某个虚拟机不会占用所有的资源而使得同一系统中的其他虚拟机无资源可用。

虚拟化技术的第三个重要功能是封装。封装意味着将整个虚拟机（硬件配置、BIOS 配置、内存状态、磁盘状态、I/O 设备状态、CPU 状态）存储在独立于物理硬件的一小组文件中，复制和移动虚拟机就像复制和移动文件一样简单。

1.4.2 平台即服务（PaaS）

PaaS 是把应用服务的运行和开发环境作为一种服务提供的商业模式。即 PaaS 为开发人员提供了构建应用程序的环境，开发人员无须过多考虑底层硬件，可以方便地使用很多在构建应用时的必要服务。如当软件开发人员想把一个大容量的文件上传到网络上，并允许 35000 个用户使用两个月的时间，可使用 Amazon 的 Cloud Front 平台来完成。

Google App Engine（应用引擎）提供了一种 PaaS 类型的云计算服务平台，专为软件开发者定制。Google App Engine 是由 Python 应用服务器群、BigTable 数据库访问及 GFS 数据存储服务组成的平台，它能为开发者提供一体化的、提供主机服务器及可自动升级的在线应用服务。用户编写应用程序，Google 提供应用运行及维护所需要的一切平台资源。Google App Engine 云计算服务平台的工作原理如图 1-11 所示。在 Google App Engine 平台上，开发者完全不必担心应用运行所需要的资源，因为 Google App Engine 会提供所有的东西。开发者更容易创建及升级在线应用，而不用花费精力在系统的管理及维护上。

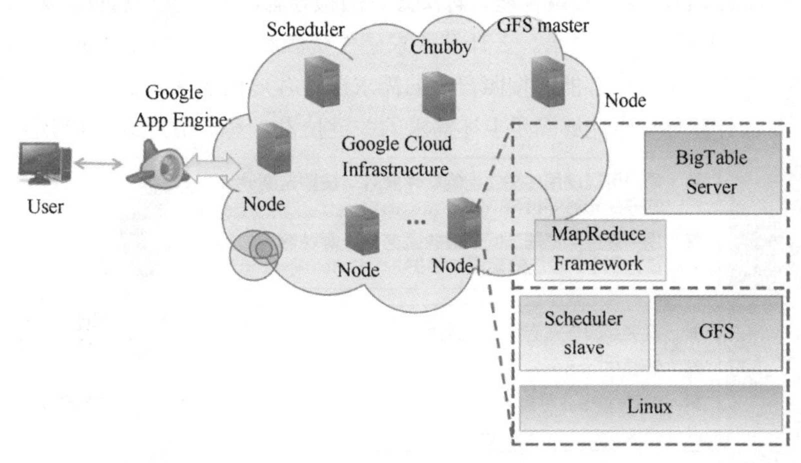

图 1-11 Google App Engine 云计算服务平台工作原理

Google App Engine 这种服务让开发人员可以编译基于 Python 的应用程序，并可免费使用 Google 的基础设施来进行托管（最高存储空间达 500MB）。超过此上限的存储空间，Google 以 CPU 内核使用时长及存储空间使用容量按一定标准向用户收取费用。

Google App Engine 和 Amazon 的 S3、EC2 及 SimpleDB 不同，因为后者直接提供的是一系列硬件资源供用户选择使用。

PaaS 的关键技术有两个，一个是分布式的并行计算，另一个是大文件分布式存储。分布式并行计算技术是为了充分利用广泛部署的普通计算资源，实现大规模运算和应用的目的，实现真正将传统运算转化为并行计算，为客户提供并行服务。大文件分布式存储为存储在廉价的不可信节点集群架构上的海量数据提供了安全性及运行性上的保证。

1.4.3 软件即服务（SaaS）

SaaS 是一种基于互联网提供软件服务的应用模式，即提供各种应用软件服务。用户只需按使用时间和使用规模付费，不需要安装相应的应用软件，打开浏览器即可运行，并且不需要额外的服务器硬件，实现软件（应用服务）按需定制。在用户看来，SaaS 会省去在服务器和软件授权上的开支；从供应商角度来看，只需要维持一个应用程序就够了，这样能够减少成本。SaaS 主要面对的是普通用户。

SaaS 是一种随着互联网技术的发展和应用软件的成熟，在 21 世纪开始兴起的软件应用模式。SaaS 服务模式与传统的销售软件永久许可证的方式有很大不同，SaaS 采用软件租赁的方式，SaaS 模式是未来管理软件的发展趋势。

对于广大中小型企业来说，SaaS 是采用先进技术实施信息化的最好途径。企业无须购买软硬件、建设机房、招聘 IT 人员，即可通过互联网使用信息系统。就像打开自来水龙头就能用水一样，企业根据实际需要，向 SaaS 提供商租赁软件服务。

SaaS 的典型产品有：Salesforce.com、阿里软件、铭万、金算盘、中企动力、神码在线、商务领航、友商网、八百客、bibisoft.cn 等。其中，Salesforce.com 是全球按需 CRM（Customer Relationship Management，客户关系管理）解决方案的领导者，阿里软件居世界第二。

SaaS 的关键技术是多租户技术。云计算要求硬件资源和软件资源能够更好地共享，要具有良好的伸缩性，任何一个用户都能够按照自己的需求进行客户化配置而不影响其他用户的使用，多租户技术就是云计算环境中能够满足上述需求的关键技术，其思路如图 1-12 所示。

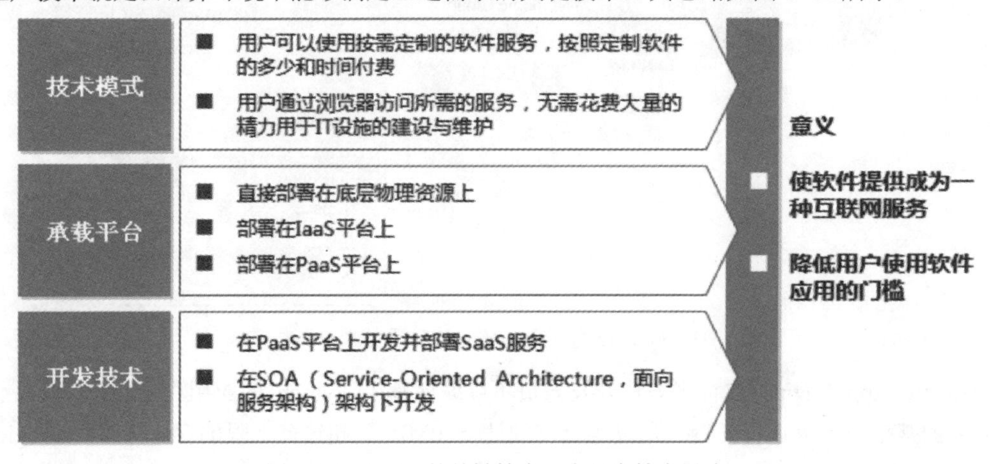

图 1-12　SAAS 的关键技术：多租户技术思路

1.4.4　三种服务模式之间的关系

以上介绍了云计算从用户体验的角度划分的三种服务模式：基础设施即服务（IaaS）、平台即服务（PaaS）和软件即服务（SaaS）。它们之间的关系主要可以从以下两个角度进行分析。

1. 从用户体验角度分析

从用户体验角度而言，它们之间关系是独立的，因为其各自面对的是不同类型的用户。SaaS 主要面对的是普通用户，对普通用户而言，在任何时候或者任何地点，只要连接上互联网，通过浏览器就能直接使用在云端上运行的应用，而不需要顾虑软件安装等琐事，并且可以免去初期高昂的软硬件投入。PaaS 主要的用户是开发人员，为了支撑着整个 PaaS 平台的运行，供应商需要提供四大功能：友好的开发环境、丰富的服务、自动的资源调度、精细的管理和监控。IaaS主要的用户是具有专业知识的系统管理员。IaaS供应商需要在7个方面对基础设施进行管理以给用户提供资源，它们是资源抽象、资源监控、负载管理、数据管理、资源部署、安全管理和计费管理。

2. 从技术角度分析

云计算的服务层次是根据服务类型来划分的，从技术角度而言，它们之间有一定的继承关系，即SaaS基于PaaS，PaaS基于IaaS，但并不是简单的继承关系。因为SaaS可以是基于PaaS或者直接部署于IaaS之上，PaaS可以构建于IaaS之上，也可以直接构建在物理资源之上，也就是说某一层次可以单独完成一项用户的请求而不需要其他层次为其提供必要的服务和支持。云计算系统按资源封装的层次分为对底层硬件资源不同级别的封装，从而实现将资源转变为服务的目的，如图1-13所示。

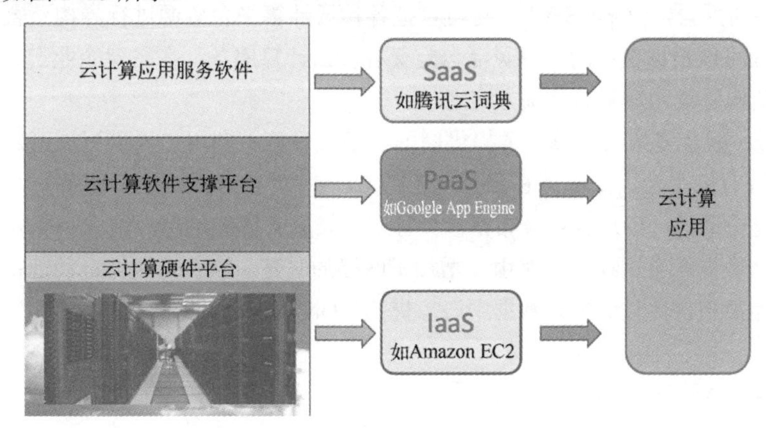

图1-13　云计算的层次服务模式及商业代表

1.5　云计算的主要部署模式

云计算的主要部署模式有：公有云、私有云、混合云以及联合云。

1）公有云：面向互联网大众的云计算服务。公有云的受众是整个互联网环境下的所有人，只要注册缴纳一定的费用任何人都可以使用其提供的云计算服务。用户不需要自己构建硬件、软件等基础设施和后期维护，可以在任何地方、任何时间、多种方式、以互联网的形式访问获取资源。目前，主流的公有云平台有国外的亚马逊云AWS、微软云Azure、GAE（Google App Engine），国内的有阿里云、SAE（Sina App Engine）、BAE（Baidu App Engine）等。

亚马逊的AWS提供了大量基于云的全球性产品，包括计算、存储、数据库、分析、联网、移动产品、开发人员工具、管理工具、物联网、安全性和企业级应用程序。亚马逊AWS提供了安全、可靠且可扩展的云服务平台，这些服务可帮助企业或组织快速发展自己的业务、降低IT成本。

2）私有云：面向企业内部的云计算平台。使用私有云提供的云计算服务需要一定的权限，一般只提供给企业内部员工使用。其主要目的是充分有效地组织企业已有的软硬件资源，提供更加可靠、弹性的服务供企业内部使用。比较流行的私有云平台有 VMware vCloud Suite 和微软的 System Center 2016。

3）混合云：混合了私有云和公有云，吸纳二者的优点，给企业带来真正意义上的云计算服务。混合云强调基础设施是由两种或多种云组成的，但对外呈现的是一个完整的整体。企业正常运营时，把重要数据保存在自己的私有云里面（如财务数据），把不重要的信息或需要对公众开放的信息放到公有云里，两种云组合形成一个整体，这就是混合云。一般像银行这样的单位，其内部的私有云系统在用户访问高峰期的时候很难满足要求，此时就可以接入到公有云中应对更多的用户请求。混合云是云计算发展的方向，混合云既能有效利用企业投入大量资金建设的 IT 基础设施，又能解决公有云带来的数据安全等问题，是避免企业变成信息孤岛的最佳解决方案。

组建混合云的利器是 OpenStack，它可以把各种云计算平台资源进行异构整合，构建企业级混合云，使企业可以根据自己的需求灵活自定义各种云计算服务。在搭建企业云计算平台时，使用 OpenStack 架构是较为理想的解决方案之一。

4）联合云：联合多个云计算服务提供商的云基础设施，向用户提供更加可靠、优惠的云服务，主要针对公有云平台。如部署在云平台上的 CDN（内容分发网络）服务，系统存储的数据内容在地理上是分散的，用户也是分布在世界各地。如果 A 国家的用户请求一个分布在 B 国家的数据内容，那么数据就会途经多个路由，增加了网络的时延。联合云能够自动地将用户请求的数据资源迁移到距离用户比较近的云数据中心，提高 CDN 的服务质量。

1.6 云计算是商业模式的创新

云计算是工业化部署、商业化运作的大规模计算能力，是一种新的、可商业化的计算和服务模式，即计算能力像水、电、煤气一样，按需分配使用。云计算的产生使商业模式发生巨变：消费者从“购买软硬件产品”转向“购买信息服务”。云计算通过集中式的远程计算资源池，以按需分配的方式，为终端用户提供强大而廉价的计算服务能力。

云计算的发展就如同 100 年间“电”的演变一样。在电力得到应用初期，各家各户的电力均是自给自足的形式，随着发电技术的进步以及用电设备的增多，电力逐渐成为社会公共基础设施。于是农场、公司和家庭逐渐关闭了自己的发电机，转而从发电厂购买电力，实现了从购买发电设备到购买电力服务的转变，达到了节约资源的目的。与之相类似，云计算可以看作信息电厂（云计算的商业视角：云计算＝信息电厂），只不过云计算通过数据中心向外提供的是计算能力、存储能力、网络能力等各种服务能力。不仅是硬件，软件也从终端向云端迁移，使得用户不再需要安装软件直接调用服务即可。云计算的一个重要目标是要把计算能力变成像水电等公用服务一样，随用随取，按需使用。故此也有人把云计算称为“Utility Computing”。这里 Utility 不是效用、实用的意思，在英文里 Utility 有一个专门的含义，专指类似于水电煤气的公用服务，故 Utility Computing 应译为“公用服务计算”。

云计算是为了降低建设和运维成本、提高 IT 系统和业务的弹性及拓展新服务和业务模式提出的。即云计算系统是一种利用大规模低成本运算单元通过网络相连而组成的运算系统，为用户提供各种运算服务。根据知名市场研究公司 Gartner 发布的报告，全球云计算市场保持稳定增长态势，2019 年，以 IaaS、PaaS 和 SaaS 为代表的全球云计算市场规模达到 1883 亿美元，增速 20.86%。预计到 2023 年，全球云计算市场规模将超过 3500 亿美元。

1.7 典型的云计算产品

云计算作为一项涵盖面广且对产业影响深远的技术，已逐步渗透到信息产业和其他产业的方方面面，并深刻改变着信息产业的结构模式、技术模式和产品销售模式，进而深刻影响人们的生活。国内的华为、中兴、腾讯、阿里、联想、浪潮等企业都相继提出自己的云计算战略规划，并在云计算技术和市场都进行了全面的布局。以下介绍几类主要的云计算产品。

1.7.1 Amazon 的 AWS

Amazon 是第一个将云计算作为服务出售的公司，亚马逊的云计算产品总称为 Amazon Web Service（亚马逊网络服务，英文简称：AWS），其 Logo 如图 1-14 所示。

图 1-14 亚马逊网络服务的 Logo

AWS 主要由以下部分组成，包括弹性计算云 EC2（Elastic Computing Cloud，EC2）、简单存储服务（Simple Storage Service，S3）、SQS（Simple Queuing Service，简单信息队列服务）以及 SimpleDB，为企业提供计算和存储服务。收费的服务项目包括存储空间、带宽、CPU 资源以及月租费。在诞生不到两年的时间内，Amazon 的注册用户就多达 44 万个，还包括了为数众多的企业级用户。同时亚马逊还提供了内容推送服务 CloudFront、电子商务服务 DevPay 和 FPS 服务。也就是说，亚马逊目前为开发者提供了存储、计算、中间件和数据库管理系统服务。通过 AWS，用户可根据业务的需要访问一套可伸缩的 IT 基础架构服务，获得计算能力、存储和其他服务。通过 AWS 可以更多地根据所解决问题的特点有弹性地选择哪种开发平台或者编程模型，用户只需为使用了什么而付费，而不需要预先的花费或长期的承诺，这使得 AWS 成为最有效的交付应用给客户的方式之一。通过 AWS，可以利用 Amazon.com 的全球计算基础设施为 Amazon.com 的 150 亿个零售业务和交易企业提供有效的支持。利用 AWS，一个电子商务 Web 站点能轻易地适应不可预期的需求：一个制药公司可以租用计算能力来执行大规模的仿真；一个媒体公司可以提供存储空间几乎无限制的录像、音乐等；一个企业能够灵活部署适合自身业务变化的带宽服务。

作为一家曾经以卖书为主业的电子商务零售企业，Amazon 在设计和规划自身 IT 系统架构的时候，不得不为了应对“圣诞节狂潮”这样的销售峰值而购买大量的 IT 设备。但是，这些设备平时却处于空闲状态。因此，Amazon 在 2002 年 7 月推出免费的 Amazon 电子商务服务（Amazon E-commerce Service），让零售商可以将自己的商品放在 Amazon 网络商店中，存储产品价格、顾客评价等资料，进行后台管理。这样，Amazon 就不只是卖书，而是利用其在电子商务网站建设上的优势，将设备、技术和经验作为一种打包产品去为其他企业提供服务，存储服务器、带宽按容量收费，CPU 根据使用时长运算量收费。为了解决这些租用服务中的可靠性、灵活性、安全性等问题，亚马逊不断优化其技术。2006 年，AWS 开始为亚马逊提供专业云计算服务，以 Web 服务的形式向企业提供 IT 基础设施服务。至 2017 年，亚马逊的云计算服务 AWS 营收达到 175 亿美元的规模。目前，Amazon 面向用户提供包括弹性计算、存储服务、数据库、应用程序等在内的一整套服务，能够帮助企业降低 IT 基础设施投入成本和维护成本，亚马逊 AWS 已经成为当前全球市场份额最高的云计算基础设施服务商之一。

1.7.2 Windows Azure Platform

微软紧跟云计算的发展步伐，于 2008 年 10 月推出了 Windows Azure 操作系统。Azure 是继 Windows 取代 DOS 之后，微软的又一次颠覆性转型，即通过在互联网架构上打造全新的云计算平台，实现 Windows 真正由 PC 延伸到云上。

Windows Azure Platform 是由微软研发的一套云计算操作系统，用来提供云在线服务所需要的操作系统与基础存储和管理的平台，是微软的云计算的第一步以及微软在线服务策略的一部分，属于 PaaS 云计算服务模式，其各部分功能如图 1-15 所示。

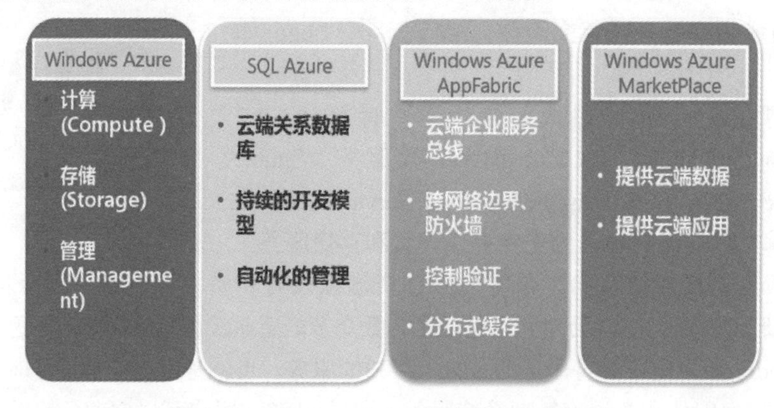

图 1-15　Windows Azure 平台各部分功能图

Windows Azure Platform 由微软首席软件架构师雷·奥兹在 2008 年 10 月 27 日在微软年度专业开发人员大会中发表其社区预览版本，在 2010 年 2 月正式开始商业运转（RTM Release），其 7 个数据中心分别位于：美国的芝加哥、圣安东尼奥及得克萨斯、爱尔兰的都柏林、荷兰的阿姆斯特丹，新加坡及中国的香港。2014 年 3 月，微软公有云 Azure 正式在华商用。2018 年 11 月推出用户连接服务预览版本，简称 CEF（Customer Engagement Fabric），提供 APP 和用户交互连接的基础服务，包括多渠道通知服务，第三方登录和聚合支付功能。

微软的 Windows Azure Platform 是一组云技术的集合，每组技术为应用开发者提供了一系列的服务。包括以下几部分。

1）Windows Azure：Windows Azure 位于计算平台的最底层，是微软云计算技术的核心，是微软云计算操作系统。提供了基于 Windows 的环境，用来在微软的数据中心的 Server 上运行应用和存储数据。

2）Microsoft.NET 服务：为云端和本地的应用程序提供常用的基础功能模块，主要包括三种服务：访问控制服务、服务总线服务和工作流服务。

3）SQL Azure：主要用于基于 SQL Server 在云中提供数据服务。

4）Live 服务：用于将 Windows Live 集成到 Windows Azure 上。

5）Windows Azure Platform App Fabric：用于对运行在云端应用提供连接。

1.7.3 IBM 蓝云解决方案

IBM 是商业数据计算的龙头和传统超级计算机的绝对领导者。在云计算方面，IBM 是一家集硬件、软件和服务提供全方位支持的厂家。IBM 把云计算视为一项重要的战略，IBM 已在全球范围内建立了 13 个云计算中心，拥有很多成功案例，并且在中国帮助众多客户成功部署了云计算中心。IBM 可帮助企业建立内部私有云，也可建立提供对外服务的公共云。IBM 对云计算技术投入了大量的资金进行研发工作，并准备在未来的两三年中，再投入重金支持云计算的开发，从而建立一个操作起来像一台计算机一样的超级计算机集群。

2007 年，随着 IBM、Google 分别将自己的一些项目定名为云计算，云计算这一概念开始迅速普及。同年，IBM 发布了“蓝云”计划，成为传统 IT 厂商中最早发布云计算战略者。2008 年 6 月，IBM 在北京成立大中华区云计算中心。该中心提供：现场设计实施云计算中心的基础架构；提供云计算的高技能的人力资源支持；提供下一代数据中心服务的培训；快速部署和实施云计算的概念验证及试运行。2011 年初，IBM 将软件、硬件、服务部门各自应战云计算的局面打破，成立了 IBM 云计算事业部。2015 年，云计算成为 IBM 核心发展计划之一，以促进 IBM 不断转型，创造更高价值。2016 年，IBM 公司大幅扩展其公共云数据中心，在挪威、南非和英国等地开通了新的基础设施，IBM Cloud 现在可从全球六大洲的 50 多个地点访问。目前 IBM 云计算可确保无缝地集成到公共和私有云环境，其基础架构安全、可扩展而且灵活，可提供定制的企业解决方案，这些都使 IBM 云计算成为混合云市场的领导者。IBM 蓝云解决方案如图 1-16 所示。

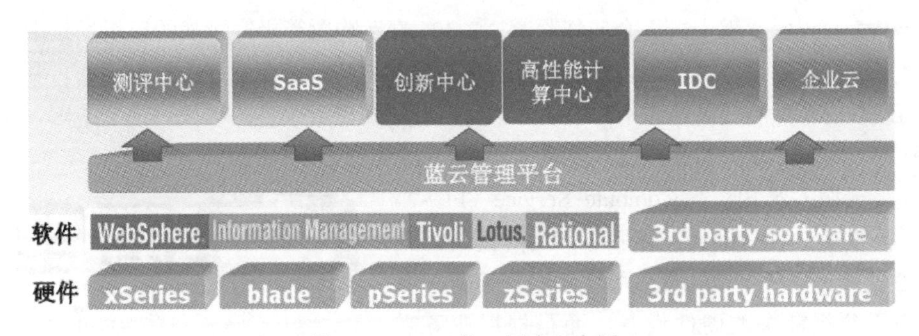

图 1-16　IBM 蓝云解决方案图

“蓝云”解决方案由以下部分构成。

1）需要纳入云计算中心的软硬件资源。硬件可以包括 X86 架构或 Power PC 架构的机器、存储服务器、交换机和路由器等网络设备。软件可以包括各种操作系统、中间件、数据库及应用，如 AIX、Linux、DB2、WebSphere、Lotus、Rational 等。

2）“蓝云”管理软件及 IBM Tivoli 管理软件。“蓝云”管理软件由 IBM 云计算中心开发，专门用于提供云计算服务。

3）“蓝云”咨询服务、部署服务及客户化服务。“蓝云”解决方案可以按照客户的特定需求和应用场景进行二次开发，使云计算管理平台与客户已有软件硬件进行整合。

该解决方案可以自动管理和动态分配、部署、配置、重新配置以及回收资源，也可以自动安装软件和应用。“蓝云”可以向用户提供虚拟基础架构。用户可以自己定义虚拟基础架构的构成，如服务器配置、数量，存储类型和大小，网络配置等。用户通过自助服务界面提交请求，每个请求的生命周期由平台维护。该方案可以支持6+1种应用场景，每个场景包含不同的组件配置和软硬件组合，因此被称为6+1解决方案。

在云计算方面，IBM提供了以下成功案例。

1）无锡云计算中心——软件开发测试云。IBM与无锡市共建了其在中国的第一个云计算中心，旨在加快其软件外包业务，向该地区的软件开发者提供IT服务，逐步向以服务为主导的经济转型。

2）i-Tricity云计算中心——IDC云。i-Tricity是一个位于荷兰阿姆斯特丹的云计算服务提供商，它选择IBM为其建立了“蓝云”计算中心，给位于比利时、荷兰、卢森堡三国的公司提供7×24小时的云计算服务。

3）越南技术和电信协会（Vietnam Technology & Telecommunication，VNTT）与IBM合作在越南平阳省建立了电信云基地。

1.7.4 阿里云

阿里云作为云计算领域的独角兽企业，是全球领先的云计算及人工智能科技公司，致力以在线公共服务的方式，提供安全、可靠的计算和数据处理能力，让计算和人工智能成为普惠科技。阿里云服务着制造、金融、政务、交通、医疗、电信、能源等众多领域的领军企业，包括了中国联通、12306、中石化、中石油、飞利浦、华大基因等大型企业客户，以及微博、知乎等重量级互联网产品。在天猫“双十一”全球狂欢节、12306春运购票等极富挑战的应用场景中，阿里云保持着良好的运行纪录。此外，阿里云还在全球各地部署高效节能的绿色数据中心，利用清洁计算为万物互联的新世界提供源源不断的动力，目前开通阿里云服务的区域包括了中国、新加坡、美国、欧洲、中东、澳大利亚、日本。阿里云的Logo如图1-17所示。

图1-17　阿里云的Logo

其中，云服务器Elastic Compute Service（ECS）是阿里云提供的一种基础云计算服务。用户使用云服务器ECS就像使用水、电、煤气等资源一样便捷、高效。用户无须提前采购硬件设备，而是根据业务需要，随时创建所需数量的云服务器ECS实例。在使用过程中，随着业务的扩展，用户可以随时扩容磁盘、增加带宽。如果不再需要云服务器，也能随时释放资源，节省费用。

如图1-18所示，列出了ECS涉及的所有资源，包括实例规格、块存储、镜像、快照、带宽和安全组。用户可以通过云服务器管理控制台或者阿里云App配置ECS资源。

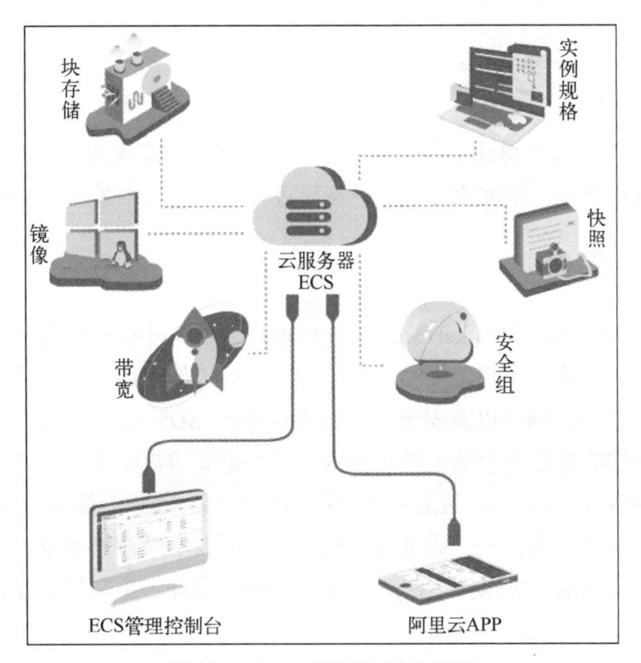

图 1-18　ECS 涉及的所有资源

阿里云的云服务器 ECS 提供了丰富的块存储产品类型，包括基于分布式存储架构的弹性块存储产品，以及基于物理机本地硬盘的本地存储产品。

1）弹性块存储。弹性块存储是阿里云为云服务器 ECS 提供的数据块级别的随机存储，具有低时延、持久性、高可靠等性能，采用三副本的分布式机制，为 ECS 实例提供 99.99%的数据可靠性保证。可以随时创建或释放，也可以随时扩容。

2）本地存储。本地存储也称为本地盘，是指挂载在 ECS 云服务器所在物理机（宿主机）上的本地硬盘，是一种临时块存储。是专为对存储 I/O 性能有极高要求的业务场景而设计的存储产品。该类存储为实例提供块级别的数据访问能力，具有低时延、高随机 IOPS（I/O per second）、高吞吐量的 I/O 能力。

阿里云目前主要提供三种数据存储产品，分别是块存储、文件存储（Network Attached Storage，NAS）和对象存储（Object Storage Service，OSS）。三者区别如下。

1）块存储：是阿里云为 ECS 云服务器提供的块存储设备，高性能、低时延，满足随机读写，可以像使用物理硬盘一样使用。可用于大部分通用业务场景下的数据存储。

2）对象存储（OSS）：可以理解是一个海量的存储空间，最适合存储互联网上产生的图片、短视频、音频等海量非结构化数据，用户可以通过 API 在任何时间、任何地点访问对象存储里的数据。常用于互联网业务网站搭建、动静资源分离、CDN 加速等业务场景。

3）文件存储（NAS）：类似于对象存储，适合存储非结构化的海量数据。但是用户需要通过标准的文件访问协议访问这些数据，如 Linux 系统需要使用 Network File System（NFS）协议，Windows 系统需要使用 Common Internet File System（CIFS）协议。用户通过设置权限让不同的客户端同时访问同一份文件。文件存储适合企业部门间文件共享、广电非线编、高性能计算、Docker 等业务场景。

1.8 云计算技术的新发展

云计算作为一个新兴技术得到了快速的发展，云计算已经彻底改变了很多领域人们的工作方式，也改变了传统软件企业。下面来介绍一下现阶段云计算发展中最受关注的几项新技术。

1.8.1 软件定义存储（SDS）

软件定义存储（Software Defined Storage，SDS）至今并没有确切的定义，简单来说是在任何存储上运行的应用都能够在用户定义的策略驱动下自动工作，这种理念就叫软件定义存储。数据中心中的服务器、存储、网络以及安全等资源可以通过 SDS 进行定义，并且能够自动分配这些资源。软件定义存储的核心是存储虚拟化技术。软件定义的数据中心通过现有资源和应用程序对不断变化的业务需求提供支持，从而实现 IT 的灵活性。其核心思想是将资源池化——处理器、网络、存储和可能的中间件——通过这样的方式，可以生成计算的原子单位，并根据业务流程需求很容易地分配或取消。可以安装在商用资源（X86 硬件、虚拟机监控程序或云）和现有计算硬件上的任何存储软件堆栈。

软件定义存储就是将存储硬件中典型的存储控制器功能抽出来由软件实现，这些功能包括卷管理、RAID、数据保护、快照和复制等。而且由于存储控制器的功能由软件定义存储实现，该功能就可以放在基础架构的任何一部分，形成真正的融合架构，同时创建了一个更加简单的可扩展架构。相对传统存储来说，大幅降低成本并与现有的虚拟架构紧密结合是软件定义存储的最主要优势。

软件定义存储在实现负载分离的同时，还提供敏捷性和快速扩展等特性。随着 SDS 混合云趋势的逐渐流行，软件定义存储已经成为一种主流技术，正在逐渐演化成为一种具体的架构方式。目前，很多主流厂商都能够提供软件定义存储解决方案。ZFS 软件堆栈是比较流行的软件定义存储，其他的还包括商业化软件堆栈 Nexenta 等。一些专有的软件定义存储软件也出现了，包括 GreenBytes、VMware 收购的 Virsto SVC、惠普的 Leftland 系列（也就是现在 StoreVirtual VSA）、浪潮的 AS13000 等。

1.8.2 超融合基础架构（HCI）

超融合基础架构（Hyper-Converged Infrastructure，HCI）也称超融合架构，是指在同一套单元设备（X86 服务器）中不仅具备计算、网络、存储和服务器虚拟化等资源和技术，而且还包括缓存加速、重复数据删除、在线数据压缩、备份软件、快照技术等元素，而多套单元设备可以通过网络聚合起来，实现模块化的无缝横向扩展（scale-out），形成统一的资源池。

HCI 类似 Google、Facebook 后台的大规模基础架构模式，可以为数据中心带来最优的效率、灵活性、规模、成本和数据保护。超融合架构是将虚拟化技术和存储整合到同一个系统平台，简单地说，就是物理服务器上运行虚拟化软件（Hypervisor），通过在虚拟化软件上运行分布式存储服务供虚拟机使用。分布式存储可以运行在虚拟化软件上的虚拟机里，也可以是与虚拟化软件整合的模块。广义上，除了虚拟化计算和存储，超融合架构还可以整合网络以及其他更多的平台和服务。

从存储属性来看，HCI 是 SDS 的一部分。HCI 属于数据层面，具有在线横向扩展性，非常适合云化，但云化所需的存储资源即刻交付、动态扩展、在线调整，其实还需要借助控制层面的存储策略 SDS 才能完成。但 SDS 的发展，又需要借助超融合架构的落地和蓬勃发展才有可能成形。

目前，超融合典型代表厂商有 Nutanix、VMware、SmartX、Maxta 等，超融合的核心是存储，因此这些厂商都针对虚拟化场景实现了分布式存储，如 Nutanix 的 NDFS，Vmware 的 vSAN、SmartX 的 ZBS、Maxta 的 MxSP。

1.8.3 软件定义数据中心（SDDC）和 DevOps

软件定义数据中心（Software Defined Data Center，SDDC）是一种数据管理方式，它通过虚拟化来抽象计算资源、存储资源和网络资源，并将其作为服务提供。SDDC 可以让客户以更小的代价来获得更灵活、快速的业务部署、管理及实现。为了促进这一过程，SDDC 通过自动化运维软件，实现集中管理虚拟化资源，并自动化运营和分配工作流。SDDC 具有三大优势：敏捷性（Agility），更快、更灵活的业务支撑与实现，以及软件开发模式的优化与变更；弹性（Elasticity），根据业务需求，资源具备动态可伸缩性（水平+垂直）；成本效益（Cost-efficiency），软件的实现方式避免了重复硬件投资和资源浪费。

软件定义数据中心架构可以分为三个逻辑层：物理层、虚拟化层和管理层，它们共同提供了一个统一的系统，为企业提供更具管理灵活性、更具成本效益的数据中心运行方式。

（1）物理层

软件定义数据中心架构的物理层包括计算、存储和网络组件，以支持 SDDC 来存储和处理企业数据。计算组件包括在一个集群架构中组合的多个服务器节点，节点提供处理和存储资源来支持数据操作。存储组件可以由多种存储组成，如 SAN、NAS 或 DAS，还可以包括 HDD 和 SSD。SDDC 架构的网络组件包括物理硬件，用于计算和存储资源之间的通信，并保护企业数据。网络组件的硬件包括交换机、路由器、网关和支持集群体系架构的 SDDC 通信所必需的任何其他组件。

（2）虚拟化层

虚拟化是软件定义数据中心的关键，虚拟化层包括用于抽象底层资源并将其作为集成服务提供的软件。虚拟化层的核心是管理程序，它将资源作为虚拟化组件提供。

计算虚拟化基于服务器虚拟化技术，将处理器资源和内存资源与物理服务器分离，它将计算资源组成为逻辑计算组件池，提升了资源的利用率。应用程序完全依赖于虚拟化的处理器和内存资源。存储虚拟化抽象了底层物理设备，并将存储资源虚拟化为逻辑资源池。与软件定义存储类似，存储虚拟化抽象出底层硬件的细节，这样可以为每个应用程序提供所需的存储资源，而不会影响到其他应用程序。网络虚拟化将可用资源从底层硬件中分离出来，使物理带宽成为可以实时分配或重新分配给特定工作负载的独立通道。

（3）管理层

物理资源的虚拟化只是软件定义数据中心架构的一部分，其基础架构还包括一个管理层，能够实现任务编排和自动化运营。管理层包括监控、报警和调度功能，以便管理人员可以监督运营、保持性能并执行高级分析。此外，该层与软件定义数据中心架构中内置的安全和数据保护机制相集成。管理层还提供业务逻辑，将应用程序需求和请求转换为执行编排和自动化操作的 API 指令，API 使管理和虚拟化软件能够配置和管理资源，并解决策略实施和服务级别协议。

DevOps（Development 和 Operations 的组合词）是一组过程、方法与系统的统称，用于促进开发（应用程序/软件工程）、技术运营和质量保障（QA）部门之间的沟通、协作与整合。DevOps 是一种重视“软件开发人员（Dev）”和“IT 运维技术人员（Ops）”之间沟通合作的文化、方式或惯例，它通过自动化“软件交付”和“架构变更”的流程，来使得构建、测试、发布软件能够更加快捷、频繁和可靠。DevOps 的出现是由于软件行业日益清晰地认识到：为了按时交付软件产品和服务，开发和运营必须紧密合作。

1.8.4 混合云服务兴起

混合云融合了公有云和私有云，是近年来云计算的主要模式和发展方向。私有云主要是面向企业用户，出于安全考虑，企业更愿意将数据存放在私有云中，但是同时又希望可以获得公有云的计算资源，在这种情况下混合云被越来越多地采用，它将公有云和私有云进行混合和匹配，以获得最佳的效果，这种个性化的解决方案，达到了既省钱又安全的目的。

混合云提供了许多重要的功能，可以使各种规模的企业受益，这些新功能使企业能够利用混合云以前所未有的方式扩展 IT 基础架构。采用混合云主要有以下优点。

（1）降低成本

降低成本是云计算最吸引人的特性之一，也是促使企业管理层考虑采用云服务的重要因素。升级 IT 基础设施的成本很高，升级过程中往往需要购置额外的服务器、存储，甚至新建数据中心。混合云可以帮助企业降低这类成本，利用“即用即付”云计算资源来降低甚至消除购买本地 IT 设备的需求。

（2）增加存储和可扩展性

混合云为企业扩展存储提供了经济高效的方式，云存储的成本相比等量的本地存储成本要低得多，是备份、复制虚拟机和数据归档的理想选择。

（3）提高敏捷性和灵活性

混合云最大的好处之一就是灵活性。混合云使企业或个人能够将资源和工作负载从本地迁移到云，反之亦然。混合云使开发人员自己就能够轻松“搞定”新的虚拟机和应用程序，而无须 IT 运维人员的协助。企业还可以利用具有弹性伸缩特点的混合云，将部分应用程序放到云中以处理峰值业务需求。

1.8.5 边缘计算

对于边缘计算，不同组织给出了不同的定义。美国韦恩州立大学计算机科学系教授施巍松等人把边缘计算定义为“边缘计算是指在网络边缘执行计算的一种新型计算模式，边缘计算中边缘的下行数据表示云服务，上行数据表示万物互联服务”。边缘计算产业联盟把边缘计算定义为：“边缘计算是在靠近物或数据源头的网络边缘侧，融合网络、计算、存储、应用核心能力的开发平台，就近提供边缘智能服务，满足行业数字在敏捷连接、实时 业务、数据优化、应用智能、安全与隐私保护等方面的关键需求”。

因此，边缘计算是一种新型计算模式，通过在靠近物或数据源头的网络边缘侧，为应用提供融合计算、存储和网络等资源，同时边缘计算也是一种使能技术，通过在网络边缘侧提供这些资源，满足行业在敏捷连接、 实时业务、数据优化、应用智能、安全与隐私保护等方面的关键需求。

1. 边缘计算体系架构

边缘计算通过在终端设备和云之间引入边缘设备，将云服务扩展到网络边缘。边缘计算架构包括终端层、边缘层和云层。接下来简要介绍边缘计算体系架构中每层的组成和功能。边缘计算的体系架构如图 1-19 所示。

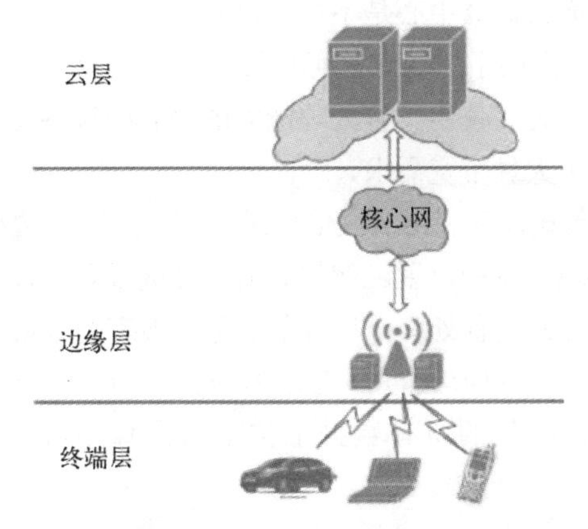

图 1-19　边缘云体系结构

1）终端层：终端层是最接近终端用户的层。它由各种物联网设备组成，例如传感器、智能手机、智能车辆、智能卡、读卡器等。为了延长终端设备提供服务的时间，则应该避免在终端设备上运行复杂的计算任务。因此，终端设备只负责收集原始数据，并上传至上层进行计算和存储。终端层连接上一层主要通过蜂窝网络。

2）边缘层：边缘层位于网络的边缘，由大量的边缘节点组成，通常包括路由器、网关、交换机、接入点、基站、特定边缘服务器等。这些边缘节点广泛分布在终端设备和云层之间，例如咖啡馆、购物中心、公交总站、街道、公园等。它们能够对终端设备上传的数据进行计算和存储。由于这些边缘节点距离用户距离较近，则可以为运行对延迟比较敏感的应用，从而满足用户的实时性要求。边缘节点也可以对收集的数据进行预处理，再把预处理的数据上传至云端，从而减少核心网络的传输流量。边缘层连接云层主要通过因特网。

3）云层：云层由多个高性能服务器和存储设备组成。它具有强大的计算和存储功能，可以执行复杂的计算任务。云模块通过控制策略可以有效地管理和调度边缘节点和云计算中心，为用户提供更好的服务。

2. 边缘计算优势

边缘计算模型将原有云计算中心的部分或全部计算任务迁移到数据源附近，相比于传统的云计算模型，边缘计算模型具有实时数据处理和分析、安全性高、隐私保护、可扩展性强、位置感知及低流量的优势。

1）实时数据处理和分析。将原有云计算中心的计算任务部分或全部迁移到网络边缘，在边缘设备处理数据，而不是在外部数据中心或云端进行；因此提高了数据传输性能，保证了处理的实时性，同时也降低了云计算中心的计算负载。

2）安全性高。传统的云计算模型是集中式的，这使得它容易受到分布式拒绝服务供给和断电的影响。边缘计算模型在边缘设备和云计算中心之间分配处理、存储和应用，使得其安全性高。边缘计算模型也降低了发生单点故障的可能性。

3）保护隐私数据，提升数据安全性。边缘计算模型是在本地设备上处理更多数据而不是将其上传至云计算中心，因此边缘计算还可以减少实际存在风险的数据量。即使设备受到攻击，它也只包含本地收集的数据，而云计算中心是不会受损的。

4）可扩展性。边缘计算提供了更便宜的可扩展性路径，允许公司通过物联网设备和边缘数据中心的组合来扩展其计算能力。使用具有处理能力的物联网设备还可以降低扩展成本，因此添加的新设备都不会对网络产生大量带宽需求。

5）位置感知。边缘分布式设备利用低级信令进行信息共享。边缘计算模型从本地接入网络内的边缘设备接收信息以发现设备的位置。例如导航，终端设备可以根据自己的实时位置把相关位置信息和数据交给边缘节点来进行处理，边缘节点基于现有的数据进行判断和决策。

6）低流量。本地设备收集的数据可以进行本地计算分析，或者在本地设备上进行数据的预处理，不必把本地设备收集的所有数据上传至云计算中心，从而可以减少进入核心网的流量。

1.8.6 分布式云

近期，分布式云（Distributed Cloud）异军突起，成为云计算市场中的热门词汇。对于分布式云的概念，咨询公司 Gartner 给出的定义是：将公有云服务（通常包括必要的硬件和软件）分布到不同的物理位置（即边缘），而服务的所有权、运营、治理、更新发展仍然由原始公有云提供商负责。简单来说：分布式云就是分布在不同地理位置的云，是云“进化”的最新形态。当前，云供应商需要为行业用户提供更与时俱进的解决之道，实现延迟更低、按需定制、高度灵活性、体验一致性、强大的安全等需要，这让本地云或分布式云的价值得到了彰显。对于政企用户而言，分布式云带来的好处也日益明显，通过对云的集资源本身就自带话题性和故事性，更容易激发消费市场的好奇感与新鲜感，获得广泛关注与市场价值。

从网络演进、运营商的需求以及业务发展来看，构建多层级的分布式云，满足各层业务特点和部署位置要求，成为云化基础设施的演进趋势。从当前业务的发展来划分，分布式云可以分成三个层级，如图 1-20 所示。

（1）中心云

中心云主要承载控制/管理网元以及集中化的媒体面网元，用于提升管理效率。中心云一般规模较大，运维/配置复杂，因此对于统一管理、自动化管理、网络自动化配置都有较强的需求。

（2）边缘云

边缘云主要承载分布式部署的用户面/媒体面网元，满足用户体验。边缘云主要用于流量卸载，需要较强的网络性能（主要是吞吐量），因此各类加速技术成为其必然选择。

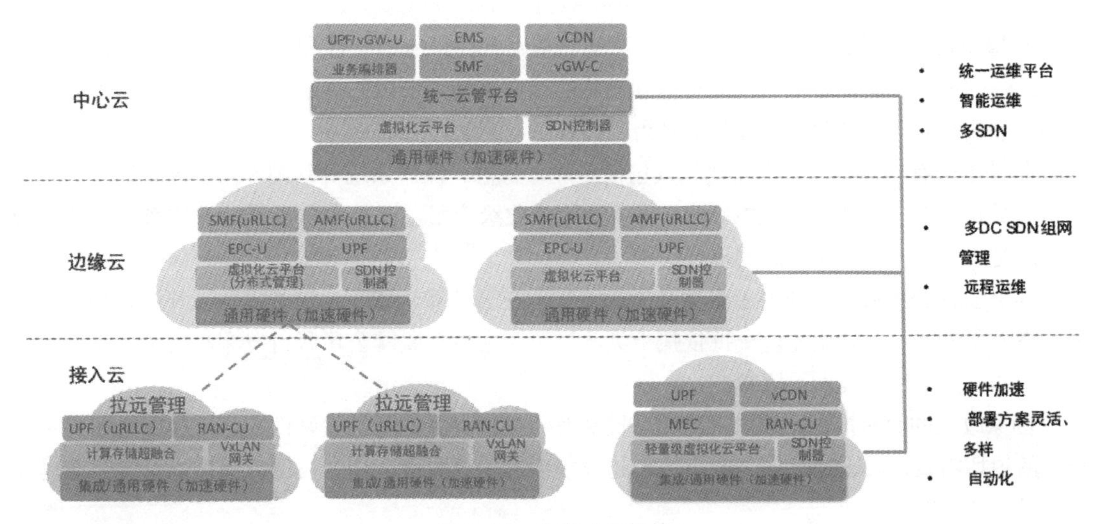

图 1-20　分布式云架构

（3）接入云

接入云主要承载接入类网元以及实时性要求较高的网元，例如 AR/VR、车联网。接入云部署位置离用户最近，同时考虑其上的业务和覆盖范围，具有规模小、数量多、异构部署、无人值守等显著特点，同时对于性能（吞吐量、时延）有较高要求，因此，如何管理、如何提升性能成为接入云需要面临的挑战。

1.8.7　信创云

2020 年 9 月 30 日，全国首个基于信创云架构的云平台项目正式交付上线，开创了中国信创云部署先河。首个信创云项目通过国产通用型云操作系统安超 OS、安超云管套件 CloudSuite 等信创云计算软件的部署，帮助政府实现了全领域、全流程的数字化高效运营管理，成为推动我国信息技术自主可控的一次重要实践。发展信创，首先要解决的是安全问题。长期以来，国内重要信息系统、关键基础设施使用的核心信息技术产品和关键服务大多依赖国外，导致我国的数据安全始终处在不确定性中，而美国对华为、中兴的打压就是不断敲响的警钟，发展自主可控是扭转核心技术被牵制局势的关键所在。信息技术应用创新工作委员会的成立就是把信创作为国家战略，以信息技术产业为根基，通过科技创新，构建我们自己的 IT 产业标准和生态，使得 IT 产品和技术可掌控、可研究、可发展、可生产，进而打造国内自主可控的信息技术产业生态体系。

那么信创云是什么呢？它与信创、与公有云、私有云有什么关系呢？它的发展会带来什么价值呢？

显然，信创云首先是云，是云计算的一种，具备云的一切基本特征。我们常说的公有云、私有云主要是以可扩展性、成本高低作为划分依据，信创云同样也具备这些特征，而其以信创作为前缀，最大的特点在于自主安全可控。信创云即是以国产化的 CPU、操作系统为底座自主研发的云平台，它是在信息技术应用创新的背景下提出的。

在整个信创产业链体系中，IT 基础设施、基础软件、应用软件和安全四大领域，云计算位于 IT 基础设施一层，是新一代信息基础设施的核心支撑，所以归属于云当中的信创云可以说在某种程度决定着信创产业的发展基石是否稳固长久。

从外围来看，信创云对下需要承载包括芯片、整机、操作系统等软硬件基础设施，对上又要支撑大数据、人工智能、物联网、5G 等新一代企业级应用，在整个信创产业链体系中，信创云起到的是承上启下、贯穿生态的重要作用。

尽管我国在核心技术研发上多数晚于国外，但在云计算领域，我国基本与国外同时起步，发展生态并不逊色于国外企业。一批依托于党政机关、大型互联网公司和自发崛起的企业在信创云刚提出的不久之后便投入了研发。

国家政策的紧密推进，国内 IT 领域已拥有一批世界级的基础软硬件人才，加上企业数字化转型的迫切需要，我国拥有巨大的市场、超大规模的用户数量，均为信创云提供了有利的前提条件以及广阔的发展空间。

1.8.8 安全性成为关键

云计算安全或云安全（Cloud Security）是指一系列用于保护云计算数据、应用和相关结构的策略、技术和控制的集合，属于计算机安全、网络安全的子领域，或更广泛地说属于信息安全的子领域。云安全从性质上可以分为两类，一类是用户的数据隐私安全，另一类是针对传统互联网和硬件设备的安全。

云计算因其节约成本、维护方便、配置灵活已经成为各国政府优先推进发展的一项服务，但用户及政府部门采用云计算服务也给其敏感数据和重要业务的安全带来了挑战，因此云安全成为云计算发展的关键。云安全技术也随之迅速发展。

云安全是要保护客户、企业和政府部门的信息安全，因此，云安全技术首先要了解客户及其需求，针对这些需求提供解决方案，如全磁盘或基于文件的加密、客户密钥管理、入侵检测/防御、安全信息和事件管理（Security Information and Event Management，SIEM）、日志分析、双重模式身份验证、物理隔离等。

云安全技术一直致力于实现跨域系统的安全和高效管理，已经有多项行之有效的安全标准被用于保障云计算的安全，它们包括：安全断言标记语言（Security Assertion Markup Language，SAML），服务配置标记语言（Services Provisioning Markup Language，SPML），可扩展访问控制标记语言（eXtensible Access Control Markup Language，XACML）和网络服务安全（Web Service Security，WS-Security）等。

在设计云计算平台时，就需要考虑云安全的应对措施，主要从以下三方面考虑：漏洞扫描与渗透测试，这是所有 PaaS 和 IaaS 都必须执行的；云安全技术配置管理，云安全技术中最重要的要素就是配置管理，如各种软件的升级或者补丁管理。在 SaaS 环境和 PaaS 环境中，配置管理由云计算服务的供应商负责处理；云安全技术控制，云计算服务的供应商负责所有云计算基础设施的运维，其中包括虚拟化技术、网络以及存储等各个方面，并且还负责其相关代码，包括管理界面和 API，所以对供应商进行的开发实践进行评价和管控也是非常必要的。

1.9 我国的云计算产业现状

1.9.1 政府推动云计算产业发展

我国政府高度重视云计算产业发展，通过陆续出台相关政策积极引导软件企业向云计算加速转型，同时推动云计算在政务、金融、工业等领域中应用水平的提升。继发布《云计算发展三年行动计划（2017-2019 年）》之后，工业和信息化部于 2018 年 8 月发布了《推动企业上云实施指南（2018-2020 年）》，以强化云计算平台服务和运营能力为基础，以加快推进重点行业企业上云为着重点，指导和促进企业运用云计算推进数字化、网络化、智能化转型升级。

在《云计算发展三年行动计划（2017-2019 年）》中，工信部指出，要全面落实党的十八大和十八届三中、四中、五中、六中全会精神，深入贯彻习近平总书记系列重要讲话精神，牢固树立和贯彻落实创新、协调、绿色、开放、共享的发展理念，以推动制造强国和网络强国战略实施为主要目标，以加快重点行业领域应用为着力点，以增强创新发展能力为主攻方向，夯实产业基础，优化发展环境，完善产业生态，健全标准体系，强化安全保障，推动我国云计算产业向高端化、国际化方向发展，全面提升我国云计算产业实力和信息化应用水平。

2021 年，我国云计算市场规模达到 3102 亿元，我国公有云市场 2020 年～2022 年仍将处于快速增长阶段，私有云未来市场规模几年将保持稳定增长。突破一批核心关键技术，云计算服务能力达到国际先进水平，对新一代信息产业发展的带动效应显著增强。云计算在制造、政务等领域的应用水平显著提升。云计算数据中心布局得到优化，使用率和集约化水平显著提升，绿色节能水平不断提高，新建数据中心 PUE 值普遍优于 1.4。发布云计算相关标准超过 20 项，形成较为完整的云计算标准体系和第三方测评服务体系。云计算企业的国际影响力显著增强，涌现 2-3 家在全球云计算市场中具有较大份额的领军企业。云计算网络安全保障能力明显提高，网络安全监管体系和法规体系逐步健全。云计算成为信息化建设主要形态和建设网络强国、制造强国的重要支撑，推动经济社会各领域信息化水平大幅提高。

1.9.2 我国云计算产业高速发展

全球第二大市场研究机构 Marketsand Markets 发布报告称，2018 年全球云计算市场规模为 2720 亿美元，到 2023 年这一数字预计将增长到 6233 亿美元，预测期内的复合年增长率（CAGR）为 18.0%。

根据第 47 次《中国互联网络发展状况统计报告》统计，我国大型云服务商已经跻身全球市场前列，且企业营收保持了高速增长。从市场份额来看，阿里云已成为全球第三大公有云服务商，市场占有率仅次于亚马逊和微软。

2021 年，我国云计算整体市场规模达 3102 亿元，其中，公有云市场规模达到 689 亿元，2020—2022 年仍处于快速增长阶段，到 2023 年市场规模预计将超过 2300 亿元。私有云市场规模达 645 亿元，预计到 2023 年市场规模将接近 1500 亿元。

在技术方面。我国云计算发展呈现以下四个特点：其一，X86 服务器是云计算硬件平台的主流选择，硬件在平台整体投入营收中的占比较高。但随着硬件设备标准化程度和软件异构能力的提升，预计软件和服务市场的营收占比将逐渐增长；其二，国内云计算服务商在重视参与建立开源生态的同时，也积极进行自主研发。阿里巴巴、腾讯、华为等国内云计算服务商陆续参与 Linux 基金会、CNCF（Cloud Native Computing Foundation）基金会等开源基金会，并在 2018 年发布了“飞天 2.0”“Redis5.0”等自主研发的云计算产品；其三，安全问题虽然已经引起云计算服务商的高度重视，但安全事故仍旧频发，安全风险管控能力亟待进一步加强；其四，边缘计算与云计算的协同将极大提升对海量数据的及时处理能力、数据存储能力及深度学习能力，从而促进物联网的进一步发展。

在应用方面，我国云计算应用正在从互联网行业向政务、金融、工业等传统行业加速渗透。首先，政务云是云计算应用最为成熟的领域。目前全国超过九成省级行政区和七成市级行政区已建成或正在建设政务云平台；其次，金融行业积极探索云计算应用场景。由于中小行业和互联网金融机构的系统迁移成本低、云计算应用需求强，因此，其更倾向于通过云计算改造现有业务系统；最后，工业云开始应用于产业链各个环节。通过与工业物联网、工业大数据、人工智能等技术进行融合，工业研发设计、生产制造、市场营销、售后服务等产业链各个环节均开始引入云计算进行改造，从而形成了智能化发展的新兴业态和应用模式。

在政策方面，鼓励各地政府部门、云平台服务商、云企业等多方合作推进机制。支持各地工业和信息化主管部门设立企业上云专家咨询委员会。加大对企业上云的引导推进力度，加强政策解读，普及上云知识，提高企业上云意识和实践能力，持续扩大企业上云影响力。支持各地工业和信息化主管部门建立完善公共服务平台，为企业提供信息系统规划咨询、方案设计、监理培训等各类服务。深入开展云服务能力测评和服务可信度评估，推动提升云计算企业服务水平和服务质量。积极探索利用保险模式对上云企业给予保障；鼓励各地加快推动开展云上创新创业。支持各类企业和创业者以云计算平台为基础，利用大数据、物联网、人工智能、区块链等新技术，积极培育平台经济、分享经济等新业态、新模式；制定出台企业上云的效果评价标准，逐步构建企业上云效果评价体系。支持第三方机构根据相关标准，对成本节约、效率提升、业务升级、促进创新等上云效果进行评估、统计，引导企业深度上云。总结宣传企业上云的典型案例和成功经验，加大推广力度，打造上云标杆企业，充分发挥示范引领作用，实现企业上云规模化；落实《中华人民共和国网络安全法》相关要求，推动建立健全云计算相关安全管理制度，完善云计算网络安全防护标准。指导督促云平台服务商切实落实主体责任，保障用户信息安全和商业秘密。

习题

1．简述什么是云计算。

2．云计算有哪些特点？

3．请分别回答什么是 IaaS、PaaS、SaaS。

4．云计算的基础设施有哪些，各自完成什么功能？

第 2 章　大数据技术概述

在分布式计算中，由于数据量的大小及格式超出了典型数据库软件的采集、存储、管理和分析等能力，因此需要采用新的技术来完成当前数据量的处理及分析，于是大数据（Big Data）技术就应运而生。本章将主要讲述大数据技术的产生，大数据的特征、大数据的相关技术及主要应用，最后介绍云计算与大数据的关系。

2.1　大数据技术的产生

信息技术的迅猛发展和其在各行业大规模的普及应用，以及行业应用系统规模的迅速扩大，其所产生的数据呈指数型的增长。动辄达到数百 TB 级甚至数十至数百 PB 级规模的大数据已远远超出了传统的计算技术和信息系统的处理能力，从而促进了大数据技术的产生及快速发展。

2.1.1　大数据的基本概念

维基百科对大数据的解释：大数据（Big Data），又称巨量资料，指的是传统数据处理应用软件不足以处理它们的、大或复杂的数据集。大数据也可以定义为各种来源的大量非结构化和结构化数据。大数据通常包含的数据量超出了传统软件在人们可接受的时间内进行处理的能力。

智库百科对大数据的解释：大数据是指无法在一定时间内用常规软件工具对其内容进行抓取、管理和处理的数据集合。大数据技术是指从各种各样类型的数据中，快速获得有价值信息的能力。适用于大数据的技术，包括了大规模并行处理（Massively Parallel Processing，MPP）数据库、数据挖掘、分布式文件系统、分布式数据库、云计算平台、互联网，及可扩展的存储系统。

百度百科对大数据的解释：大数据指无法在一定时间范围内用常规软件工具进行捕捉、管理和处理的数据集合，是需要新处理模式才能具有更强的决策力、洞察发现力和流程优化能力的海量、高增长率和多样化的信息资产。

简而言之，大数据是现有数据库管理工具和传统数据处理应用方法很难处理的大型、复杂的数据集，大数据技术的范畴包括大数据的采集、存储、搜索、共享、传输、分析和可视化等。

2.1.2　大数据产生的原因

1．大数据的产生

21 世纪，随着计算机技术全面融入社会生活的方方面面，信息技术的广泛应用引发技术创新和商业变革。互联网（社交网络、搜索、电子商务）、视频网站、移动互联网（微博、推特）、物联网、车联网、GPS、医学影像、安全监控、金融（银行、股市、保险）、电信（通话、短信）等众多领域都在疯狂产生着大量的数据，这些数据不仅使世界充斥着比以往更多的信息，而且由这些数据产生出了“大数据”这个如今尽人皆知的概念。

大数据技术的产生首先源于互联网企业对于日益增长的网络数据分析的需求，如图 2-1 所示。20 世纪 80 年代的典型代表是 Yahoo 的“分类目录”搜索数据库；20 世纪 90 年代的典型代表是 Google，它开始运用算法分析用户搜索信息，以满足用户的实际需求；21 世纪的典型代表是 Facebook，它不仅满足用户的实际需求，而且创造新的需求，因为此时 Web 2.0 的出现使人们从信息的被动接收者变成了主动创造者。2010 年之后，YouTube、Twitter、微博等社交网站出现，海量的视频、图片、文本、短消息通过这些社交平台产生，基于互联网的数据的增长速度变得与 IT 界的摩尔定律（该定律揭示了信息技术进步的速度）很类似。

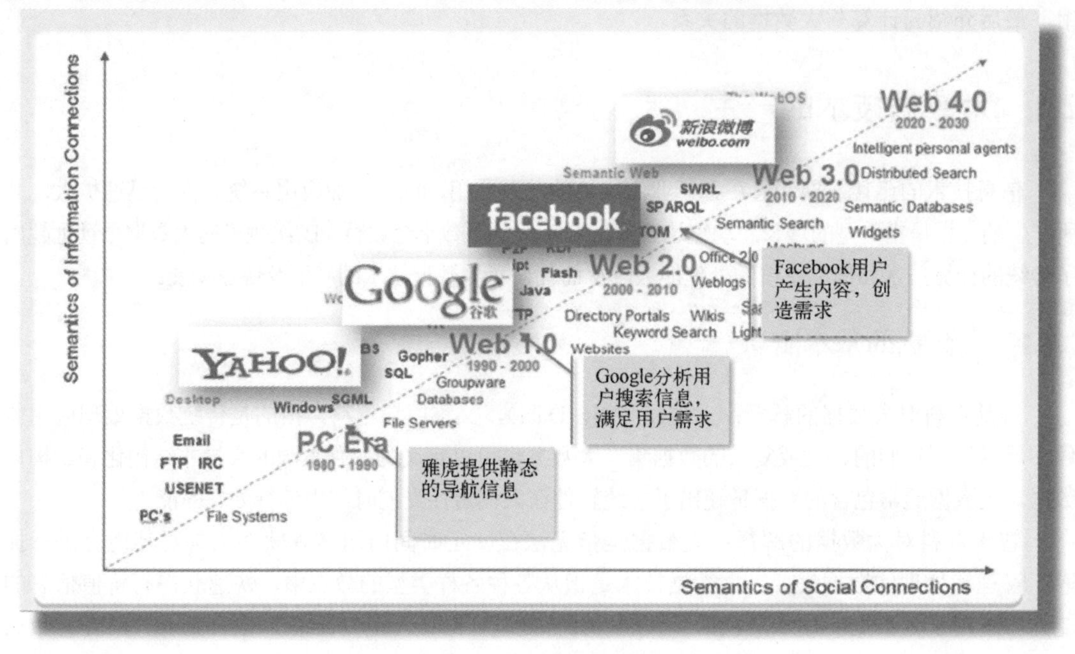

图 2-1　互联网企业对网络数据分析的需求

基于上述状况，2006 年，广大个人用户的数据量迈进了“TB”时代（个人计算机的硬盘容量从 GB 提升到了 TB 规格），全球一共新产生了约 180EB 的数据；在 2010 年，全球的数据量达到 ZB 级，2011 年，这个数字达到了 1.8ZB。IDC 预计，中商产业研究院预计 2022 年全球大数据储量将达 61.2ZB。其中，各数据量单位 KB、MB、GB、TB、PB、EB、ZB、YB、NB、DB 依次递增。注：单位以 PB 衡量的数据就可称之为大数据。

2．大数据的可用性及衍生价值

进入 IT 时代以来，全人类积累了海量的数据，这些数据仍在不断急速增加，这带来两个方面的巨变：一方面，在过去没有海量数据积累的时代无法实现的应用现在终于可以实现；另一方面，从数据匮乏时代到数据泛滥时代的转变，给数据的处理和应用带来新的挑战与困扰，即如何从海量的数据中高效地获取所需数据，有效地深加工并最终得到有价值意义的数据。

大数据的一个重要方面是数据的可用性。用以分析的数据越全面，分析的结果就越接近于真实，就更具可用性。数据可用性主要包含高质量数据获取与整合的方法，大数据可用性理论体系的建立，弱可用数据的近似计算与数据挖掘，数据一致性的描述问题，一致性错误的自动检测问题，实体完整性的自动修复问题，自动检测实体同一性错误的问题，半结构化、非结构化数据的实体识别问题等方面。

大数据的另一个重要方面是数据的复杂性。目前，85%的数据属于社交网络、物联网、电子商务等产生的非结构化和半结构化数据。非结构化数据是数据结构不规则或不完整、没有预定义的数据模型、不方便用二维逻辑数据库来表现的数据。包括所有格式的办公文档、文本、图片、图像和音频/视频信息等。半结构化数据是介于完全结构化数据（如关系型数据库、面向对象数据库中的数据）和完全无结构的数据之间的数据，XML、HTML 文档属于半结构化数据，它一般是自描述的，数据的结构和内容混在一起，没有明显的区分。大数据的结构日趋复杂，而这些数据早已远远超越了传统方法和理论所能处理的范畴。有时甚至大数据中的小数据，如一条微博可能就会产生颠覆性的效果。因此，针对这种类型的新数据结构及大数据要为人们所用，就需要新的技术及方法对当前的大数据进行采集、清洗、分析和处理，从大数据中发现有用的知识。

大数据本身很难直接使用，只有通过处理的大数据才能真正地成为有用的数据。虽然有以上两个问题，但随着大数据的不断增长，可以清楚地发现，通过采用新的方法和新的技术，这些大数据是可用的，并且具备巨大价值。

大数据可以在众多领域创造巨大的衍生价值，使得未来 IT 投资重点不再是以建系统为核心，而是以大数据为核心，处理大数据的效率逐渐成为企业的生命力，大数据的价值潜力指数如图 2-2 所示。

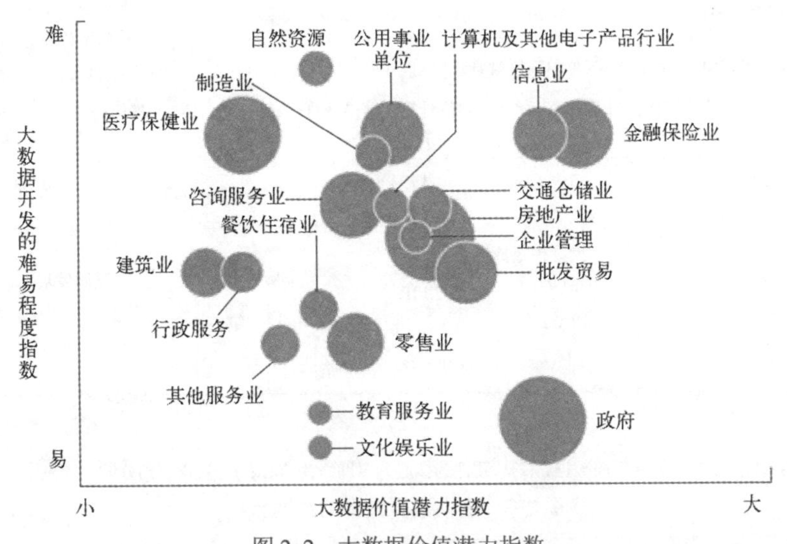

图 2-2　大数据价值潜力指数

从图中可以看到，政府、房地产业、医疗保健业、金融保险业、公用事业单位、咨询服务业这几个行业的数据量是各行业中数据量拥有量较大的行业，尤其是政府和房地产业，它们拥有的数据量非常庞大。政府，教育服务业，文化娱乐业的大数据价值的潜力相对一般，大数据开发难度较低；餐饮业、房地产业、咨询服务业、零售业等行业，它们的大数据价值潜力中等，并且大数据开发难度中等；医疗保健业、自然资源、IT 信息产业、金融保险业、公用事业单位这些行业的大数据价值潜力越大，开发难度也比较高。

2.1.3 大数据概念的提出

由于海量非结构化、半结构化数据的出现，数据已没有办法在可容忍的时间内，使用常规软件方法完成存储、管理和处理任务。怎样处理这样的数据成为一个重要课题。2008 年《自然》（*Nature*）杂志推出了“大数据”专辑，引发了学术界和产业界的关注。数据成为科学研究的对象和工具，业界开始基于数据来思考、设计和实施科学研究。数据不再仅仅是科学研究的结果，而且变成科学研究的基础。

尽管从 2009 年起“大数据”才开始成为互联网行业中的热门词汇，但早在 1980 年，著名的未来学家托夫勒在其所著的《第三次浪潮》中就热情地将大数据称颂为“第三次浪潮的华彩乐章”。

对大数据进行收集和分析的设想，来自于世界著名的管理咨询公司麦肯锡公司（McKinsey），麦肯锡公司也是最早应用大数据的企业之一。麦肯锡公司看到了各种网络平台记录的个人海量信息具备的潜在商业价值，于是投入大量人力物力进行调研，在 2011 年 6 月发布了关于大数据的报告，该报告对大数据的社会影响、关键技术和应用领域等都进行了详尽的分析。麦肯锡的报告得到了金融界的高度重视，之后大数据逐渐受到了各行各业关注。

回顾计算机技术的发展历程，可以清晰地看到计算机技术从面向计算逐步转变到面向数据的过程，面向数据也可以更准确地称为“面向数据的计算”。面向数据要求系统的设计和架构以围绕数据为核心开展。这一过程的描述如图 2-3 所示，该图从硬件、网络和云计算的演进过程等方面以时间为顺序进行了纵向和横向的对比。

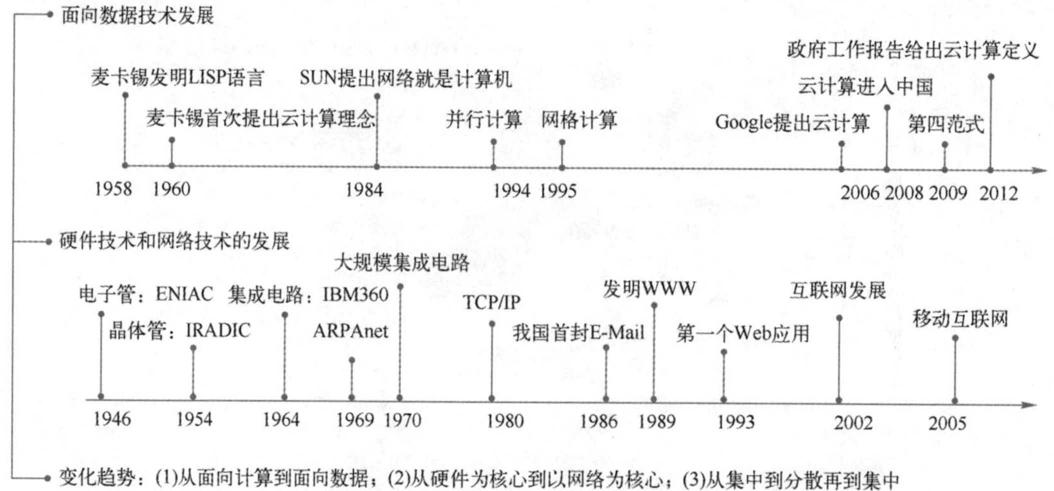

图 2-3 面向数据技术的发展历程

从图中可以看到，在计算机技术的早期，由于硬件设备体积庞大，价格昂贵，这一阶段数据的产生还是“个别”人的工作，即数据生产者主要是科学家或军事部门，他们更关注计算机的计算能力，计算能力的高低决定了研究能力和一个国家军事能力的高低。此时推动计算技术发展的主要动力是硬件的发展，这个时期是硬件的高速发展时期，硬件从电子管迅速发展到大规模集成电路。1969 年，ARPANET（阿帕网，由美国国防部高级研究计划署开发，是全球互联网的始祖）的出现改变了整个计算机技术的发展历史，互联网逐步成为推动技术发展的一个重要力量，特别是高速移动通信网络技术的发展和成熟使现在数据的生产成为全球人类的共同活动，任何人可以随时随地产生和交换数据。

以网络为核心的数据构成变得非常复杂，数据来源多样化，不同数据之间存在大量的隐含关联性，这时计算所面对的数据变得非常复杂，各类社交应用将数据和复杂的人类社会运行相关联，由于人人都是数据的生产者，人们之间的社会关系和结构就被隐含到了所产生的数据之中。数据的产生目前呈现出了大众化、自动化、连续化、复杂化的趋势。大数据这一概念正是在这样的一个背景下出现的。这一时期的典型特征就是计算必须面向数据，数据是架构整个系统的核心要素。

2.1.4 第四范式——大数据对科学研究产生的影响

大数据概念的产生深刻地改变了科学研究的模式，2007年，已故的图灵奖得主吉姆·格雷（Jim Gray，数据库基本理论的奠基人）提出了数据密集型科研“第四范式”（The Fourth Paradigm），图 2-4 所示即为吉姆·格雷。他将大数据科研从第三范式，即计算机仿真中分离出来，独立作为一种科研范式，单独分离出来的原因是大数据的研究方式不同于基于数学模型的传统研究方式。

图 2-4　大数据之父吉姆·格雷

科学研究的四个范式如图 2-5 所示。第一范式是实验，通过实验发现知识，这时需要的计算和产生的数据都是很少的；第二范式是理论，通过理论研究发现知识，如牛顿力学体系、麦克斯韦（英国物理学家、数学家，经典电动力学的创始人，统计物理学的奠基人之一）的电磁场理论等，人类可以利用这些理论发现新的行星，如海王星、冥王星的发现不是通过观测而是通过计算得到；第三范式是计算，通过计算发现知识，人类利用基于高性能计算机的仿真计算可以实现模拟核爆炸这样的复杂计算；第四范式是数据，通过数据发现知识，可以利用海量数据加上高速计算发现新的知识，是数据密集型的科学发现。

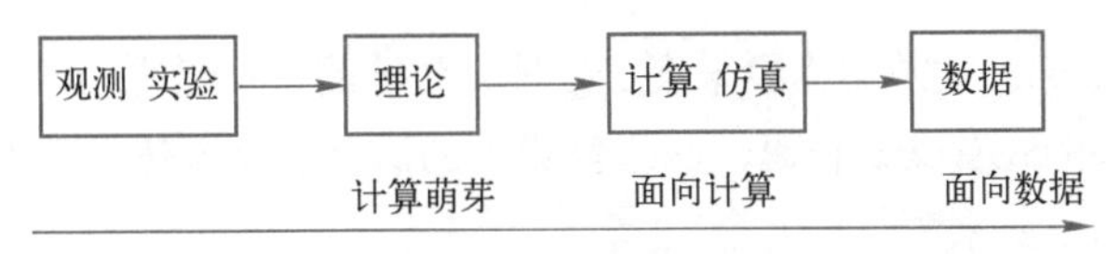

图 2-5　科学研究四个范式的发展历程

基于 PB 级规模的大数据，人们可以做到没有模型和假设，将这些数据丢进计算能力超强的计算机集群中，只要是有相互关系的数据，统计分析算法就可以从中发现过去的科学方法发现不了的新模式、新知识甚至新规律。实际上，Google 的广告优化配置、2016 年 3 月在围棋挑战赛中战胜人类的人工智能 AlphaGo 都是这么实现的，这就是“第四范式”的魅力！人类从依靠自身判断做决定到依靠数据做决定的转变，体现了大数据对科学研究的影响，是大数据做出的最大贡献之一。

2.1.5 云计算与大数据的关系

云计算与大数据是一对相辅相成的概念，它们描述了面向数据时代信息技术的两个方面：云计算侧重于提供资源和应用的网络化交付方法；大数据侧重于应对巨大的数据量所带来的技术挑战。

云计算的核心是业务模式，其本质是数据处理技术。数据是资产，云计算为数据资产提供了存储、访问的场所和计算能力，即云计算更偏重大数据的存储和计算，以及提供云计算服务，运行云应用。但是云计算缺乏盘活数据资产的能力，从数据中挖掘价值和对数据进行预测性分析，为国家治理、企业决策乃至个人生活提供服务，这是大数据的核心作用。云计算是基础设施架构，大数据是思想方法，大数据技术将帮助人们从大体量、高度复杂的数据中分析、挖掘信息，从而发现价值和预测趋势。

2.2 大数据的 4V 特征

大数据从结构化数据向半结构化数据和非结构化数据演进，为了确保数据可用性，就要分析大数据的数据特点。数据量大、数据产生速度快、数据类型复杂、价值密度低 4 个特点就是大数据的显著特征，或者说，只有具备这些特点的数据才是大数据，大数据的 4V 特征如图 2-6 所示。

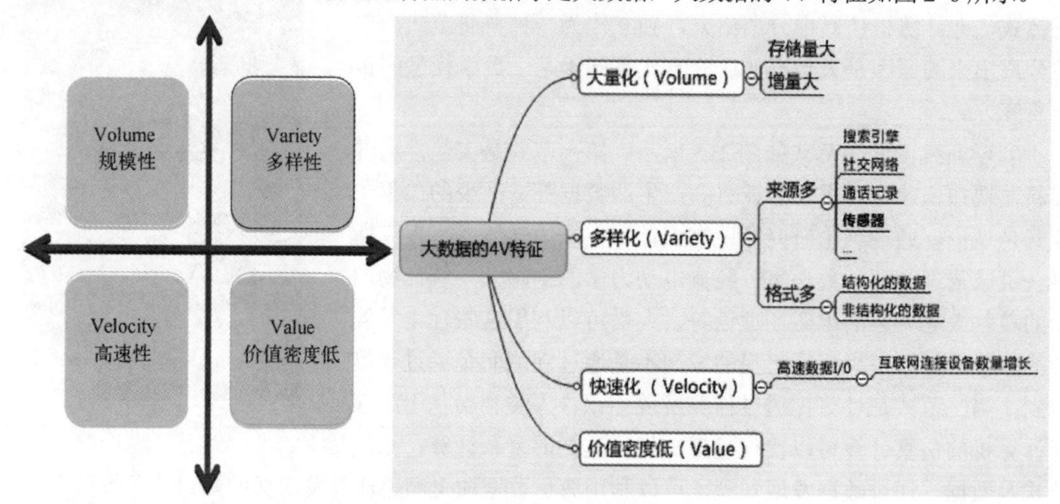

图 2-6　大数据的 4V 特征

1）规模性（Volume）：大数据需要采集、处理、传输的数据量大；处理 PB 级的数据是比较常态的情况。企业内部的经营交易信息，网络世界中的商品、物流信息，人与人的交互信息、位置信息等都是大数据的主要来源。

2）多样性（Variety）：大数据的种类多、复杂性高；大数据有不同格式，有结构化的关系型数据，有半结构化的网页数据，还有非结构化的视频音频数据。而且这些非结构化数据广泛存在于社交网络、物联网、电子商务之中，其增长速度比结构化数据快数十倍。

3）高速性（Velocity）：大数据需要频繁地采集、处理并输出；因为数据会存在时效性，需要快速处理并得到结果。如一些电商数据，如果当天的信息不处理，就将会影响到很多需要立即做出的商业决策。要达到立竿见影而非事后见效，实现实时获取需要的信息，1 秒是临界点，即对于很多实时大数据应用而言，数据必须要在 1 秒钟内进行处理，否则处理结果就是过时和无效的。

4）价值密度低（Value）：大数据不经过相应的处理则价值较低。挖掘大数据的价值类似于沙里淘金。以视频为例，一个一小时的监控视频数据，可能有用的数据只有一两秒。如何通过强大的算法更迅速地完成数据的价值“提纯”是目前大数据技术研究的重要课题。

2.3 大数据的主要应用及行业推动力量

大数据研究的主要目标是以有效的信息技术手段和计算方法，获取、处理和分析各种行业的大数据，发现和提取数据的深度价值，为行业提供高附加值的应用和服务。

2.3.1 大数据的主要应用

大数据在各行各业特别是公共服务领域具有广阔的应用前景，通过用户行为分析实现精准营销是大数据的典型应用。

1）互联网企业可以应用大数据技术，通过监控并分析每日产生的几百 GB 的网络广告用户点击数据，了解哪些用户在哪些时段点击广告，从而判断广告投放是否有价值，并及时进行调整。

2）智能电网可通过大数据技术对用户的用电数据进行监测，智能电表每隔几分钟就将这些数据采集并发送到后端集群中，之后集群就会对这数亿条数据进行分析，得出用户大概的用电模式，根据用电模式来调节电力生产，这样就能够有效避免电力资源的浪费。

3）车联网应用大数据技术。车载终端每隔几分钟都会上传一些路况数据到后端数据集群里，后台通过分析这些数据来判断路况大致是什么情况，之后将有价值的路况信息推送到客户端，能够帮助客户节省在路上的时间。

4）医疗大数据。在医疗行业，每个人看病都有病例，如果把全国几千万病例都汇总起来之后进行数据分析和数据处理，就会从中找出一些模式和规律，通过这些模式和规律可以非常有助于医生对各种疾病的诊治。

2.3.2 企业推动大数据行业发展

大数据行业拓展者是打造大数据行业的基石，IBM、Oracle、微软、Google、亚马逊、Facebook 等跨国巨头是发展大数据技术的主要推动者。

1）Google。Google 提供给用户的所有的软件都是在线的。用户在使用这些产品的同时，个人的行为、喜好等信息也提供给了 Google，Google 通过大数据技术对这些数据进行分析，可以更加准确地理解用户需求。因此，Google 的产品线越丰富，其对用户的理解就越深入，其广告投放也越精准，广告的价值就越高。Google 通过提供给用户好用的、免费的软件产品，换取对用户的理解，再通过精准的广告投放获取收益，这样的商业模式颠覆了微软卖软件版权赚钱的模式，使 Google 成为互联网时代的巨擘。

2）IBM。IBM 大数据提供的服务包括。

- 数据分析，文本分析。
- 业务事件处理。
- IBM Mashup Center 的计量，监测。
- 商业化服务（Multimedia Mail Messaging，MMMS）。

IBM 的大数据产品组合中的系列产品 InfoSphere bigInsights 基于 Apache Hadoop，专门用于大数据分析，其中被称为 bigsheet 的软件，其目的是帮助客户从大量的数据中轻松、简单、直观地提取、批注相关信息，为金融、风险管理、媒体和娱乐等行业量身定做行业解决方案。

3）微软。微软的大数据产品理念是："基于标准化的产品，让所有人在任何时间任何地点都可以利用数据，并做出更好的决策。"如何利用技术和工具让所有人能够从大数据中获得洞察，这是微软认为最重要的事情。为此，微软发布了大数据解决方案的三大战略，即大掌控，大智汇，大洞察。与其他公司处理大数据的方式不同，微软主张从发现数据、分析数据和对数据进行可视化的处理这三种方式来思考大数据的使用。

4）Oracle。Oracle 的大数据布局主要分为两方面。

- 从后端 Hadoop、NoSQL 到前端数据展现，提供网站的端到端的大数据解决方案。
- 传统技能与新技术进行结合，利用 Big Data SQL 来提供 SQL-on-Hadoop 工具。

5）EMC。EMC 是美国纽交所和 Nasdaq 的大数据技术服务提供商，EMC 的大数据解决方案已包括 40 多个产品。

6）阿里巴巴。阿里巴巴拥有海量的交易数据和信用数据，其在大数据技术方面的工作主要是搭建数据的流通、收集和分享的底层架构。

7）华为。华为整合了高性能的计算和存储能力，为大数据的挖掘和分析提供稳定的 IT 基础设施平台。

2.3.3 我国政府推动大数据行业发展

大数据时代已经到来，在大数据推动的商业革命浪潮中，要么学会使用大数据创造商业价值，要么被大数据驱动的新生商业模式所淘汰。一个国家拥有数据的规模和运用数据的能力将成为综合国力的重要组成部分，对数据的占有和控制也将成为国家间和企业间新的争夺焦点。

在 2011 年 12 月，我国工信部发布的"物联网十二五"规划上，把信息处理技术作为 4 项关键技术创新工程之一被提出来，其中包括了海量数据存储、数据挖掘、图像视频智能分析，这也是大数据的重要组成部分。2015 年，国务院正式印发《促进大数据发展行动纲要》，《纲要》明确指出，推动大数据的发展和应用，在未来 5 至 10 年打造精准治理、多方协作的社会治理新模式，建立运行平稳、安全高效的经济运行新机制，构建以人为本、惠及全民的民生服务新体系，开启大众创业、万众创新的创新驱动新格局，培育高端智能、新兴繁荣的产业发展新生态。这标志着大数据正式上升到国家战略层面。

2016 年，大数据"十三五"规划出台，《规划》征求了众多专家的意见，并进行了集中讨论和修改。《规划》涉及的内容包括：推动大数据在工业研发、制造、产业链各环节的应用；支持服务业利用大数据建立品牌、精准营销和定制服务等。

党的十九大提出"推动互联网、大数据、人工智能和实体经济深度融合"，对我国实施国家大数据战略提出了更高的要求。

2020 年 8 月，直属于国家工业和信息化部的中国电子信息产业发展研究院（赛迪集团）发布了《中国大数据区域发展水平评估白皮书（2020 年）》，白皮书聚焦基础环境、产业发展、行业应用三个大数据发展关键领域，形成了由 3 个一级指标、13 个二级指标、30 余项三级指标组成的中国大数据区域大数据发展水平评估指标体系。

据前瞻产业研究院发布的《大数据产业发展前景与投资战略规划分析报告》数据显示，2017 年中国大数据产业规模达到 4700 亿元，由中国大数据产业联盟发布的《2021 中国大数据产业发展地图暨中国大数据产业发展白皮书》的数据显示，2020 年，我国大数据产业规模达 6388 亿元，预计未来三年保持 15%以上的年均增速，到 2023 年产业规模将会超过 10000 亿元。

2.4 大数据的关键技术

大数据技术用于在成本可承受（Economically）的条件下，通过非常快速（Velocity）的采集、发现和分析，从大量化（Volumes）、多类别（Variety）的数据中提取价值（Value），大数据技术是 IT 领域新一代的技术与架构。

从大数据产业结构示意图（如图 2-7 所示）中可看出，对大数据的处理主要包括：数据生成（也叫数据采集或数据获取）、数据存储、数据处理和数据应用（也叫数据分析与挖掘）。为了完成这四项任务，需要计算机从硬件到软件的支持，每层完成不同的功能，也就需要相应的技术支持。

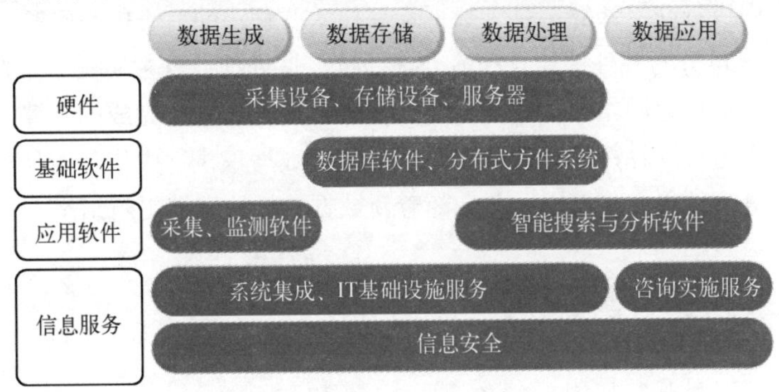

图 2-7　大数据产业结构示意图

大数据的关键技术主要有以下五方面。

1．大数据预处理技术

大数据预处理技术包括以下几类。

1）数据采集：ETL（Extract-Transform-Load）是利用某种装置（如摄像头，麦克风），从系统外部采集数据并输入到系统内部的一个接口。在互联网行业快速发展的今天，数据采集已经被广泛应用于互联网及分布式领域。

2）数据存取：关系数据库，NoSQL，SQL 等。

3）基础架构支持：云存储，分布式文件系统等。

4）计算结果展现：云计算，标签云，关系图等。

2．大数据存储技术

数据存储技术在应用过程中主要使用的对象是临时文件在加工过程中形成的一种数据流，通过基本信息的查找，依照某种格式，将数据记录和存储在计算机外部存储介质和内部存储介质上。数据存储技术需要根据相关信息特征进行命名，将流动数据在系统中以数据流的形式反映出来，同步呈现静态数据特征和动态数据特征。大数据存储技术同时应满足以下三点要求：存储基础设施应能持久和可靠地存储数据；提供可伸缩的访问接口供用户查询和分析海量数据；对于结构化数据和非结构化的海量数据要能够提供高效的查询、统计、更新等操作。

3．大数据分析技术

大数据结构复杂，数据构成中更多的是非结构化数据，单纯靠数据库 BI 对结构化数据进行分析已经不太适用，所以需要技术的创新，这就产生了大数据分析技术。

1）数据处理：自然语言处理技术，多媒体内容识别技术，图文转换技术，地理信息技术等。

2）统计和分析：A/B test；top N 排行榜，地域占比，文本情感分析技术，语义分析技术等。

3）数据挖掘：关联规则分析，分类，聚类等。

4）模型预测：预测模型，机器学习，建模仿真，模式识别技术等。

4．大数据计算技术

目前采集到的大数据 85%以上是非结构化和半结构化数据，传统的关系数据库无法胜任这些数据的处理。如何高效处理非结构化和半结构化数据，是大数据计算技术的核心要点。如何能够在不同的数据类型中进行交叉计算，是大数据计算技术要解决的另一核心问题。

大数据计算技术可分为批处理计算和流处理计算，批处理计算主要操作大容量、静态的数据集，并在计算过程完成后返回结果，适用需要计算全部数据后才能完成的计算工作；流处理计算会对随时进入的数据进行计算，流处理计算无须对整个数据集执行操作，而是对通过传输的每个数据项执行操作，处理结果立刻可用，并会随着新数据的抵达继续更新结果。

2.5 典型的大数据计算架构

目前，典型的大数据计算架构有 Hadoop、Spark 和 Storm。

Hadoop 是 Apache 软件基金会旗下的一个开源计算框架，Hadoop 的优势在于处理大规模分布式数据的能力，所有要处理的数据都要求在本地，即 Hadoop 的数据处理工作在硬盘层面，任务的处理是高延迟的，也就是说 Hadoop 在实时数据处理上不占优势。Hadoop 是最基础的分布式计算架构。

Storm 是基于拓扑的流数据实时计算框架，即完全实时，来一条数据处理一条数据。不同的机制决定了 Spark 和 Storm 适用场景的不同，如股票交易时，股价的变化不是按秒计算的而是以毫秒计算，Spark 实时计算延迟度是秒级，无法用于此类场景，而 Storm 的实时计算延迟度是毫秒级，所以适用于股票高频交易的场景。

Spark 是基于内存的大数据计算框架，提高了在大数据环境下数据处理的实时性，同时保证了高容错性和高伸缩性，Spark 处理数据是准实时的，先收集一段时间的数据再进行统一处理。

以上三个典型的大数据计算架构将在本书后续内容中进行深入介绍。

习题

1．解释说明什么是非结构化和半结构化数据。

2．大数据价值链的三大构成是什么？

3．大数据的 4V 特征是什么？

4．简述云计算与大数据的关系。

第 3 章　虚拟化技术

近年来，计算机硬件与软件的性能比以往有了极大的发展与进步，计算机硬件的发展为人们提供了极其强大的计算能力和极其丰富的计算资源，如不加以有效利用将会造成资源浪费。同时，随着计算机软件的发展，用户使用计算机的场合越来越多，这又导致用户对计算机的需求与要求越来越多，网络安全、数据灾备、系统移植、系统升级、软硬件成本等都成了使用计算机过程中要考虑和解决的问题。而虚拟化技术的出现与应用，为用户提供了解决这些问题的完美方案。本章就将介绍云计算与大数据技术紧密相关的虚拟化技术。

3.1　虚拟化技术简介

虚拟化技术其实很早以前就已经出现了，虚拟化的概念也不是最近几年才提出来的。虚拟化技术最早出现于 20 世纪 60 年代，那时候的大型计算机已经支持多操作系统同时运行，并且相互独立。如今的虚拟化技术不再是仅仅只支持多个操作系统同时运行这样单一的功能了，它能够帮助用户节省成本，同时提高软硬件开发效率，为用户的使用提供更多的便利。尤其近年来，虚拟化技术在云计算与大数据方向上的应用更加广泛。虚拟化技术有很多分类，针对用户不同的需求涌现出了不同的虚拟化技术分支，如网络虚拟化、服务器虚拟化、操作系统虚拟化等，这些不同的虚拟化技术为用户很好地解决了实际需求。

3.1.1　虚拟化技术的概念

虚拟化技术是一个广义的术语，对不同的行业或不同的人有着不同的意义。在计算机科学领域中，虚拟化技术意味着对计算机资源的抽象。虚拟化是指通过虚拟化技术将一台计算机虚拟为多台逻辑计算机。在一台计算机上同时运行多个逻辑计算机，每个逻辑计算机可运行不同的操作系统，并且应用程序都可以在相互独立的空间内运行而互不影响，从而显著提高计算机的工作效率。也就是说，虚拟化技术是模拟真正的（或者称物理的）计算机资源，例如 CPU、内存、存储、网络等用户可见的物理的硬件资源。用户通过虚拟化技术在使用这些资源时，除了不能物理接触以外，其他都与使用物理计算机没有任何区别。

虚拟化技术可以实现大容量、高负载或者高流量设备的多用户共享，每个用户可以分配到一部分独立的、相互不受影响的资源。每个用户使用的资源是虚拟的，相互之间都是独立的，虽然这些数据有可能存放在同一台物理设备中。以虚拟硬盘来说，用户使用的是由虚拟化技术提供的虚拟硬盘，而这些虚拟硬盘对于用户来说就是真实可用的硬盘，这些虚拟硬盘在物理存储上可能就是两个不同的文件，但用户只能访问自己的硬盘，不能访问别人的硬盘，所以用户各自的数据是安全的，是相互不受影响的。甚至各个用户使用的网络接口都不一样，所使用的网络资源也不一样，使用的操作系统也不一样。

使用虚拟化技术可以将很多零散的资源集中到一处，而使用的用户则感觉这些资源是一个整体。如存储虚拟化技术可以实现将很多的物理硬盘集中起来供用户使用，用户使用时看到的只是一块完整的虚拟硬盘。

使用虚拟化技术可以动态维护资源的分配，动态扩展或减少某个用户所使用的资源。用户如果产生了一个需求，如需要添加更多的硬盘空间或添加更多的网络带宽，虚拟化技术通过更改相应的配置就可以很快地满足用户的需求，甚至用户的业务也不需要中断。

随着虚拟化技术在不同的系统与环境中的应用，它在商业与科学方面的优势也体现得越来越明显。虚拟化技术为企业降低了运营成本，同时提高了系统的安全性和可靠性。虚拟化技术使企业可以更加灵活、快捷与方便地为最终的用户进行服务，并且用户也更加愿意接受虚拟化技术所带来的各种各样的便利。为更加直观地感受与认识虚拟化，下面对一个计算机系统有无使用虚拟化技术进行一个简单的对比，如图 3-1 所示。

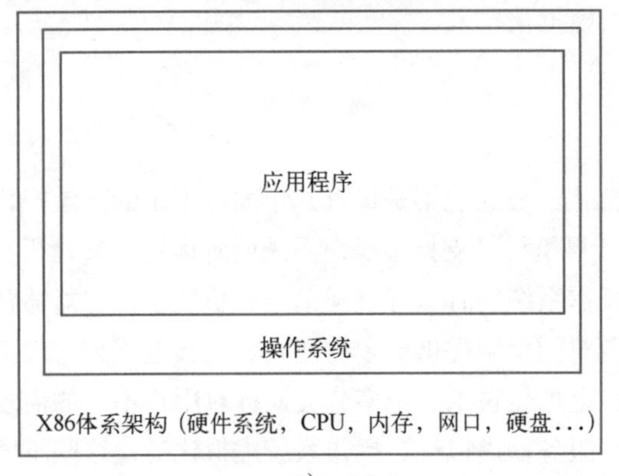

a)

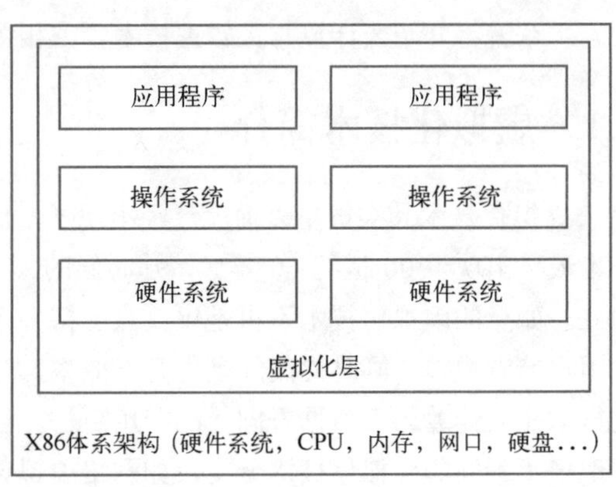

b)

图 3-1　虚拟化软硬件框架对比

a) 未应用虚拟化技术　b) 应用虚拟化技术

如图 3-1a 所示，未应用虚拟化技术时，操作系统直接安装在硬件上，而应用程序则运行在操作系统中。应用程序独占整个硬件平台；应用虚拟化技术时，则多了一层虚拟化中间层，用于提供对硬件的模拟，这样在该虚拟化层上可以装多个操作系统和多个应用程序，它们之间相互独立，如图 3-1b 所示。

虚拟化技术可以同时模拟出多个不同的硬件系统，而操作系统则安装在虚拟出来的硬件系统之上，操作系统与应用程序将不再独占整个硬件资源，从而实现了多个操作系统可同时运行的效果。

一个计算机系统在应用虚拟化技术前后的对比，如表 3-1 所示。

表 3-1　虚拟化技术应用前后的对比

未应用虚拟化	应用虚拟化后
一台计算机只能有一个操作系统在运行	操作系统与应用程序与硬件系统相互独立
软件与硬件紧耦合	软件与硬件为松耦合
所有应用程序都在同一个操作系统中运行，常会造成兼容性问题，特别如一些安全性的应用更加如此	一台计算机中可以运行多个操作系统，每一个操作系统相互独立，互不影响。可以是相同 OS，也可以是不同 OS
硬件资源使用率低下，如 CPU 使用率常在 10%或以下	提高了硬件资源使用率，节省了很多成本
不易于扩展与维护，维护成本高	易于扩展与维护，维护成本低
程序运行速度更快	程序运行速度稍慢

3.1.2 虚拟化技术的分类

虚拟化是一个抽象的概念，针对不同的行业，不同的需求，可以有不同的解决方案。现在最流行的虚拟化技术包括服务器虚拟化、网络虚拟化、存储虚拟化、操作系统虚拟化等。

虚拟化技术根据用途不同，也形成了自己的分层结构，如图 3-2 所示。从下往上，分别是网络虚拟化、存储虚拟化、服务器虚拟化、操作系统虚拟化、服务虚拟化、桌面虚拟化、应用程序虚拟化以及用户体验虚拟化。每一层都有相对应的用途范围，不同的用户根据需求，选择不同的虚拟化技术即可。这个分层结构，实际也就是虚拟化技术的一种分类。

图 3-2 虚拟化技术的分类

1．网络虚拟化

网络虚拟化将网络资源进行整合，简单来说，就是将硬件与软件的网络设备资源，以及网络功能整合为一个统一的、基于软件可管理的虚拟网络。网络虚拟化是一种包含至少部分是虚拟网络连接的计算机网络。虚拟网络连接是指在多个计算设备间不包含物理连接，而是通过网络虚拟化来实现的网络连接。有两种常见的虚拟网络：基于协议（如 VXLAN、VLAN、VPN 和 VPLS 等）的虚拟网络和基于虚拟设备（如在 Hypervisor 内部的网络连接虚拟机）的虚拟网络。网络虚拟化经常应用到大型的服务器中，如云计算服务器。当前在网络虚拟化中比较成熟的整体方案则是软件定义网络（Software Defined Network，SDN）与网络功能虚拟化（Network Function Virtualization，NFV）等。

SDN 起源于园区网，成熟于数据中心，关注于网络控制面和转发面的分离，处理的是 OSI 模型中的 2～3 层，SDN 优化网络基础设施架构，如以太网交换机、路由器和无线网络等；NFV 始于大型运营商，关注网络转发功能的虚拟化和通用化，处理的是 OSI 模型中的 4～7 层，NFV 优化网络的功能，如负载均衡，防火墙，WAN 网优化控制器等。

2．存储虚拟化

存储虚拟化，即整合所有存储资源为一个存储池，对外提供逻辑存储接口，用户通过逻辑接口进行数据的读写，不论有多少个硬件存储设备，对外看到的只有一个。存储虚拟化最通俗的理解就是对存储硬件资源进行抽象化表现，通过将一个或多个目标（Target）服务或功能与其他附加的功能集成，统一提供全面的功能服务。

对于用户来说，虚拟化的存储资源就像是一个巨大的“存储池”，用户不会看到具体的磁盘，不知道有多少磁盘，也不必关心自己的数据具体存储在哪一块磁盘中。存储虚拟化的示意图如图 3-3 所示。

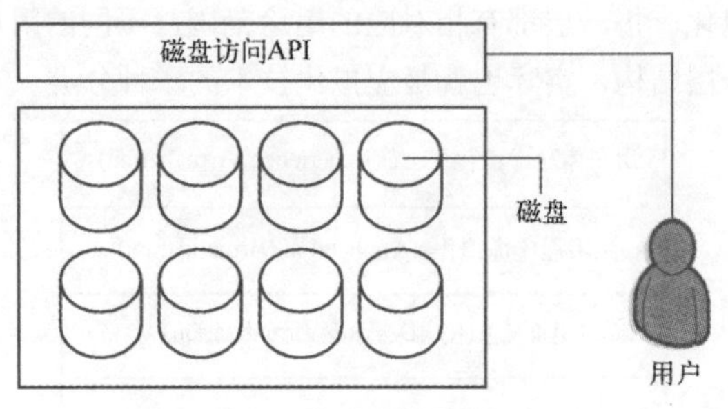

图 3-3　存储虚拟化

经过存储虚拟化后，用户看到的就是一块硬盘，而与硬盘的交互也只需要与这一块硬盘进行交互即可，至于用户最终的数据存放到哪里，则由存储虚拟化管理程序决定。

存储虚拟化的实现主要有两种方式：块虚拟化（Block Virtualization）和文件虚拟化（File Virtualization）。块虚拟化通过存储区域网络（Storage Area Network，SAN）将远程的硬盘块挂载到本地，如 Internet 小型计算机系统接口（Internet Small Computer System Interface，ISCSI）。然后再通过逻辑卷管理（Logical Volume Manager，LVM）的方式将这些硬盘块组合到一起成为一个新的硬盘。文件虚拟化是通过 SAN 将远程的文件系统路径挂载到本地，如 NFS 与 SMB（Samba 文件服务器），在本地看到的则是指定路径下的文件，而并非一个硬盘块。

3．服务器虚拟化

服务器虚拟化有时也称为平台虚拟化，是将服务器物理资源抽象成逻辑资源，让一台服务器变成几台甚至上百台相互隔离的虚拟服务器，用户不再受限于物理上的界限，实现 CPU、内存、磁盘、I/O 等硬件变成可以动态管理的“资源池”，从而提高资源的利用率，简化系统管理，实现服务器整合，让 IT 对业务的变化更具适应力。

服务器虚拟化实际上是将操作系统和应用程序打包成虚拟机（Virtual Machine，VM），从而让操作系统和应用具备良好的移动性。虚拟机是指通过软件模拟具有完整硬件系统功能的、运行在一个完全隔离环境中的完整计算机系统。在虚拟机里运行的操作系统称为客户机操作系统（Guest OS），而管理这些虚拟机的平台称为虚拟机监视器（Virtual Machine Monitor，VVM），也称为 Hypervisor。运行虚拟机监视器 VMM 的操作系统被称为主机操作系统（Host OS）。VMM 是虚拟机技术的核心，它是一层位于操作系统和计算机硬件之间的代码，用来将硬件平台分割成多个虚拟机。VMM 不仅可以管理虚拟机运行状态，还可以对虚拟机进行定制，如 CPU 数量、内存大小等。

并非所有的服务器虚拟化都需要 Host OS。有些虚拟化产品可以直接运行在裸机中，即运行在硬件之上，如 VMware ESX 系列，Xen Server 等虚拟化产品。因此，从是否包含 Host OS 主机操作系统的角度可将服务器虚拟化分为两种类型，类型 1（裸金属架构）与类型 2（寄居架构），如图 3-4 所示。

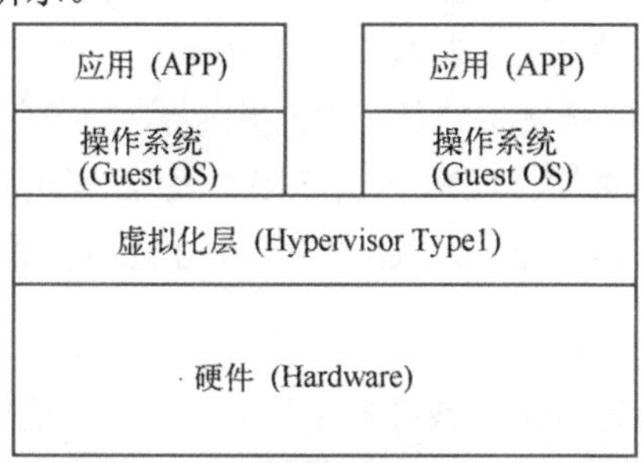

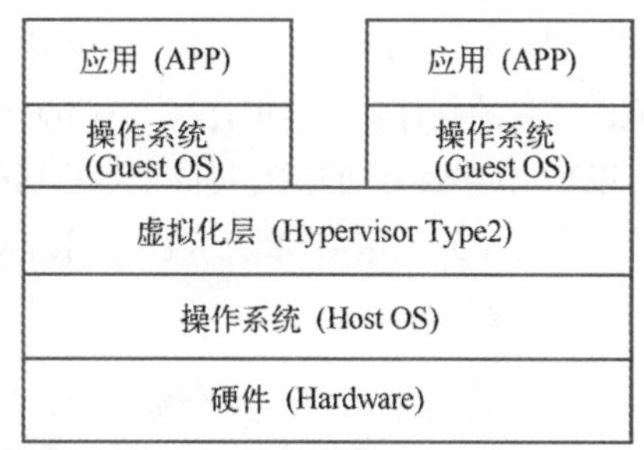

图 3-4　服务器虚拟化的两种类型

- 裸金属架构：Bare-Metal Architecture，虚拟化层直接运行在硬件上，即裸机上，这种架构也称为裸金属框架。Hypervisor 直接安装到裸机上，运行效率可以提高很多，用户通过控制台或者网页对虚拟化层进行管理。对于用户来说，每个用户都会感觉到自己在一台独立的、与其他用户相隔离的计算机上进行操作，尽管事实上为每个用户提供服务的都是同一台机器。在此种情况下，一台虚拟机就是由一个潜在的控制程序管理的操作系统。如 VMware ESX，Xen 等。
- 寄居架构：Hosted Architecture，虚拟化层运行在一个操作系统（Host OS）中。虚拟机需要以应用程序的方式安装到操作系统中，并以应用程序的方式运行，即它是一个应用程序，在操作系统中可以看得到应用程序所运行的进程情况；虚拟机的运行依赖主机当前的物理资源以及对虚拟化支持的情况，并且运行效率低于裸金属架构。

正常来说，应该还有一种类型，兼容了这两种类型的特性，如 KVM（Kernel-based Virtual Machine）虚拟机。但目前是将 KVM 归类到了寄居架构。

从服务器的个数及虚拟应用角度来看，服务器虚拟化可以分为"一虚多""多虚一"和"多虚多"三种类型。"一虚多"是一台服务器虚拟成多台服务器，即将一台物理服务器分割成多个相互独立、互不干扰的虚拟环境。"多虚一"就是多个独立的物理服务器虚拟为一个逻辑服务器，使多台服务器相互协作，处理同一个业务。另外还有"多虚多"的概念，就是将多台物理服务器虚拟成一台逻辑服务器，然后再将其划分为多个虚拟环境，即多个业务在多台虚拟服务器上运行。

从虚拟化的程度来看，服务器虚拟化还可分为：全虚拟化，半虚拟化和硬件辅助虚拟化。

- 全虚拟化（Full Virtualization）：是指虚拟机模拟了完整的底层硬件，包括处理器、物理内存、网卡、显示器等，即完整地模拟了一台真实的计算机硬件设备。这样在虚拟机设备中运行的操作系统不需要做任何修改就可以正常运行，就像是在真实的物理环境中一样。
- 半虚拟化（Para-Virtualization）：半虚拟化的出现是由于全虚拟化在执行有些权限操作时由于执行时间过长，不能满足需求而出现的。为了减少客户机的执行时间，半虚拟化的方式允许客户机在执行某些耗时的指令时，直接运行在真实的宿主机中，或者真实的硬件上，这样可以提高执行效率，减少指令的执行时间。为了实现半虚拟化，需要对客户机操作系统进行一些修改，使得客户机在真正运行时可以通过 VMM 提供的半虚拟化 API，使得指令直接运行在真实的硬件上，或宿主机中。

- 硬件辅助虚拟化（Hardware-assisted Virtualization）：这是为CPU提供的功能，专门用于提高虚拟机运行的效率，使得虚拟机可以更快速的执行特权指令，减少过多的上下文切换与模拟。常见的硬件辅助虚拟化技术有Intel-VT、AMD-V等。它们提供特定的指令，而VMM则可以利用这些特定的指令提高虚拟机运行的效率。现如今，在X86系列平台中，有很多虚拟化技术都用到了这项辅助功能，如KVM、VMware及Xen等都用到了这些特殊指令。

4. 操作系统虚拟化

操作系统虚拟化是指在同一操作系统上，同时运行单个或者多个独立的用户，他们都有自己的运行空间。每个用户都只能运行自己权限范围内的应用，每个用户都相互不受影响。每个用户可以通过远程桌面访问自己的资源，但共享同一个操作系统。操作系统虚拟化示意图如图3-5所示。典型代表有：Docker、Windows Server 2008、Ubuntu Server等。

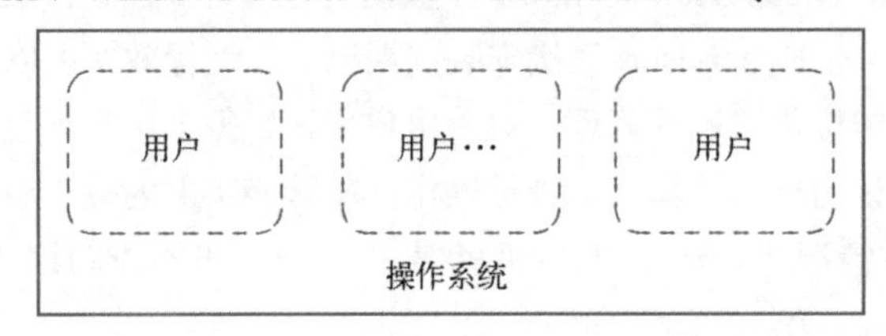

图3-5 操作系统虚拟化示意图

5. 服务虚拟化

服务虚拟化是一种虚拟的应用，它与硬件无关，为软件实现。服务虚拟化对终端用户来说是隐藏的，简单来说就是通过虚拟化提供相应的服务，如防火墙（Firewall）、负载均衡（Load Balance）、数据库、数据存储等。如防火墙服务虚拟化为FWaaS（Firewall as a Service）服务，负载均衡虚拟化为LBaaS（Load Balance as a Service）服务。

6. 桌面虚拟化

桌面虚拟化是指将计算机的终端系统（也称为桌面）进行虚拟化，以达到桌面使用的安全性和灵活性。可以通过多种设备，如PC、平板电脑以及手机，在任何地点、任何时间通过网络访问个人的桌面系统。

用户在同一个物理设备上可以同时访问多个不同的桌面系统，这些桌面系统的操作系统可以是相同的，也可以是不同的。而服务器将用户的桌面独立出来，每个用户都有自己的用户空间，相互不影响。独立出来的桌面与相应的应用软件相配合则可以实现用户远程访问桌面。常见的使用方式是用户远程连接或者使用瘦客户机（Thin Client）对虚拟桌面进行访问与使用。

7. 应用虚拟化

应用虚拟化是指同一个应用可以在不同的CPU体系架构、不同的操作系统上正常地运行。应用虚拟化也是一种软件技术，它是一种与底层操作系统无关的封装。应用虚拟化可以实现在不同的操作系统、不同的CPU架构中，应用程序只写一套代码即可处处运行。如JVM（Java Virtual Machine）支持Java代码，使用Java实现的应用程序只需要在系统中搭建好JVM环境则可以正常运行。同样的，还有其他很多软件也支持这类应用虚拟化，如Python、Wine等（也是一种应用虚拟化，在 Linux 平台中比较常见。如果想要在 Linux 平台上运行 Windows 应用程序，如果不安装虚拟机，则可以安装一套 Wine 环境，然后就可以直接运行 Windows 应用程序)。

8．用户体验虚拟化

用户体验虚拟化，有时也称用户虚拟化（User Virtualization），是指在不同的设备中，如笔记本、平板电脑或手机，用户所看到的内容或者界面都是一样的，在其中一台设备中的修改，在另一台设备上看到的配置或修改结果是一致的。用户的相关信息与应用的配置都会被同步到相应的用户设备中。

3.1.3 虚拟化技术的优势和劣势

1．虚拟化技术的优势

虚拟化技术的优势主要体现在以下几个方面。

（1）减少物理资源的投入，节约成本

当用户需要不同的操作系统或更多的计算机设备资源时，直接通过 VMM 添加几个不同的操作系统即可，不再需要使用时可直接关闭或者删除相应的资源。

（2）虚拟数据资源迁移方便

可以很方便地将虚拟数据资源（一般为虚拟机生成的数据）迁移到其他数据中心，而虚拟数据资源不受影响。

如果涉及数据的迁移或者设备损坏，则无须迁移物理设备，只要将 VMM 生成的数据备份到其他数据中心，然后再通过 VMM 管理起来就可以了，而以前的数据与服务不会受到任何影响。

（3）提高物理资源的使用率

传统的服务器主机的 CPU 平均使用率都在 10%以内，CPU 的使用根本就没有达到一个理想的状态，这是极大的资源浪费。使用虚拟化技术，可以使多台服务器部署到同一台物理设备上，这样可以提高这台物理设备的使用率，显著减少成本开销。

（4）更加环保，节省能源

通过应用虚拟化技术，可以减少物理硬件的投入，从而降低物理硬件所使用的电能以及占地空间，从而更加的环保。

（5）易于自动化维护与操作，减少维护成本

虚拟化技术通过软件的方式来模拟物理设备，只要是软件的方式实现的虚拟资源，就可以通过相应的接口进行自动地维护与管理，可以提高工作效率，减少维护成本。

（6）数据安全更有保障

每个虚拟化出来的设备在物理设备中都会有相应的文件产生，管理员只需要对数据进行相应的备份，并定期管理，就可以保证这些数据的安全。如果出现了不可抗拒的情况，如自然灾害等情况，毁坏了物理设备，则管理员只需要将已经备份的数据恢复到新的设备中即可恢复用户的数据。如果架构得当，甚至都不会中断用户工作就可以将系统进行更新与替换。

当然，虚拟化技术不是万能的，也有它解决不了的问题，并不是适合所有的用户。就目前虚拟化技术的发展来看，仍然存在缺陷。

2．虚拟化技术的劣势

1）目前业界没有统一的虚拟化技术标准与平台，没有开放的协议。市场上有很多不同的虚拟化技术提供商，如 Microsoft、VMware、Xen 等。它们所使用的虚拟化技术的运行效果并不一样，相互并不兼容。

2）如果没有对数据进行备份，应用虚拟化技术会存在一定的风险。虚拟化技术虽然可以实现数据备份，但它毕竟还是建立在真实的硬件系统之上的，如果将多个应用与服务器放到同一台物理设备上之后，如果该物理设备出现问题，并且没有冗余的物理设备作为备份，则所有应用与服务都将无法使用。

3）虚拟数据中心的迁移，特别是对在线服务的迁移，对用户影响巨大。因为它的数据量大，应用程序繁多，结构复杂，一旦迁移，有可能会造成很多不可预知的影响。

3.1.4 虚拟化技术与云计算

虚拟化技术是云计算的重要支撑技术。云计算是基于互联网的相关服务的增加、使用和交付模式，在云计算中，通过互联网提供动态、易扩展的虚拟化资源。通过虚拟化技术，可以将应用程序和数据在不同层次以不同的方式展现给用户，为云计算的使用者和开发者提供便利。

虚拟化的主要功能是把单个资源抽象成多个给用户使用，而云计算则是帮助不同部门（通过私有云）或公司（通过公共云）访问一个自动置备的资源池。借助虚拟化技术，用户能以单个物理硬件系统为基础创建多个模拟环境或专用资源。云计算是由多种规则和方法组合而成，可以跨任何网络向用户按需提供计算、网络和存储基础架构资源、服务、平台及应用，这些基础架构资源、服务和应用来源于云。简单来讲，云就是一系列自动化软件进行管理的虚拟资源池，旨在帮助用户通过支持自动扩展和动态资源分配的自助服务，按需对这些资源进行访问。

云计算提供服务，虚拟化技术是云计算的技术支持。在云计算的部署方案中，虚拟化技术可以使其 IT 资源应用更加灵活。而在虚拟化技术的应用过程中，云计算也提供了按需所取的资源和服务。在一些特定场景中，云计算和虚拟化技术无法剥离，只有相互搭配才能更好地解决客户需求。通过虚拟化技术，云计算把计算、存储、应用和服务都变成了可以动态配置和扩展的资源，才能实现在逻辑上以单一整体的服务形式呈现给用户。因此，虚拟化技术是云计算中极其重要、最为核心的技术原动力。

3.2 虚拟化技术原理

到目前为止，虚拟化技术的各方面都有了进步，虚拟化也从纯软件的虚拟化逐渐深入到处理器级虚拟化，再到平台级虚拟化乃至输入/输出级虚拟化。对数据中心来说，虚拟化可以节约成本，最大化利用数据中心的容量和更好的保护数据。虚拟化技术已经成为私有云和混合云设计方案的基础。

本节将简单地介绍虚拟化技术原理，包括虚拟机的原理、CPU 虚拟化原理、内存虚拟化原理以及网络虚拟化原理。

3.2.1 虚拟机技术原理

虚拟机（Virtual Machine，VM）是指通过软件模拟具有完整硬件系统功能的、运行在一个完全隔离环境中的完整计算机系统。简单地说，虚拟机就是通过软件在宿主机上虚拟出一台计算机。虚拟机技术是一种资源管理技术，是将计算机的各种实体资源，如服务器、网络、内存及存储等，予以抽象、转换后呈现出来，打破实体结构间的不可切割的障碍，使用户可以比原本的组态更好的方式来应用这些资源。这些资源的新虚拟部分是不受现有资源的架设方式、地域或物理组态所限制。一般所指的虚拟化资源包括计算能力和数据存储。在实际的生产环境中，虚拟机技术主要用来解决云数据中心和高性能的物理硬件产能过剩和老的旧的硬件产能过低的重组重用，透明化底层物理硬件，从而最大化地利用物理硬件。即将多个操作系统整合到一台高性能服务器上，最大化利用硬件平台的所有资源，用更少的投入实现更多的应用，还可以简化 IT 架构，降低管理资源的难度，避免 IT 架构的非必要扩张。而且虚拟机的真正硬件无关性还可以实现虚拟机运行时迁移，实现真正的不间断运行，从而最大化保持业务的持续性，不用为购买超高可用性平台而付出高昂的代价。

虚拟机技术实现了一台计算机同时运行多个操作系统，而且每个操作系统中都有多个程序运行，每个操作系统都运行在一个虚拟的 CPU 或虚拟主机上。虚拟机技术需要 CPU、主板芯片组、BIOS 和软件的支持，如 VMM 软件或者某些操作系统本身。

虚拟机技术的核心是虚拟机监视器 VMM（Virtual Machine Monitor），VMM 也称为 Hypervisor。VMM 的作用是向底层分配访问宿主机的硬件资源，向上管理虚拟机的操作系统和应用程序。它是一个宿主程序，该程序是一层位于操作系统和计算机硬件之间的代码，用来将硬件平台分割成多个虚拟机，实现一台计算机支持多个完全相同的执行环境。每个用户都会感觉到自己在一台独立的、与其他用户相隔离的计算机上进行操作，尽管事实上为每个用户提供服务的都是同一台机器。在此种情况下，一台虚拟机就是由一个潜在的控制程序管理的操作系统。VMM 为每个客户操作系统虚拟一套独立于实际硬件的虚拟硬件环境（包括处理器、内存、I/O 设备等）。VMM 采用某种调度算法在各个虚拟机之间共享 CPU，如采用时间片轮转调度算法。

虚拟机系统与实际的计算机操作系统没有区别，也会感染病毒，但是由于虚拟机是封闭的虚拟环境，如果虚拟机不与宿主机连接，则不会受宿主机病毒的影响。

3.2.2 CPU 虚拟化原理

首先，CPU 虚拟化的目的是为了允许让多个虚拟机可以同时运行在 VMM 中。CPU 虚拟化技术是将单 CPU 模拟为多 CPU，让所有运行在 VMM 之上的虚拟机可以同时运行，并且它们相互之间都是独立的，互不影响的，以提高计算机的使用效率。在计算机体系中，CPU 是计算机的核心，没有 CPU 就无法正常使用计算机，所以，CPU 能否正常被模拟成为虚拟机能否正常运行的关键。

从 CPU 设计原理上来说，CPU 主要包含三大部分：运算器、控制器以及处理器寄存器。每种 CPU 都有自己的指令集架构（Instruction Set Architecture，ISA），CPU 所执行的每条指令都是根据 ISA 提供的相应的指令标准进行的。ISA 主要包含两种指令集：用户指令集（User ISA）和系统指令集（System ISA）。用户指令集一般指普通的运算指令，系统指令集一般指系统资源的处理指令。不同的指令需要有不同的权限，指令需要在与其相对应的权限才能体现指令执行效果。在 X86

的体系框架中，CPU 指令权限一般分为 4 种，ring0、ring1、ring2、ring3，如图 3-6 所示。

最常用的 CPU 指令权限为 0～3：权限为 0 的区域的指令一般只能内核可以运行，而权限为 3 的指令则是普通用户运行。而权限为 1、2 的区域一般被驱动程序所使用。想要从普通模式（权限为 3）进入权限模式（权限为 0）需要有以下三种情况之一发生。

- 异步的硬件中断，如磁盘读写等。
- 系统调用，如 int、call 等。
- 异常，如 page fault 等。

从上面内容可以看出，要实现 CPU 虚拟化，主要是要解决系统 ISA 的权限问题。普通的 ISA 不需要模拟，只需保护 CPU 运行状态，使得每个虚拟机之间的状态分隔即可。而需要权限的 ISA 则需要进行捕获与模拟。因此要实现 CPU 的虚拟化，就需要解决以下几个问题。

- 所有对虚拟机系统 ISA 的访问都要被 VMM 以软件的方式所模拟。即所有在虚拟机上所产生的指令都需要被 VMM 所模拟。
- 所有虚拟机的系统状态都必须通过 VMM 保存到内存中。
- 所有的系统指令在 VMM 处都有相对应的函数或者模块来对其进行模拟。
- CPU 指令的捕获与模拟，是解决 CPU 权限问题的关键。如图 3-7 所示。

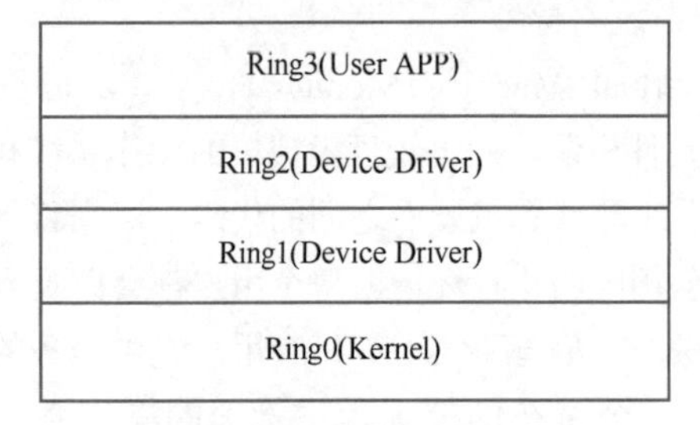

图 3-6　CPU 的 4 种指令权限

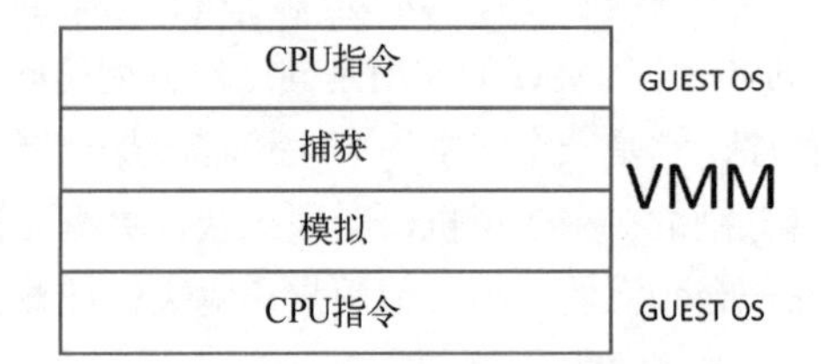

图 3-7　CPU 指令的捕获与模拟

CPU 在正常执行指令时，如果是普通指令，不需要进行模拟，直接执行；而如果遇到需要权限的指令时，则会被 VMM 捕获到，并且控制权会转交到 VMM 中，由 VMM 确定执行这些需要权限的指令；VMM 在模拟指令时，会产生与此指令相关的一系列指令集，并执行这些指令；在 VMM 执行完成后，控制权再交回给客户操作系统。

如下面的示例所示：

```
mov ebx, eax;     #普通指令
cli;              #需要权限的指令，则需要被捕获与模拟
mov eax, ebx;     #普通指令
```

在虚拟化时，则会动态地变为与以下指令类似的指令。

```
mov ebx, eax;     #普通指令
call handle_cli;  #用 VMM 中的指令进行替换，在 handle_cli 执行完成后，继续执行之后指令
move eax, ebx;    #普通指令
```

当然真实的情况没有那么简单，并不是所有的 CPU 框架都支持类似的捕获，而且捕获这类权限操作所带来的性能负担可能是巨大的。并且，在指令虚拟化的同时，也需要实现 CPU 在物理环境中

所存在的权限等级，即虚拟化出 CPU 的执行权限等级，因为没有了权限的支撑，指令所执行出来的效果可能就不是想要得到的效果了。

为了提高虚拟化的效率与执行速度，VMM 实现了二进制转换器 BT（Binary Translator）与翻译缓存 TC（Translation Cache）。BT 负责指令的转换，TC 用来储存翻译过后的指令。BT 在进行指令转换一般有以下几种转换形式。

1）对于普通指令，直接将普通指令复制到 TC 中。这种方式称为“识别（Ident）”转换。

2）对某些需要权限的指令，通过一些指令替换的方式进行转换，这种方式称为“内联（Inline）”转换。

3）对其他需要权限的指令，需要通过模拟器进行模拟，并将模拟后的结果转交给 VM 才能达到虚拟化的效果。这种方式称为“呼出”（Call-out）转换。

因为指令需要进行模拟，所以有些操作所消耗的时间比较长，在全虚拟化的情况下，它的执行效果会比较低下，因此，才出现了半虚拟化与硬件辅助虚拟化两种另外的虚拟化技术，用于提高虚拟机运行的效率。

3.2.3 内存虚拟化原理

除去 CPU 的虚拟化以外，另一个关键的虚拟化技术是内存虚拟化。内存虚拟化让每个虚拟机可以共享物理内存，VMM 可以动态分配与管理这些物理内存，保证每个虚拟机都有自己独立的内存运行空间。虚拟机的内存虚拟化与操作系统中的虚拟内存管理有点类似。在操作系统中，应用程序所“看”到、用到的内存地址空间与这些地址在物理内存中是否连续是没有联系的。因为操作系统通过页表保存了虚拟地址与物理地址的映射关系，在应用程序请求内存空间时，CPU 会通过内存管理单元（Memory Management Unit，MMU）与转换检测缓冲器（Translation Lookaside Buffer，TLB）自动地将请求的虚拟地址转换为与之相对应的物理地址。目前，所有 X86 体系的 CPU 都包含有 MMU 与 TLB，用于提高虚拟地址与物理地址的映射效率。所以内存虚拟化也要将 MMU 与 TLB 在虚拟化的过程中一起解决。多个虚拟机运行在同一台物理设备上，真实物理内存只有一个，同时又需要使每个虚拟机独立运行，因此，需要 VMM 提供虚拟化的物理地址，即添加另外一层物理虚拟地址，则解决方案如图 3-8 所示。

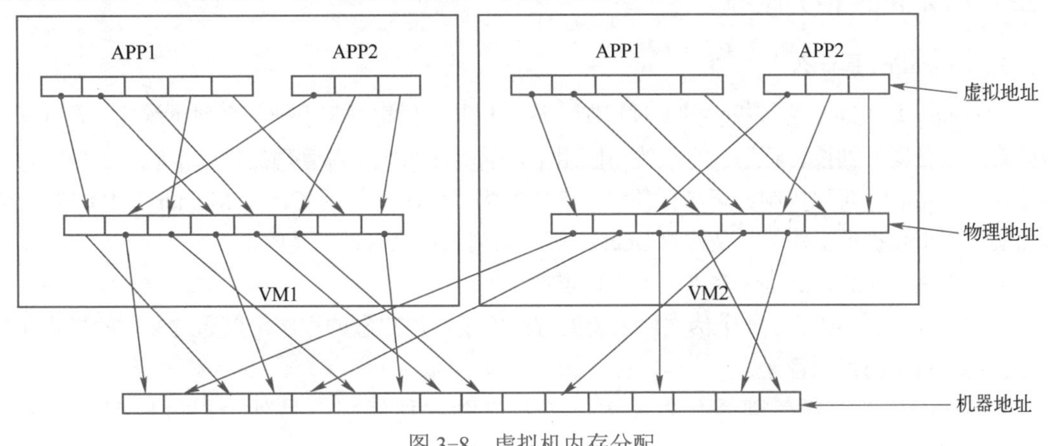

图 3-8　虚拟机内存分配

- 虚拟地址：客户虚拟机应用程序所使用的地址。
- 物理地址：由 VMM 提供的物理地址。
- 机器地址：真实的物理内存地址。
- 映射关系：包含两部分，客户机中的虚拟地址到 VMM 物理地址的映射；VMM 物理地址到机器地址的映射。

从图 3-8 可以看出，客户虚拟机不能再通过 MMU 直接访问机器的物理地址，它所访问的物理地址由 VMM 提供。即客户虚拟机以前的操作不变，同样保持了虚拟地址到物理地址的转换，只是在请求到真实的地址之前，需要再多一次地址的转换——VMM 物理地址到机器地址的转换。通过两次内存地址的转换，可以实现客户虚拟机之间的相互独立运行，只是它们运行的效率会低很多。为了提高效率，引入了影子页表（Shadow Page Table），再后来的硬件辅助虚拟化的出现更进一步提高了地址映射查询的效率，此处不再深入讨论。

3.2.4 网络虚拟化原理

网络虚拟化提供了以软件的方式实现的虚拟网络设备，虚拟化平台通过这些虚拟网络设备可以实现与其他网络设备进行通信。而通信的对象可以是真实的物理网络设备，也可以是虚拟的网络设备。所以，网络虚拟化是要实现设备与设备之间的与物理连接没有关系的虚拟化连接。因此，网络虚拟化最主要解决的问题有两个，网络设备与虚拟连接。虚拟化的网络设备可以是单个网络接口，也可以是虚拟的交换机以及虚拟的路由器等。在同一个局域网内，任何两个不同的虚拟设备都可以实现网络的连接；如果不是在同一个网内，则需要借助到网络协议才能实现网络的正常连接与通信，如 VLAN（Virtual Local Area Network）、VPN（Virtual Private Network）等协议。

以 VLAN 为例简单说明网络虚拟化的连接与通信。VLAN 将网络节点按需划分成若干个逻辑工作组，每一个逻辑工作组就对应一个虚拟网络。每一个虚拟网络就像是一个局域网，不同的虚拟网络之间相互独立，无法连接与通信。如果需要通信，则需要路由设备的协助，转发报文才能正常通信。由于这些分组都是逻辑的，所以这些设备不受物理位置的限制，只要网络交换设备支持即可。

3.2.5 CGroups 相关原理

1. CGroups 是什么

CGroups 是 Linux 内核提供的一种机制，这种机制可以根据需求把一系列系统任务及其子任务整合（或分隔）到按资源划分等级的不同组中，从而为系统资源管理提供一个统一的框架。通俗地说，CGroups 可以限制、记录任务组所使用的物理资源（包括 CPU、Memory、IO 等），为容器实现虚拟化提供了保证，是构建 Docker 等一系列虚拟化管理工具的基石。

对开发者来说，CGroups 有以下 4 个特点：

- CGroups 的 API 以一个伪文件系统的方式实现，用户态的程序可以通过文件的操作实现 CGroups 的组织管理。
- CGroups 的组织管理操作单元可以细粒度到线程级别，另外用户可以创建和销毁 CGroup，从而实现资源的再分配和管理。

- 所有资源管理的功能都以子系统的方式实现，接口统一。
- 子任务创建之初与父任务处于同一个 CGroups 的控制组。

本质上来说，CGroups 是内核附加在程序上的一系列钩子（hook），通过程序运行时对资源的调度触发相应的钩子以达到资源追踪和限制的目的。

2. CGroups 的作用

实现 CGroups 的主要目的是为了不同的用户层面的资源管理，提供一个统一化的接口。从单个任务的资源控制到操作系统层面的虚拟化，CGroups 提供了以下四大功能。

- 资源限制：CGroups 可以对任务使用的资源总额进行限制。如设定应用运行时使用内存的上限，一旦超过这个配额就发出 OOM（Out Of Memory）提示。
- 优先级分配：通过分配的 CPU 时间片数量及磁盘 IO 宽带大小，实际上就相当于控制了任务运行的优先级。
- 资源统计：CGroups 可以统计系统的资源使用量，如 CPU 使用时长、内存用量等，这个功能非常适用于计费。
- 任务控制：CGroups 可以对任务执行挂起、恢复等操作。

3. CGroups 术语表

- task（任务）：在 CGroups 的术语中，任务表示一个进程或线程。
- cgroup（控制组）：CGroups 中的资源控制都以 CGroup 为单位实现。CGroup 表示按某种资源控制标准划分而成的控制组，包含了一个或多个子系统。一个任务可以加入某个 CGroup，也可以从某个 CGroup 迁移到另外一个 CGroup。
- subsystem（子系统）：CGroups 中的子系统就是一个资源调度控制器。比如 CPU 子系统可以控制 CPU 时间分配，内存子系统可以限制 CGroup 内存使用量。
- hiererchy（层级）：层级由一系列 CGroup 以一个树状结构排列而成，每个层级通过绑定对应的子系统进行资源控制。层级中的 Cgroup 节点可以包括零或多个子节点，子节点继承父节点挂载的子系统。整个操作系统可以有多个层级。

3.3 虚拟化技术解决方案

随着虚拟化技术的发展与应用，市场上出现了多种虚拟化技术解决方案，下面对这些常见的虚拟化技术解决方案进行概述。

3.3.1 OpenStack

OpenStack（https://www.openstack.org/）是由 NASA（美国国家航空航天局）和 Rackspace 合作研发并发起的、以 Apache 许可证授权的自由软件和开放源代码项目，其 Logo 如图 3-9 所示。OpenStack 是一款开源的云平台，通过相应的 API 与驱动对虚拟机进行管理，它几乎支持市面所有类型的虚拟化环境。OpenStack 本

openstack™

图 3-9　OpenStack 的 Logo

身不提供虚拟化功能，虚拟化由 VMM 提供，Openstack 则是根据相应的 API 对 VMM 进行管理。Openstack 负责平台的搭建与周边功能的完善。OpenStack 设计的初衷就是适应分布式应用的架构，应用的组件在该平台中可以跨越多个物理设备或虚拟设备。这些类型的应用也被设计成随着规模的增加，可以通过添加应用实例或者重新平衡应用实例间的负载。它要实现的目标是提供实施简单、可大规模扩展、丰富、标准统一的云计算管理平台。

从逻辑上来看，OpenStack 由三个部分组成：控制模块，网络模块及计算模块。控制模块主要运行一些 API 接口服务、消息队列、数据库管理模块及 Web 的接口等；网络模块主要为各个虚拟机提供网络服务；计算模块则主要负责处理消息、控制虚拟机等操作。

从 OpenStack 的组成来看，它包含了众多的模块，并且这些模块都可以采用分布式部署。主要包含的重要模块有以下几个：Nova、Keystone、Ceilometer、Horizon、Glance、Neutron、Cinder 及 Swift。Nova 主要提供计算功能；Keystone 负责认证与授权；Ceilometer 用于资源与系统运行情况的监控；Horizon 为用户提供了方便管理的 Web 平台；Neutron 负责网络环境的搭建与虚拟化；Glance 用于镜像文件的管理；Cinder 负责块存储，可以为用户提供 SaaS（Storage as a Service，存储即服务）服务；Swift 同样负责存储，但它主要负责数据对象、镜像、数据备份等平台所用的数据存储，同样也可以对 Cinder 的数据进行备份存储。

3.3.2 KVM

图 3-10　KVM 的 Logo

基于内核的虚拟机（Kernel-based Virtual Machine，KVM）是开源软件，其 Logo 如图 3-10 所示，其官网地址为：https://www.linux-kvm.org/page/Main_Page。KVM 是一款基于 X86 架构，且硬件支持虚拟化技术的 Linux 全虚拟化解决方案。硬件支持虚拟化技术由 CPU 厂商提供，目前市面上有两种技术方案，Intel-VT 与 AMD-V。KVM 首次被并入 Linux 的内核版本为 2.6.20，在 RHEL 5.4 中推出，并于 2007 年 2 月 5 日正式发布。只要硬件支持 Intel-VT 或 AMD-V 就可以使用 KVM。可以通过命令 grep –E “vmx|svm” /proc/cpuinfo 来确定当前硬件平台的支持情况，如图 3-11 所示。

```
07:34:07 tww@tww-Lenovo-Product ~ → grep -E "vmx|svm" /proc/cpuinfo
flags           : fpu vme de pse tsc msr pae mce cx8 apic sep mtrr pge mca
cmov pat pse36 clflush dts acpi mmx fxsr sse sse2 ss ht tm pbe syscall nx p
dpe1gb rdtscp lm constant_tsc arch_perfmon pebs bts rep_good nopl xtopology
 nonstop_tsc cpuid aperfmperf pni pclmulqdq dtes64 monitor ds_cpl vmx smx e
st tm2 ssse3 sdbg fma cx16 xtpr pdcm pcid sse4_1 sse4_2 x2apic movbe popcnt
 tsc_deadline_timer aes xsave avx f16c rdrand lahf_lm abm cpuid_fault epb i
nvpcid_single pti tpr_shadow vnmi flexpriority ept vpid fsgsbase tsc_adjust
 bmi1 avx2 smep bmi2 erms invpcid xsaveopt dtherm ida arat pln pts
```

图 3-11　判断 CPU 是否支持硬件虚拟化

如果系统已经支持了 VMX（Virtual Machine Extension，由 Intel 提供）或者 SVM（Secure Virtual Machine，由 AMD 提供），则可以加载 Linux 底层相应的驱动以使用 KVM，如果是 Intel 平台，则加载 kvm-intel.ko；如果是 AMD 平台，则加载 kvm-amd.ko。如图 3-12 所示，当前本书中所使用的硬件平台为 Intel，所以内核显示为 kvm_intel。

图 3-12　KVM 模块的加载情况

当然，只有 KVM 是不够的，KVM 只提供了使用虚拟化的接口，并没有相应的命令与图形化工具，只能通过指定的接口 API 来控制。所以还需要用户层的命令或图形化工具，当前可以使用的工具有很多，最常用的是 QEMU、VirtualBox 以及 VMware 等。KVM 是全虚拟化技术解决方案，所以用户不需要修改任何的 Linux 或 Windows 镜像就可以同时运行，而且它们相互独立，相互不受影响。

3.3.3 Hyper-V

Hyper-V（https://docs.microsoft.com/en-us/virtualization/hyper-v-on-windows/about/）是微软推出的虚拟化技术，最初内置于 Windows Server 2008 中。与 VMWare ESXi、Xen 一样采用裸金属架构，直接运行在硬件之上，其 Logo 如图 3-13 所示。

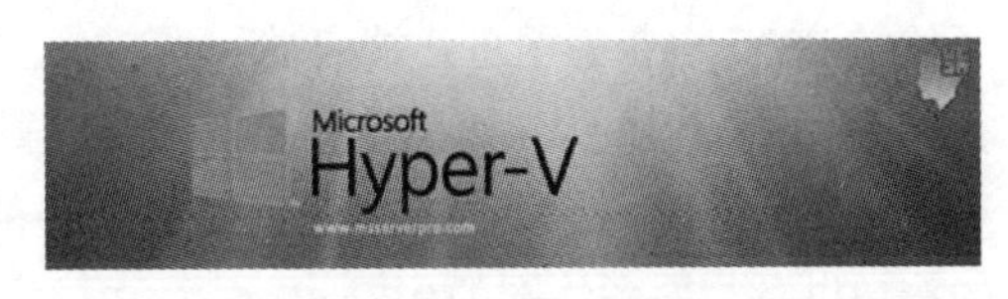

图 3-13 Hyper-V 的 Logo

Hyper-V 设计的目的是为广大的用户提供更为熟悉以及成本效益更高的虚拟化基础设施软件，这样可以降低运作成本、提高硬件利用率、优化基础设施并提高服务器的可用性。Hyper-V 采用微内核的架构，兼顾了安全性和性能的要求。由于 Hyper-V 底层的 Hypervisor 代码量很小，不包含任何第三方的驱动，非常精简，安全可靠、执行效率高，能充分利用硬件资源，使虚拟机系统性能更接近真实系统性能。Hyper-V 采用基于 VMBUS（Virtual Machine Bus）的高速内存总线架构，所有来自虚拟机的硬件请求，不论是显卡、鼠标、键盘或者其他设备，都可以直接经虚拟化服务客户机（Virtualization Service Consumer，VSC），通过 VMBUS 总线发送到根分区的虚拟化服务提供者（Virtualization Service Provider，VSP），VSP 则调用对应的设备驱动直接访问硬件，中间不再需要通过 Hypervisor 的管理。这种方式下，每个虚拟机的硬件请求，不再需要经过用户模式、内核模式的多次上下文切换转移，从而极大地提高了运行效率。

如果想要在 Hyper-V 中运行 Linux 操作系统也是没有问题的，只需要安装与 Linux 相关的组件即可。这些组件可以是支持 Xen 的 Linux 内核，也可以是专门为 Linux 设计的集成组件。当然，这些组件本身就已经集成了相关的驱动，所以用户不再需要关心在 Hyper-V 中的驱动相关的问题。在安装完成这些组件后，Hyper-V 可以很完美地支持 Linux。

Hyper-V 可以采用半虚拟化和全虚拟化两种模拟方式创建虚拟机。半虚拟化方式要求虚拟机与物理主机的操作系统（通常是版本相同的 Windows）相同，以使虚拟机具备高性能；全虚拟化方式要求 CPU 支持全虚拟化功能，如 Inter-VT 或 AMD-V，以便能够创建使用不同的操作系统的虚拟机，如 Linux 或者 Mac OS。

3.3.4 VMware

VMware（https://www.vmware.com/）旗下有很多虚拟化产品，对不同的需求有不同的产品系列，如 VMware ESX/ESXi、VMware Workstation、VMware Player 等。

1. VMware ESXi

VMware ESXi 前身为 VMware ESX（Elastic Sky X），是一款企业级虚拟化产品，其 Logo 如

图 3-14 所示。VMware ESXi 是为管理与运行客户虚拟机而开发的直接运行在裸机（硬件）上的虚拟化产品。VMware ESXi 不是一个可以安装到操作系统中的软件，它本身包含并集成了相应的操作系统组件，如内核。在 4.1 版本后，ESX 正式更名为 ESXi。ESXi 将之前的 ESX 的相关组件进行了替换，替换后的组件更像是一个完整的操作系统。目前，ESX/ESXi 在 VMware 虚拟化基础框架软件套件中占有很重要的位置。

ESXi 与 VMware 的其他产品不一样，它是直接运行在裸机上（无操作系统）的，有自己的一套内核。启动时，最先启动 Linux 内核，之后则开始加载一系列特殊的虚拟化组件，当然也包括 ESX 本身的核心模块（VMkernel）。ESXi 中最主要的虚拟机是基于 Linux 内核的虚拟机，它最开始被 ESXi 自带的服务终端启动起来。在正常的运行过程中，VMkernel 接管硬件控制权，它运行在硬件上。但是从 4.1 版本后，ESXi 不再集成 Linux 内核，它将 VMkernel 进行了更新，更像是一个完整的微内核了，它本身就提供了各种接口，最重要的是与硬件的接口，与客户操作系统的接口以及与服务终端的接口。

2. VMware WorkStation

VMware Workstation 是一款功能强大的桌面虚拟计算机软件，它不能运行在裸机上，必须要有操作系统的支持才行，所以它是寄居架构类型的虚拟化产品。VMware WorkStation 可以让用户在单一的桌面上同时运行不同的操作系统，可以模拟完整的网络环境，可以管理多台虚拟机，其 Logo 如图 3-15 所示。

图 3-14　VMware ESXi 的 Logo

图 3-15　VMware 的 Logo

3. VMware Player

VMware Player 与 VMware Workstation 的功能是一样的，但它是免费的。VMware Player 在同一时刻只能运行一台虚拟机，但可以管理多台虚拟机。

3.3.5 Xen

Xen（https://www.xenproject.org/）是剑桥大学的开源项目，是最早的开源虚拟化引擎，现在由被 Intel 支持的 Linux 基金组织开发，其 Logo 如图 3-16 所示。Xen 采用的架构是裸金属架构，它是直接运行在硬件之上，使用微内核实现。它支持在同一台设备上同时并行执行多个不同的操作系统实例。Xen 支持 IA-32、X86-64 以及 ARM 平台。目前来说，Xen 是市面上唯一一款裸金属架构的开源虚拟化引擎。它最常被用到的地方是服务器虚拟

图 3-16　Xen 的 Logo

化、基础设施即服务（IaaS）。

Xen 的特点与优势是非常显著的。

1）内核非常小，接口也少。因为是微内核设计，使用了非常少的内存，接口数据也少，所以它比其他的虚拟化架构更加安全，更加稳定。

2）Xen 支持各种各样的操作系统，包括 Windows、NetBSD 及 OpenSolaris 等操作系统。在 Xen 上面安装最多的操作系统是 Linux。

3）驱动隔离。Xen 框架允许系统中主要的设备驱动都保持在虚拟机本身内部运行。如果其中一个驱动运行异常，只需要将运行驱动的虚拟机重启或虚拟机内部相应的驱动模块重启便可，这个重启不会影响到系统上正在运行的其他系统。它们都是相互独立，互不影响的。

4）半虚拟化。因为是 Xen 半虚拟化的，所以相应的 Guest OS 需要做一些修改与调整，这可以使得它的运行效率比全虚拟运行的效率高了很多。另外，它也可以运行在一些不支持虚拟化的硬件设备中。最后，Xen 也支持全虚拟化，但只支持硬件辅助的全虚拟化，即硬件需要支持 Intel-VT 或 AMD-V 等。

Xen 目前运行在 X86 架构的机器上，需要 P6 或更新型号的 CPU（如 Pentium Pro、Celeron、Pentium Ⅱ、Pentium Ⅲ、Pentium Ⅳ、Xeon、AMD Athlon、AMD Duron）才可以运行。Xen 支持多处理器，并且支持超线程（Simultaneous Multithreading，SMT）。Xen 以高性能、占用资源少著称，赢得了 IBM、AMD、HP、Red Hat 和 Novell 等众多世界级软硬件厂商的高度认可和大力支持，已被国内外众多企事业用户用来搭建高性能的虚拟化平台。

3.3.6 Docker

Docker（https://www.docker.com/）最初是 dotCloud 公司创始人 Solomon Hykes 发起的一个公司内部项目。Docker 是基于 dotCloud 公司多年云服务技术的一次革新，并于 2013 年 3 月以 Apache 2.0 授权协议开源，其主要项目代码在 GitHub 上进行维护。Docker 项目后来还加入了 Linux 基金会，并成立了推动开放容器联盟。Docker 的 Logo 如图 3-17 所示。

图 3-17　Docker 的 Logo

Docker 是一个开源的应用容器引擎，在容器里面运行的实例都是相互独立的，属于操作系统虚拟化的一种。Docker 让开发者可以将应用以及依赖包打包到一个可移植的容器中，然后发布到任何流行的操作系统上。最重要的是，这些容器不依赖于任何语言、框架、包括系统。镜像（打包文件）是一个轻量级的、独立的可执行包，而这个包已经包含了它运行时需要的所有依赖，包括软件、库、环境与配置文件等。而容器则是一个运行时的镜像实例，即镜像加载到了内存中运行。这个镜像的运行完全是与主机环境相隔离开的，它除了访问主机的文件与端口外，与主机没有其他任何关系。简单来说，容器类似于沙箱，所有沙箱的运行相互不影响，系统的其他进程运行也不会影响到沙箱，它们相互之间不会有任何接口，相互独立。但沙箱与系统相关，而 Docker 实现的容器则与系统无关，它所打包的镜像已经包含了镜像所需要的所有依赖，所以只需要一次打包，所有 Docker 的环境都可使用。同样的，Docker 的使用与部署都很容易，几乎没有性能开销，Docker 可以很容易地部署到本地或数据中心。因为容器是直接运行在本地主机内核之上的，相对来说，在容器里面的运行效率比在虚拟机里面的效率更加高效，每一个容器的运行就是一个单独的进程，它们所消耗的内存也比虚拟机所消耗的内存更少。容器与虚拟机的对比如图 3-18 所示。

虚拟机框架

APP	APP	APP
OS	OS	OS
硬件设施	硬件设施	硬件设施
Hypervisor(VMM)		
HOST OS		
硬件设施		

容器框架

APP	APP	APP
BINS/LIBS	BINS/LIBS	BINS/LIBS
Docker		
HOST OS		
硬件设施		

图 3-18　虚拟机与容器对比

对于虚拟机框架来说（如图 3-18 左图所示），如果要运行不同操作系统的应用程序，则在此框架上是完全没有问题的。因为 VMM 可以根据需要为每个虚拟机模拟相应的硬件，并安装相应的操作系统，最后再将应用程序安装到此操作系统中并运行。因为虚拟机的特性，所以不管是什么类型的应用程序都是可以运行的。

对于容器来说（如图 3-18 右图所示），由于它们都在同一个内核框架之上，因此就不能运行不同操作系统的应用程序，如同时运行 Linux 与 Windows 两种不同类型的应用程序，因为 Docker 不支持同时启动 Linux 与 Windows 两种不同类型的 Container（容器）。如果 HOST OS 是 Linux，则 Docker 可以启动多个与 Linux 内核相关的多个容器，并在这些容器中运行与 Linux 相关的应用（APP）。如果 HOST OS 是 Windows，则可以启动多个与 Windows 相关的容器，并在这些容器中运行与 Windows 相关的应用。对于容器来说，由于它们不需要虚拟机，所以使用的内存更少，运行速度更快。

因此，从图 3-18 中可以看出，虚拟机框架与容器框架还有一个区别在于，虚拟机可以直接运行在裸金属架构中，而 Docker 只能是基于 HOST OS 来进行构建。VMM 会模拟物理硬件设备，而 Docker 不需要，所有的容器共享 HOST OS 的物理资源与内核。因此 Docker 中运行的应用程序是与 HOST OS 强相关的，而在由 VMM 管理的 VM 中运行的应用程序则与 HOST OS 没有任何关系，HOST OS 也是可有可无的。

3.4　常见虚拟化技术的应用实践

在前面的小节简单介绍了一些虚拟机的概念、分类、技术以及虚拟化技术原理。在本小节中，将会对一些常见的虚拟化技术的使用进行说明，包括虚拟化环境的搭建、克隆虚拟机以及对虚拟机做快照。

3.4.1　虚拟化环境的搭建

为更加直观地说明虚拟化的用途与原理，本文以服务器虚拟化技术的寄居架构来说明。本文所使用的演示环境：VMM 和 VMware Workstation。客户虚拟机使用的操作系统为：Debian 9.1.0。注意，如果你用的不是这个版本，安装过程中出现的步骤可能会有些许不同，请根据相应的版本参考官方文档，在此就不再多做介绍。虚拟化环境的搭建步骤如下。

1）启动 VMware Workstation。启动 VMware Workstation 后，其主界面如图 3-19 所示。

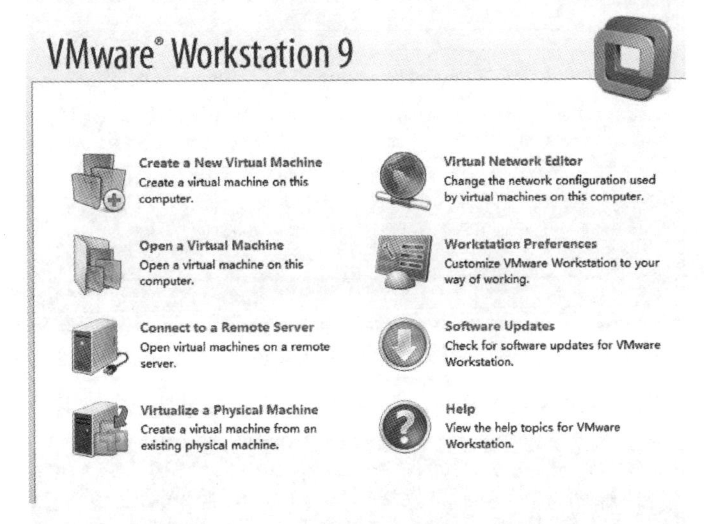

图 3-19　VMware Workstation 的主界面

2）创建虚拟机并选择已经准备好的 ISO 镜像（在 Windows 平台中，以.iso 结尾的镜像一般称为 ISO 镜像。在其他平台中，需要看文件本身的内容才能确定，但通常也是以.iso 扩展名结尾），配置虚拟机名字为 debian，并启动该虚拟机，如图 3-20 所示。

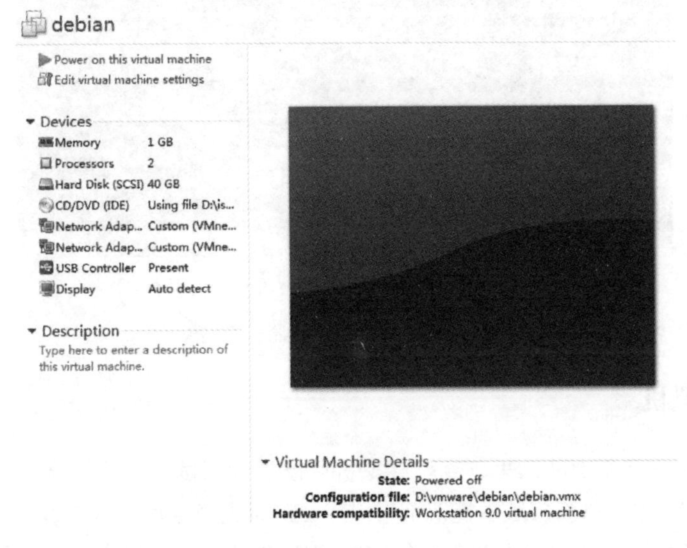

图 3-20　启动虚拟机

3）启动后出现的安装界面如下所示，选中默认的图形化安装选项“Graphical install”，如图 3-21 所示。

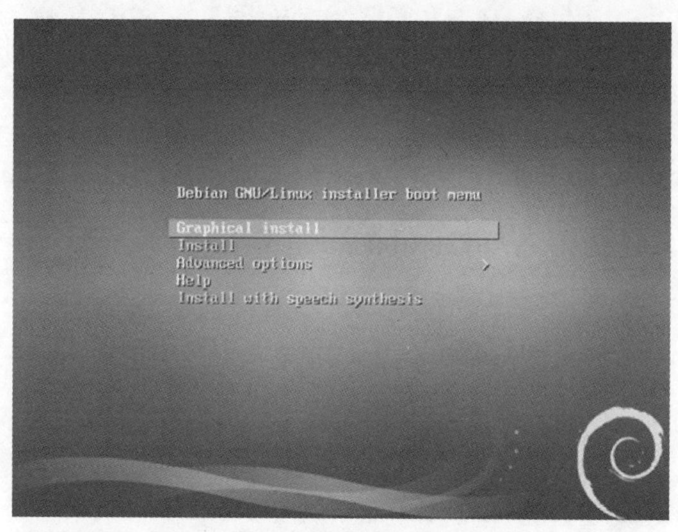

图 3-21　图形化安装

安装完成后，如果系统出现以下界面，则说明客户主机安装完成，如图 3-22 所示。

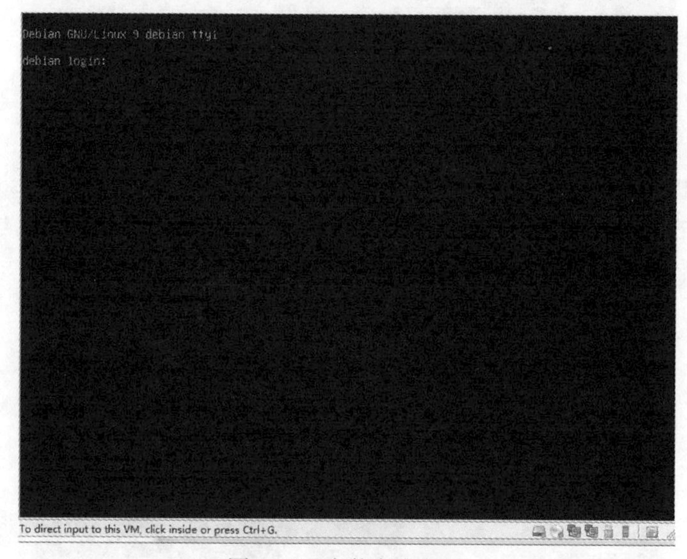

图 3-22　安装完成界面

到此，虚拟化环境搭建完成，用户可以开始使用虚拟机了。

3.4.2　克隆虚拟机

克隆简单来说就是复制的意思。克隆虚拟机可以加快测试环境的搭建，同时加快版本的发布。开发人员常在虚拟机里将新版本提前部署完成，测试人员则可以直接将开发人员部署好的环境拿来使用，或者只修改其中一小部分其他配置，如 IP 地址等，极大地减轻了测试人员的环境搭建工作量，节省了时间成本。下面将介绍如何进行虚拟机的克隆。注意，虚拟机的克隆只能在虚拟机断电的情况下，即关机的情况下才能进行。

1）启动虚拟机。在 VMware Workstation 管理窗口中，选择：VM（虚拟机）→Manage（管

理）→Clone（克隆），如图 3-23 所示。

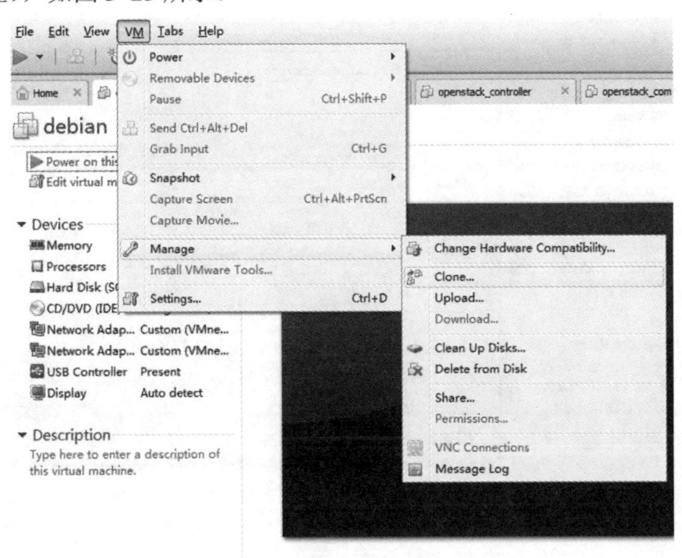

图 3-23　选择克隆

2）选择 Clone（克隆）之后，会弹出如图 3-24 所示的对话框，用于选择克隆类型。本文选择进行完整克隆。这里两种类型（链接克隆和完整克隆）都可以选择，链接克隆是对原始虚拟机的引用，所需的存储空间较少；完整克隆是克隆原始虚拟机当前状态的完整副本，所需存储空间较多。对于初学者来说，选择第二种克隆类型更方便，这样可以随便将克隆出来后的文件复制到其他地方。

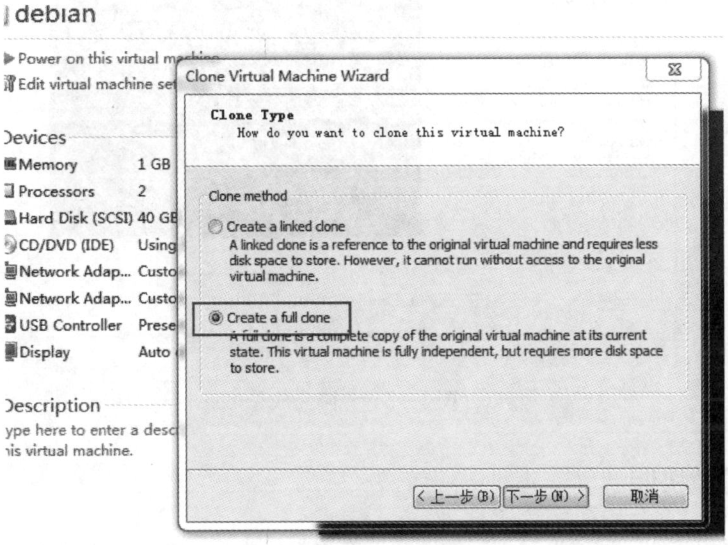

图 3-24　选择克隆类型

3）选择 Create a full clone（完整克隆模式）后单击“下一步”按钮，弹出如图 3-25 所示的对话框，显示正在克隆虚拟机的进度。

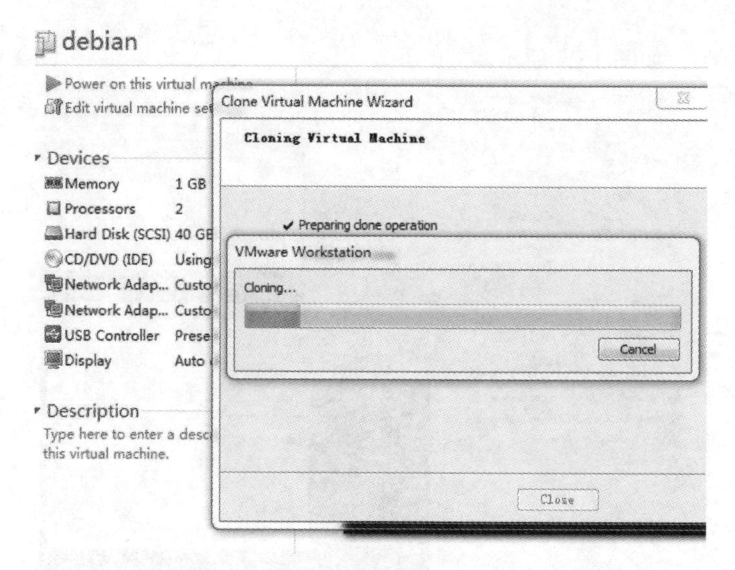

图 3-25　克隆中

4）克隆完成后的虚拟机如图 3-26 所示。接下来就可以对克隆环境进行测试了。这时会发现克隆的虚拟机的所有配置与克隆之前的版本是一模一样的。如果在克隆之前的 IP 地址是固定的，请对克隆后的 IP 地址进行更新，否则可能会导致无法正常通信的情况。

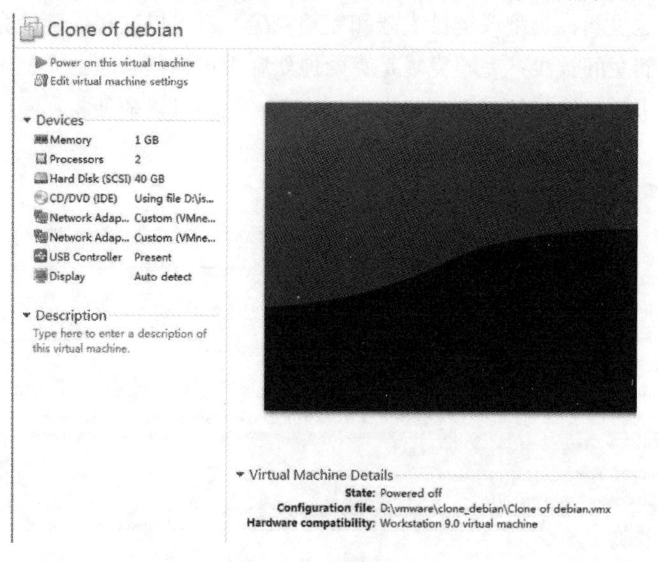

图 3-26　克隆完成

3.4.3　虚拟机做快照

快照原指照相馆的一种冲洗过程短的照片，在虚拟机中快照的概念与之类似，给虚拟机进行一次快照，虚拟机会将当前的虚拟机环境与配置情况记下来，虚拟机可以随时退回到这次快照的环境与配置。在平时的应用中，环境如果已经搭建完成，但是又想要添加新的内容，并且不想破坏之前的环境，或者想随时退回到之前的版本，使用快照是一项不错的选择。下面简单介绍一下为虚拟机做快照的操作步骤。注意，快照的拍摄与虚拟机运行情况无关，如果是在虚拟机运行时进行拍照，则虚拟机恢复时还是运行状态；如果是在虚拟机关闭时进行拍照，则恢复后虚拟机还是关闭的。为了说明快照的效果，本文将在虚拟机运行时进行拍照。

1）启动虚拟机，选择虚拟机→VM（虚拟机）→Snapshot（快照）→Take Snapshot（拍照），如图 3-27 所示。

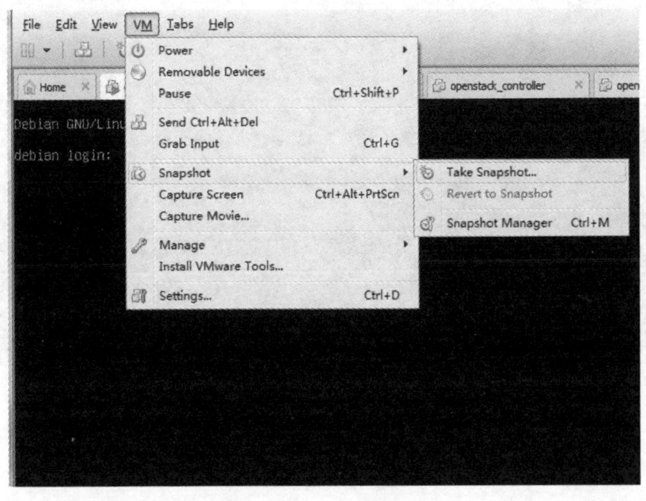

图 3-27　选择拍照

2）在“Take Snapshot”对话框中，将快照名称设置为“Snapshot1”，单击“Take Snapshot”按钮进行拍照，如图 3-28 所示。

3）选择 VM（虚拟机）→Snapshot（快照）→Snapshot Manager（快照管理），可查看拍照结果，如图 3-29 所示。

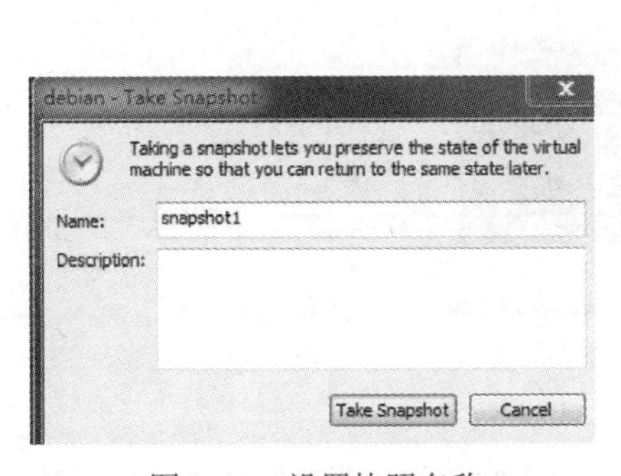

图 3-28　设置快照名称

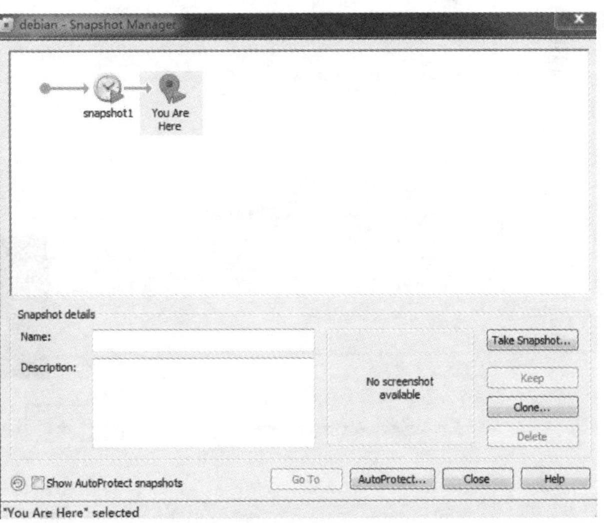

图 3-29　快照管理

4）对虚拟机进行一系列的操作，任何操作都行，如图 3-30 所示。

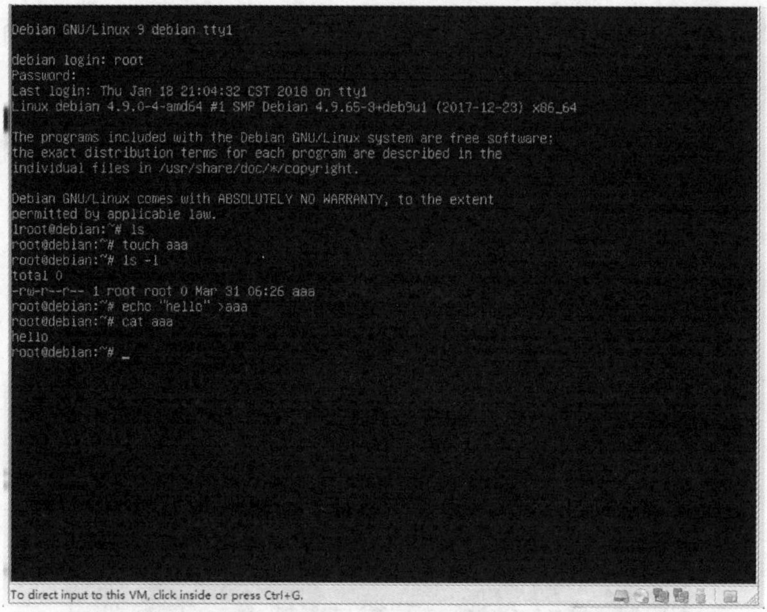

Debian GNU/Linux 9 debian tty1
debian login: root
Password:
Last login: Thu Jan 18 21:04:32 CST 2018 on tty1
Linux debian 4.9.0-4-amd64 #1 SMP Debian 4.9.65-3+deb9u1 (2017-12-23) x86_64
The programs included with the Debian GNU/Linux system are free software;
the exact distribution terms for each program are described in the
individual files in /usr/share/doc/*/copyright.
Debian GNU/Linux comes with ABSOLUTELY NO WARRANTY, to the extent
permitted by applicable law.
root@debian:~# ls
root@debian:~# touch aaa
root@debian:~# ls -l
total 0
-rw-r--r-- 1 root root 0 Mar 31 06:26 aaa
root@debian:~# echo "hello" >aaa
root@debian:~# cat aaa
hello
root@debian:~# _
To direct input to this VM, click inside or press Ctrl+G.

图 3-30　对虚拟机进行操作

5）选择 VM（虚拟机）→Snapshot（快照）→Snapshot Manager（快照管理），选择名为“snapshot1”的快照，然后单击“Go To”命令，进行快照恢复，如图 3-31 所示。

debian - Snapshot Manage
snapshot1
You Are Here
Snapshot created 2018/3/30 22:23:53
Name:
snapshot1
Description:
Take Snapshot...
Keep
Clone...
Delete
Show AutoProtect snapshots
Go To
AutoProtect...
Close
Help

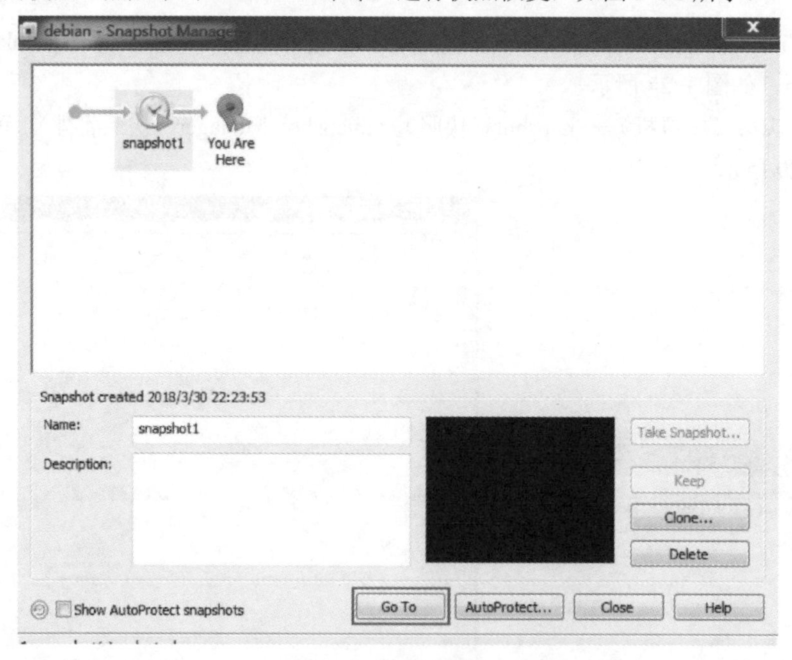

图 3-31　快照恢复

6）快照恢复结果如图 3-32 所示，可见此时的虚拟机环境则与最初拍照时的环境一模一样，没有任何变化。注意，用户可以在任何时间对虚拟机进行任意次快照，同样也可以恢复任意一次快照的结果。这些读者可以自己进行实践与尝试。

图 3-32　快照恢复情况

习题

1．什么是虚拟化技术？

2．为什么要使用虚拟化技术？

3．常见的虚拟化技术有哪些？

第 4 章　数据中心与云存储技术

现如今，各种类型的数据都在爆炸式地增长，大数据的出现迫使企业不断提升自身以数据中心为平台的数据处理能力。同时，云计算技术不断为数据中心的发展带来新的推动力，并正在改变传统数据中心的模式。

云计算模式下的数据存储技术被称为云存储，它属于一种延伸性的计算机存储概念。云存储是将分布式的系统文件进行整合，在网络技术基础上通过集群应用将计算机存储设备和存储软件集中，实现协同合作。云存储功能强大，数据存储模式具有创新性，应用的关键是程序软件而非硬件，在不同设备的有机结合中能够保证计算机存储设备的服务功能转换，因而基于云存储的广域网透明度较高，对外提供数据方便，业务访问范围广。云存储通过 Web 服务应用程序接口（API）或 Web 化的用户界面来访问。

本章将介绍数据中心的概念、云存储的概念、云存储与云计算之间的关系，云存储的应用与发展趋势。

4.1　数据中心的概念

数据中心是全球协作的特定设备网络，用于在 Internet 这一网络基础设施上传递、加速、展示、计算、存储数据信息。数据中心不仅是一个网络概念，还是一个服务概念，它构成了网络基础资源的一部分，数据中心的建立使得企业和个人能够迅速借助网络开展业务，把精力集中在其核心业务上，而减少 IT 方面的后顾之忧。数据中心是云计算的基础设施，云计算在数据中心的基础上提供各类服务。

4.1.1　数据中心的定义、作用及分类

数据中心是一整套复杂的设施，它不仅包括计算机系统和其他与之配套的网络、存储等设备，还包含冗余的数据通信连接设备、环境控制设备、监控设备以及各种安全装置。Google 在其发布的《The Data center as a Computer》一书中，将数据中心定义为：多功能的建筑物，能容纳多个服务器以及通信设备，这些设备被放置在一起是因为它们具有相同的对环境的要求以及物理安全上的需求，并且这样放置便于维护，而并不仅仅是一些服务器的集合。

图 4-1 为一个典型的数据中心的拓扑图，可以看到一个数据中心包含几个基础组件：服务器、网络和存储。存储根据应对场景的不同，包含了 NAS（Network Attached Storage，网络附属存储。提供文件共享空间，存放非结构化数据）和 SAN（Storage Area Network，存储区域网络。提供块数据的访问，通常用于存放结构化数据，如数据库、邮件等业务应用的数据）两种方案。企业级存储通常还包含了备份或容灾体系，在这个图 4-1 所示的数据中心其中还有专门的备份存储。

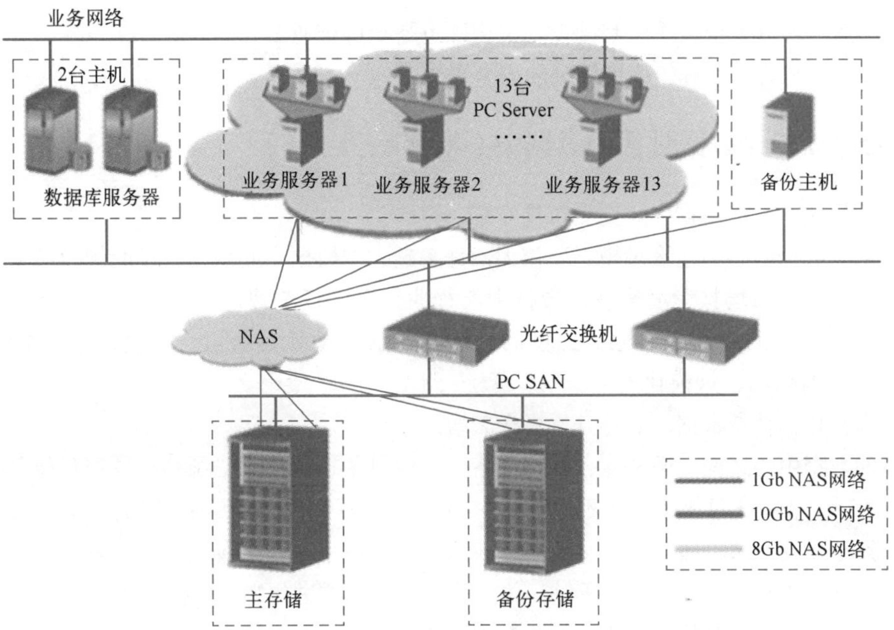

图 4-1　典型的数据中心拓扑图

云计算出现以后，对数据中心提出了新的挑战和要求，不过仍然包含服务器、网络和存储这三大基础组件，但是组件的呈现形态以及控制方式发生了很大的变化，如软件定义的数据中心（Software Defined Data Center，SDDC）和软件定义的存储（Software Defined Storage，SDS），SDDC 可以视为私有云的云计算平台的最佳落地方式，而 SDS 是其中的重要组成部分。

目前，IT 巨头们，包括 Google、微软等等都已投入巨资到数据中心建设中，根据数据中心的作用，可以将数据中心分为企业数据中心和互联网数据中心两类。

- 企业数据中心（Enterprise Data Center，EDC），通过实现统一的数据定义与命名规范、集中的数据环境，从而达到数据共享与利用的最终目标。如果是具体的企业或单位，数据中心就是业务数据存储技术+数据仓库，当然，有的单位只有数据仓库，如科研单位，他们不做业务处理，只有分析需求。企业数据中心按规模划分为部门级数据中心、企业级数据中心、互联网数据中心以及主机托管数据中心等。通过这些规模从小到大的数据中心，企业可以运行各种应用。一个典型的企业数据中心的设备通常包括：主机设备、数据备份设备、数据存储设备、高可用系统、数据安全系统、数据库系统等。这些组件需要放在一起，确保它们能作为一个整体进行运行。
- 互联网数据中心（Internet Data Center，IDC）。如果是互联网公司，其数据中心就和普通企业和单位的数据中心不同，因为互联网的信息实在庞大，不可能将所有信息都存储到数据中心的数据库中，数据中心也处理不了那么多的信息，所以互联网环境下的数据中心的作用就是加强互联网数据的处理速度和效果。互联网数据中心为互联网内容提供商、企业、媒体以及各类网站提供了大规模、高质量、安全可靠的专业化服务器托管、空间租用、网络带宽等服务。IDC 是对商户、入驻企业或网站服务器群托管的场所，是各种模式电子商务赖以安全运作的基础设施架构，也是支持企业及其商业联盟（包括了分销商、供应商、客户等）实施价值链管理的安全平台。

4.1.2 云计算、大数据时代的数据中心发展趋势

（1）规模化：大型数据中心更受市场青睐

近年来，数据中心的建设规模不断扩大，许多超大型数据中心规划建设的规模甚至达到占地数十万平方米。从市场接受度来看，数据中心行业正在进行洗牌，用户更愿意选择技术力量雄厚、服务体系上乘的数据中心服务提供商。比如谷歌、微软、腾讯、阿里未来的数据中心将朝着全球化、国际化、规模化发展。

（2）虚拟化：传统数据中心将开展资源云端迁移

传统的数据中心之间，服务器、网络设备、存储设备、数据库资源等都是相互独立的，彼此之间毫无关联。虚拟化技术改变了不同数据中心间资源互不相关的状态，随着虚拟化技术的深入应用，服务器虚拟化已由理念走向实践，逐渐地向应用程序领域拓展延伸，未来将有更多的应用程序基于虚拟化技术向云端迁移。所以，传统的数据中心将进化为云数据中心。

（3）绿色化：传统数据中心将向绿色数据中心转变

不断上涨的能源成本和不断增长的计算需求，使得数据中心的能耗问题引发越来越高的关注度。数据中心建设过程中落实节地、节水、节电、节材和环境保护的基本建设方针，“节能环保，绿色低碳”必将成为下一代数据中心建设的主题。

（4）集中化：传统数据中心将步入整合缩减阶段

分散办公的现状，带来了相互分散的应用系统布局。然而，现实存在对分支机构数据进行集中处理的需求，因此，数据中心集中化成为一种必需。未来，随着技术的发展，数据中心整合集中化之势将愈加明显。

（5）低成本：数据的价值逐渐凸显并且成本更低

虚拟化技术提高了资源的利用率，简化了数据中心的管理维度并有效节省了维护成本，成本降低的同时还能实现数据的价值最大化。

4.2 云存储概述

大数据时代产生的海量数据数据量基数大，数据格式繁杂，在数据处理时的实时性、高效性等要求更高，传统的数据存储技术根本就无法应对，因此数据的存储技术需要迅速提升，从而为云计算带来更加强大稳定安全的存储性能，于是产生了云存储技术。

4.2.1 云存储的概念

数据存储技术在应用过程中主要的使用对象是临时文件，即加工过程中形成的一种数据流，通过基本信息的查找，数据记录依照某种格式，将其记录和存储在计算机外部存储介质和内部存储介质上。数据存储需要根据相关信息特征进行命名，将流动数据在系统中以数据流的形式反映出来，同步呈现静态数据特征和动态数据特征。

云存储是一种网上在线存储的模式，即把数据存放在由第三方托管的多台虚拟服务器中，而非专属的服务器上。托管（Hosting）公司营运大型的数据中心，需要数据存储托管的人向数据中心购买或租赁存储空间来满足数据存储的需求；数据中心运营商根据客户的需求，在后端准备存储虚拟化的资源，并将其以存储资源池（Storage Pool）的方式提供给客户，客户便可自行使用此存储资源池来存放文件或对象。实际上，这些资源可能被分布在众多的服务器主机上。

从技术角度来说，云存储是指通过集群技术、网络技术或分布式技术等，将网络中大量各种不同类型的存储设备通过应用软件集合起来协同工作，共同对外提供数据存储和业务访问功能的一种技术。基于云存储技术，数据被存储在多种虚拟服务器上，通常由第三方的组织来管理，而不是由专门的服务器来管理。当云计算系统运算和处理的核心是大量数据的存储和管理时，云计算系统中就需要配置数量众多的存储设备，那么云计算系统就转变成为一个以数据存储和管理为核心的云存储系统。

以大化小，化整为零是云存储技术的设计思想。云存储系统通过应用分布式技术，将大数据分散到各个存储服务器上进行存储，最后再将这些服务器通过网络联系起来，协同工作，组成了一个大型的集群系统，再通过虚拟化技术访问云存储系统上的数据。因此云存储是一种基于网络的数据存储模式，是在云计算概念上延伸和发展出来的一个新的概念。

通过以上内容上可以看出，云存储与传统的存储系统相比有以下不同。

从功能需求来看，云存储系统相比于传统的单一的存储功能来说，功能更加开放化和多元化；从数据管理上看，云存储需要处理的数据类型更多、数据量更大。

4.2.2 云存储系统的结构

云存储系统不像传统的存储设备，传统的存储设备只是一个硬件，而云存储系统是一个复杂的系统，包括：交换机、路由器、网络适配器、光缆、继电器、放大器、中继器等硬件，还包括操作系统、系统软件、工具软件以及应用软件等大量的软件系统。云存储系统以存储设备为中心，通过一些必要的应用软件接口可以对接外部的存储和访问需求。云存储系统的结构由四层组成，它们分别是：存储层、基础管理层、应用接口层以及访问层，如图 4-2 所示。

1. 存储层

存储层是云存储系统最基础的部分。存储设备可以是 FC 光纤通道存储设备，可以是NAS和 ISCSI 等 IP 存储设备，也可以是SCSI或SAS等 DAS 存储设备。云存储中的存储设备往往数量庞大且多分布在不同地域，彼此之间通过广域网、互联网或者 FC 光纤通道网络连接在一起。

云存储系统对外提供多种不同的存储服务，各种存储服务的数据统一存放在云存储系统中，形成一个海量的数据池。

存储设备之上是一个统一的存储设备管理系统，可以实现存储设备的逻辑虚拟化管理、多链路冗余管理，以及硬件设备的状态监控和故障维护。

2. 基础管理层

基础管理层是云存储最核心的部分，也是云存储系统中最难实现的部分。基础管理层实现了云存储系统中多个存储设备之间的协同工作，使多个存储设备可以对外提供同一种服务，并提供更大、更强、更好的数据访问性能。

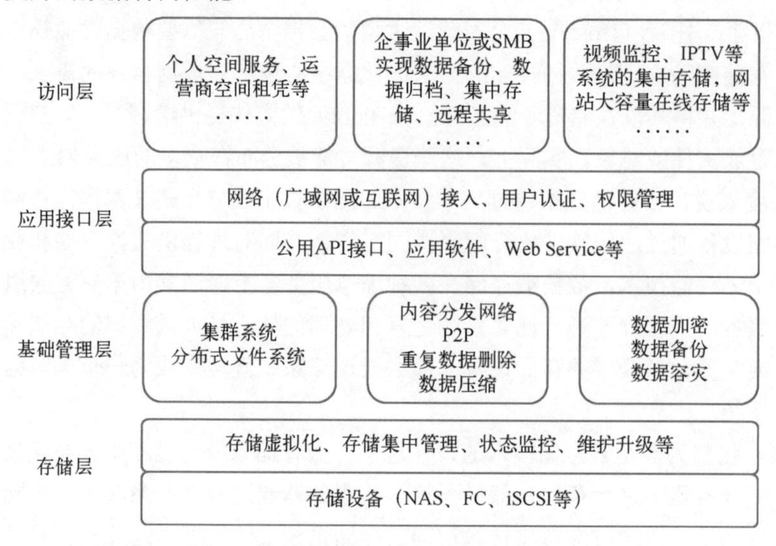

图 4-2　云存储系统的结构

内容分发网络（Content Delivery Network，CDN）使用户可就近取得所需内容，解决互联网拥挤的状况，提高用户访问网站的响应速度。数据加密技术保证云存储系统中的数据不会被未授权的用户所访问，同时，通过各种数据备份、容灾技术和措施可以保证云存储中的数据不会丢失，保证云存储自身的安全和稳定。

3．应用接口层

应用接口层是云存储系统中最灵活多变的部分。云存储平台面向用户开发的应用服务接口称为公共 API 接口，包括数据存储服务、公共资源使用、数据备份功能等接口服务，服务提供商可以按照用户的业务需求开发对应的应用接口，授权用户可以在任何地方通过应用接口层提供的 Web 服务应用接口登录，利用云存储系统获取云存储服务，对系统资源进行管理和访问。应用接口层还包括网络接入、用户认证和权限管理等功能。

4．访问层

通过访问层，任何已授权的用户可以在任何地方通过互联网的终端设备，根据运营商提供的访问接口或者访问手段登录云存储系统，接受云存储服务。不同的云存储运营单位可以根据实际业务类型，开发不同的应用服务和移植现有的应用服务，如网络硬盘、视频点播、视频监控、远程数据备份等应用。

从云存储系统的结构可以看出，云存储对使用者来讲，不是指某一个具体的设备，而是指一个由许许多多个存储设备和服务器所构成的集合体。使用者使用云存储时，并不是使用某一个存储设备，而是使用整个云存储系统提供的一种数据访问服务。所以严格来讲，云存储不是存储，而是一种服务。云存储的核心是应用软件与存储设备相结合，通过应用软件来实现存储设备向存储服务的转变。

4.2.3 云存储的实现基础

从云存储的结构可知，云存储系统是一个多设备、多应用、多服务协同工作的集合体，它的实现要以多种技术的发展为前提。

1．宽带网络

真正的云存储系统将会是一个多区域分布、遍布全国、甚至于遍布全球的庞大公用系统，使用者需要通过 ADSL、DDN 等宽带接入设备来连接云存储。只有宽带网络得到充足的发展，使用者才有可能获得足够大的数据传输带宽，实现大容量数据的传输，真正享受到云存储服务。

2．Web 2.0 技术

Web 2.0 技术的核心是分享。只有通过 Web 2.0 技术，云存储的使用者才有可能通过 PC、手机等多种设备，实现数据、文档、图片和音视频等内容的集中存储和共享。

3．应用存储

云存储不仅仅是存储，更多的是应用。应用存储不仅具有数据存储功能，还具有应用软件功能，可以看作是服务器和存储设备的集合体。应用存储技术的发展可以大量减少云存储中服务器的数量，从而降低系统建设成本，减少系统中由服务器造成单点故障和性能瓶颈，减少数据传输环节，提高系统性能和效率，保证整个系统的高效稳定运行。

4．集群技术和分布式文件系统

从云存储的概念可知，任何一个单点的存储系统都不是云存储，云存储是由多个存储设备构成的，不同存储设备之间就需要通过集群、分布式等技术，实现多个存储设备之间的协同工作，多个存储设备可以对外提供同一种服务。如果没有这些技术的支撑，云存储就不可能真正实现，所谓的云存储只能是一个一个的独立系统，不能形成云状结构。

集群（Cluster）技术可以在付出较低成本的情况下获得在性能、可靠性、灵活性上相对较高的收益。集群是一组相互独立的、通过高速网络互联的计算机，它们构成了一个组，并以单一系统的模式加以管理。一个客户与集群相互作用时，集群像是一个独立的服务器。集群可用于提高云存储系统的可用性和可缩放性。其任务调度是集群系统中的核心技术。

分布式文件系统（Distributed File System，DFS）是指文件系统管理的物理存储资源不一定直接连接在本地节点上，也可以是通过计算机网络与非本地节点相连。分布式文件系统的设计基于客户机/服务器模式。一个典型的分布式文件系统可能包括多个供多用户访问的服务器。另外，对等特性允许一些系统扮演客户机和服务器的双重角色。

5．CDN、P2P技术、数据压缩技术、重复数据删除技术、数据加密技术

CDN 内容分发系统的基本思路是尽可能避开互联网上有可能影响数据传输速度和稳定性的瓶颈和环节，使内容传输得更快、更稳定。通过在网络各处放置节点服务器所构成的在现有的互联网基础之上的一层智能虚拟网络，CDN 系统能够实时地根据网络流量和各节点的连接、负载状况以及到用户的距离和响应时间等综合信息将用户的请求重新导向离用户最近的服务节点上。

点对点技术（Peer-to-Peer，P2P）又称对等网络，利用 P2P 网络中所有参与者的计算能力和带宽执行任务，而不是将其都聚集在较少的几台服务器上。使用 P2P 技术的各种文件共享软件已经得到了广泛的使用。P2P 技术也被使用在类似 VoIP（Voice over Internet Protocol，基于 IP 的语音传输）等实时媒体业务的数据通信中。

数据压缩技术是指在不丢失有用信息的前提下，缩减数据量以减少存储空间，提高其传输、存储和处理效率，或按照一定的算法对数据进行重新组织，减少数据的冗余和存储的空间的一种技术方法。数据压缩包括有损压缩和无损压缩。在计算机科学和信息论中，数据压缩或者源编码是按照特定的编码机制用比未经编码少的数据位元（或者其他信息相关的单位）表示信息的过程。如果将“compression”编码为“comp”，那么一篇文章可以用较少的数据位表示。一种流行的压缩实例是许多计算机都在使用的 ZIP 文件格式，它不仅提供了压缩的功能，而且还作为归档工具（Archiver）使用，能够将许多文件存储到同一个文件中。

重复数据删除技术也是一种数据压缩技术，通常用于基于磁盘的备份系统，旨在减少存储系统中使用的存储容量。它的工作方式是在某个时间周期内查找不同文件中不同位置的重复可变大小数据块。重复的数据块用指示符取代。高度冗余的数据集（如备份数据）从数据重复删除技术的获益极大；用户可以实现 10 比 1 至 50 比 1 的缩减比。而且，重复数据删除技术可以允许用户在不同站点之间进行高效、经济的备份数据复制。

数据加密技术是历史悠久的技术，指通过加密算法和加密密钥将明文转变为密文，而解密则是通过解密算法和解密密钥将密文恢复为明文。它的核心是密码学。数据加密技术目前仍是计算机系统对信息进行保护的一种最可靠的办法。

6. 存储虚拟化技术、存储网络化管理技术

云存储中的存储设备数量庞大且大多分布在不同地域，如何实现不同厂商、不同型号甚至于不同类型（如 FC（Fibre Channel）存储和 IP 存储）的多台存储设备之间的逻辑卷管理、存储虚拟化管理和多链路冗余管理是一个巨大的难题，为了解决这个问题，简化用户操作，需要存储虚拟化技术来实现。

实现存储虚拟化主要有以下三种方式。

（1）在服务器端实施存储虚拟化

在服务器端实施的存储虚拟化。通过服务器端将镜像映射到外围存储设备上，除了分配数据外，对外围存储设备没有任何控制。服务器端一般是通过逻辑卷管理来实现存储虚拟化。逻辑卷管理为从物理存储映射到逻辑上的卷提供了一个虚拟层。服务器只需要处理逻辑卷，而不用管理存储设备的物理参数。

（2）在存储设备端实施存储虚拟化

另一种实施存储虚拟化的方式是对存储设备本身进行虚拟化。在存储子系统端的虚拟化存储设备主要通过大规模的 RAID 子系统和多个 I/O 通道连接到服务器上，智能控制器提供 LUN访问控制、缓存和其他如数据复制等的管理功能。这种方式的优点在于存储设备的管理人员对设备有完全的控制权，而且通过与服务器系统分开，可以将存储的管理与多种服务器操作系统隔离，并且可以很容易地调整硬件参数。

（3）在网络设备端实施存储虚拟化

对网络设备端实施的存储虚拟化，是通过网络将逻辑卷映射到外围存储设备，除了分配数据外，对外围存储设备没有任何控制。在网络端实施存储虚拟化具有其合理性，因为它的实施既不是在服务器端，也不是在存储设备端，而是介于两个环境之间，可能是最“开放”的虚拟实施环境，几乎可以支持任何的服务器、操作系统、应用和存储设备。

一般情况下，优先考虑采用基于服务器和基于存储设备的存储虚拟化，因为这两种存储虚拟化架构方便、管理简单、维护容易、产品相对成熟、性能价格比高。

云存储中的存储设备数量庞大、分布地域广，造成的另外一个问题就是存储设备的运营管理问题。虽然这些问题对云存储的使用者来讲根本不需要关心，但对于云存储的运营单位来讲，必须要通过切实可行和有效的手段来解决集中管理难、状态监控难、故障维护难、人力成本高等问题。因此，云存储必须要具有一个高效的、类似于网络管理软件一样的集中管理平台，才能实现云存储系统中所有存储设备、服务器和网络设备的集中管理和状态监控，即通过存储网络化管理技术实现云存储的管理。

4.2.4 云存储的特性

随着云端数据越来越丰富、用户数据量越来越庞大，云存储成为信息存储领域的一个重要应用热点，下面就云存储的特性进行阐述。

1．可靠性

云存储采取将多个小文件分为多个副本的存储模式来实现数据的冗余存储，数据存放在多个不同的节点上，任意其他的节点发生数据故障时，云存储系统自动将数据备份到新的存储节点上，保证数据的完整性和可靠性。而对于大文件的存储，系统将通过超安存编解码算法（该方法将 RS 算法融入分布式存储系统，解决一般云存储支撑方法采用的简单复制备份方法所造成的磁盘空间的浪费问题）来保障数据的可靠性，任意多个存储数据节点被破坏时，系统能够通过超安存算法进行自动解码恢复，此算法适合于对数据安全性要求极高的场合，有效地提高了磁盘上的空间利用率。对于元数据（Metadata，描述数据的组织、数据域及其之间关系的信息）管理节点而言，则采用双机镜像热备份的高可用方式容错。当其中一台服务器出现了问题，可以自动无缝地衔接到另外一台服务器上，确保服务器不间断地提供服务。

2．安全性

云存储服务商往往资金雄厚，大量专业技术人员的日常管理和维护可以保障云存储系统运行安全，通过严格的权限管理，运用数据加密、加密传输、防篡改、防攻击、实时监测等技术，降低了病毒和网络黑客入侵破坏的风险，确保数据不会丢失，为用户提供安全可靠的数据存储环境。

3．管理方便

大部分的数据都迁移到了云存储上之后，所有数据的升级维护任务则由云存储服务提供商来完成，这样就大大地降低了企业存储系统上运营维护的成本，并且云存储服务具有强大的可扩展性，当企业的发展加速以后，如果发觉公司现有的存储空间不足，就会考虑扩大存储服务器的容量来满足现有业务的存储需求，而云存储服务的特性就可以很方便地在原有基础上扩展服务空间，满足需求。

4. 可扩展性

扩展存储需求（向上和向下）可改善用户成本，但这需要云存储提供商要为存储本身提供可扩展性（功能扩展），而且必须为存储带宽提供可扩展性（负载扩展）。云存储的另外一个关键特性是数据的地理分布（地理可扩展性），支持经由一组云存储数据中心（通过迁移）使数据最接近于用户。对于只读数据，也可以进行复制和分布（使用内容传递网络完成）。在内部，一个云存储架构必须能够扩展，服务器和存储必须能够在不影响用户的情况下重新调整大小。

4.3 云存储与云计算

云存储是由云计算延伸出来的概念，云存储是一个通过集群技术、网络技术或分布式文件系统等技术，将网络上各种不同的存储设备通过应用软件集合起来进行协同工作，共同对外提供数据存储和业务访问功能的系统。从某种意义上来说，云存储就是一个以数据存储和管理为核心的云计算系统，是一个向用户提供在线存储服务的互联网服务。云计算系统中如果配置了大容量的数据存储设备，那么云计算系统就可以对大量需要进行计算和处理的数据进行存储和管理，同时在基础管理层也相应地添加了许多功能，这些功能的目的是为了加强存储数据的管理和保护数据的安全。这样的云计算系统就变成了云存储系统。

云存储为用户节省了设备部署与存储的开销。用户只需要向云服务提供商支付一定的费用，就可以直接享受整个云存储系统的数据访问服务，可以说云存储是云计算系统的基石。

云计算技术可以为用户提供在几秒钟之内处理以千兆为单位的数据的高效网络服务。云计算系统中，数据的计算和处理是系统的核心任务，通过数量众多的服务器共同处理用户提交的运算申请，并且给出运算结果。云存储对于使用者来说，是一种服务，而不是单纯的存储设备。云存储相对于云计算来说，可以看作是一个拥有大容量空间的云计算系统。

4.4 云存储发展的关注点

云存储已经成为未来存储发展的一种趋势。但随着云存储技术的发展，各类搜索、应用技术和云存储相结合的应用，云存储还需从安全性、便携性及数据访问等角度进行改进。

（1）安全性

对于云存储来说，安全性仍是首要考虑的问题。尤其是云存储的用户，安全性通常是其首要的商业考虑和技术考虑。许多用户对云存储的安全要求甚至高于他们自己的数据中心所能提供的安全水平。云存储服务提供商们也在努力满足用户对安全的要求，努力构建比多数企业数据中心安全得多的数据中心。

（2）便携性

一些用户在托管存储的时候要考虑数据的便携性。一般情况下这是有保证的，一些大型服务提供商所提供的解决方案承诺其数据便携性可媲美最好的传统的本地化存储。有的云存储结合了强大的便携功能，可以将整个数据集传送到用户所选择的任何媒介，甚至是专门的存储设备上。

（3）性能和可用性

过去的一些托管存储和远程存储总是存在着延迟时间过长的问题。同样地，互联网本身的特性就严重威胁服务的可用性。最新一代云存储有突破性的成就，体现在客户端或本地设备高速缓存上，将经常使用的数据保持在本地，从而有效地缓解互联网延迟问题。通过本地高速缓存，即使面临最严重的网络中断，这些设备也可以缓解延迟性问题。这些设备还可以让经常使用的数据像本地存储那样快速反应。通过一个本地 NAS 网关，云存储甚至可以模仿终端 NAS 设备的可用性、性能和可视性，同时将数据予以远程保护。随着云存储技术的不断发展，各厂商仍将继续努力实现容量优化和 WAN（广域网）优化，从而尽量减少数据传输的延迟性。

（4）数据访问性

现有对云存储技术的疑虑还在于，如果执行大规模数据请求或数据恢复操作，那么云存储是否可提供足够的访问性。此点大可不必担心，现有的厂商可以将大量数据传输到任何类型的媒介，可将数据直接传送给企业，且其速度之快相当于在本地计算机上执行复制、粘贴操作。另外，云存储厂商还可以提供一套组件，在完全本地化的系统上模仿云存储，让本地 NAS 网关设备继续正常运行而无须重新设置。未来，如果大型厂商构建了更多的地区性设施，那么数据传输将更加迅捷。如此一来，即便是客户本地数据发生了灾难性的损失，云存储厂商也可以将数据重新快速传输给客户数据中心。

习题

1．数据中心的发展经历了那几个阶段？
2．数据中心主要包括哪几个主要组成部分？
3．描述云存储系统的结构模型。
4．简述云存储的实现前提。
5．云存储服务系统的应用有哪些分类，请列举一些应用，并对其进行简述。
6．简述云存储的特性。

第 5 章　并行计算与集群技术

并行计算（Parallel Computing）也叫高性能计算（High Performance Computing）、高端计算（High-end Parallel Computing）或超级计算（Super Computing）。它的快速发展为其他技术的发展提供了重要的支撑。云计算关注的两个要点是计算力和存储力，而计算力依赖的技术就是并行计算，因此学习云计算需要了解并行计算的概念和分类。集群技术是并行计算的基础，也是云计算的基础，所以需要了解集群技术。本章就将介绍并行计算的基本概念及分类，云计算的基础架构——集群，以及并行程序设计——MPI 编程。

5.1　并行计算概述

并行计算是指同时使用多种计算资源解决计算问题的过程，是提高计算机系统计算速度和处理能力的一种有效方法。它的基本思想是，利用多个处理器来协同求解同一问题，即将被求解的问题分解成若干个部分，各部分均由一个独立的处理机来进行计算。在计算机术语中，并行性指的是把一个复杂问题分解成多个能同时处理子问题的能力。

5.1.1　并行计算的概念

并行计算的主要目标是提高求解速度，通过扩大问题求解规模，解决大型而复杂的计算问题。即将需要做大量运算、持续时间长的大型串行任务，根据大任务的内在相关性分解成若干个相对独立的模块并行执行，从而节约运算时间。如图 5-1 所示。

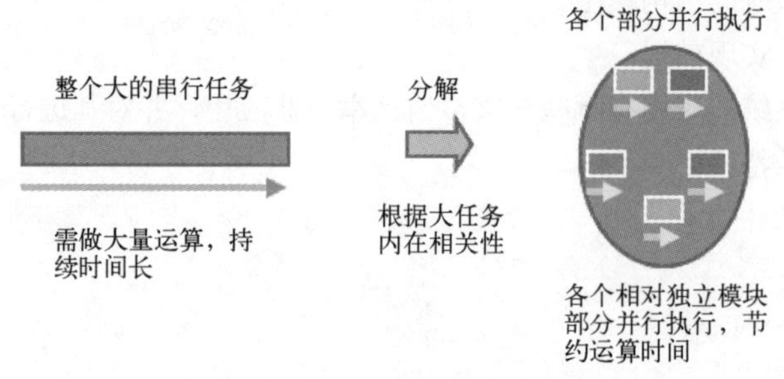

图 5-1　并行计算任务分解

并行计算的思想可以这样理解：如有 21 亩地需要除草，一个人一天只能除一亩地的草，那么需要 21 天才能除完，如果找 21 个人一起来完成除草，那只需要一天就能完成任务，时间大大缩短。从这个例子可以看出，大任务分解并没有让工作量减少，而是以增加劳动力来节约时间，其思路如图 5-2 所示。这实际就是并行计算处理问题的基本思想。

并行计算是相对于串行计算来说的。通常来说，串行计算是指在单个计算机（具有单个中央处理单元）上执行软件写操作，CPU 逐个执行一系列指令解决问题，但其中只有一种指令可提供随时并及时的使用。并行计算是在串行计算的基础上增加了处理器，可以同时执行多个指令，两者的区别如图 5-3 所示。

图 5-2　大任务分解

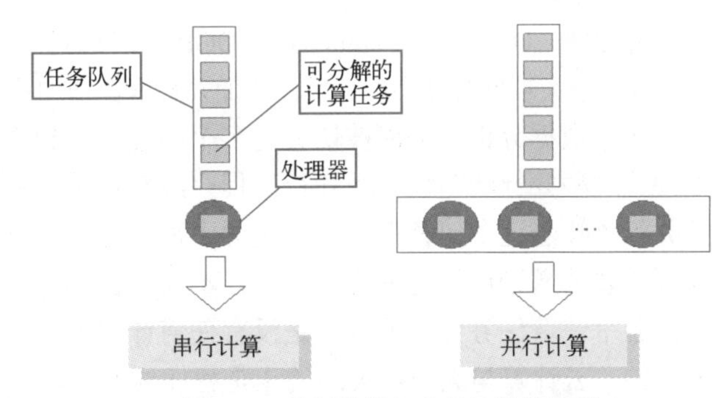

图 5-3　并行计算与串行计算的区别

并行计算是指同时使用多种计算资源解决计算问题的过程，是旨在提高计算机系统计算速度和处理能力的一种有效手段。它是由运行在多个部件上的小任务合作来求解一个规模很大的计算问题的一种方法。它的基本思想是用多个处理器来协同求解同一问题，即将被求解的问题拆分成若干个部分，各部分均由一个独立的处理机来进行计算。并行计算系统实际上是一种由多个计算单元组成、运算速度快、存储容量大、可靠性高的计算机系统。并行计算系统既可以是专门设计的、含有多个处理器的超级计算机，也可以是以某种方式互连的若干台独立计算机构成的集群，通过并行计算集群完成数据的处理，再将处理的结果返回给用户。

并行计算的内涵包括了并行计算机体系结构、编译系统、并行算法、并行编程、并行软件技术、并行性能优化与评价、并行应用等。此外，并行计算可以定位为连接并行计算机系统和实际应用问题之间的桥梁。它辅助科学、工程及商业应用领域的专家，为在并行计算机上求解本领域问题提供了关键支持。

因此，为了成功实施并行计算，须具备 3 个基本条件。

1）并行计算机。并行计算机至少包含两台或两台以上的处理机，并且这些处理机通过网络能相互连接、相互通信。

2）应用具有并行度。应用可以分解为多个子任务，这些子任务可以并行执行。将一个应用分解为多个子任务的过程，便称为并行算法的设计。

3）并行编程。在并行计算机提供的并行编程环境上，具体实现并行算法，编制并行程序并运行该程序，从而达到并行求解应用问题的目的。

并行计算之所以可行，主要在于并发性是物质世界的一种普遍属性，具有实际应用背景的计算问题在多数情况下都可以拆分为能并行计算的多个子任务。

5.1.2　并行计算的层次

并行粒度（Granularity）是两次并行或交互操作之间所执行的计算负载。也就是任务级，即任务量的大小。并行计算的层次按并行粒度可分为：程序级并行、子程序级并行、语句级并行、操作级并行和微操作级并行，如图 5-4 所示。后三层大都由硬件和编译器负责处理，开发者通常处理前两层的并行，即程序级并行和子程序级并行，我们通常所说的并行计

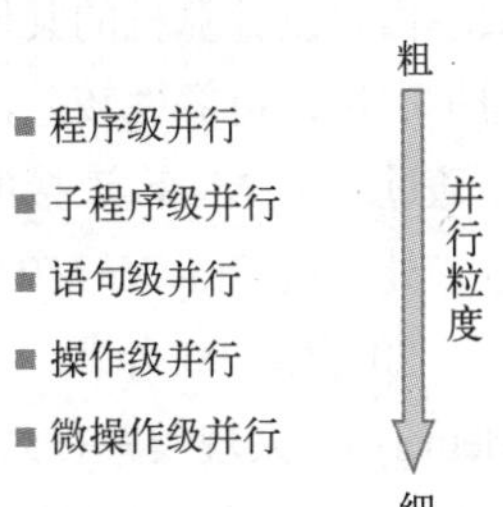

图 5-4　并行计算的层次

算关注的是前两层。

并行度（Degree of Parallelism，DOP）是同时执行的分进程数。并行度与并行粒度大小常互为倒数：增大粒度会减小并行度。增加并行度会增加系统（同步）开销。

一个数据分析任务能被切分为多个相互之间独立的计算任务并被分配给不同的节点进行处理，这种并行就叫程序级并行。程序级并行是一种粗粒度的并行，一个问题能实现程序级的并行意味着这个问题很容易在集群中被执行，并且由于被切分的任务是独立的，子问题之间所需要的通讯代价也是非常小的，不需要在集群节点间进行大量的数据传输。程序级并行中的各个计算任务可以被认为是没有任何计算关联和数据关联的任务，其并行性是天然的、宏观的。云计算与大数据关注的正是程序级并行。

5.1.3 并行计算机的发展

并行计算机的出现是并行计算得以应用的重要前提。并行计算机的产生和发展就是为了满足日益增长的大规模科学和工程计算、事务处理和商业计算的需求。问题求解的大规模化是并行计算机最重要的指标之一。

大规模科学与工程计算应用对并行计算的需求是推动并行计算机快速发展的主要动力，它们对并行计算能力的需求是永无止境的，这加快推动了并行计算的产生。市场需求也是推动并行计算产生的另一巨大动力，许多的应用领域，如天气预报、核科学、石油勘探、地震数据处理、飞行器数值模拟等，都需要具有每秒执行万亿次甚至是百万亿次浮点运算能力的计算机，并行计算是满足它们实际需求的可行途径，进一步催生了并行计算机的产生。除了大规模科学与工程计算应用外，微电子技术与大规模集成电路的迅猛发展亦是推进并行计算机产生的另一动力。

1．按时间看并行计算机的发展

20 世纪 70 年代，第一台并行计算机于 1972 年产生（ILLIAC IV，伊利诺依大学），由 64 个处理器组成，可扩展性好，但可编程性差。1976 年向量机 Cray-1 投入运行，以 Cray-1 为代表的向量机称雄超级计算机界十余年。Cray-1 编程方便，但可扩展性较差。

20 世纪 80 年代，并行计算机的发展进入百家争鸣的阶段，早期以多指令多数据流 MIMD（Multiple Instruction stream Multiple Data stream）并行计算机为主；中期出现了具备对称式多处理器（Symmetrical Multi-Processor，SMP）的共享存储多处理机（Shared-Memory Multi-Processors），这种处理机在一台计算机上汇集了一组处理器，即多个 CPU，各 CPU 之间共享内存子系统以及总线结构，这是一种相对非对称多处理技术而言的、应用十分广泛的并行技术，其思路是各处理器对称共享内存及计算机的其他资源，由单一操作系统管理，极大地提高了整个系统的数据处理能力，但扩展性、可靠性较差，容易出现内存访问瓶颈；后期出现了具有强大计算能力的并行计算机，如通过二维 Mesh 连接的 Meiko（Sun）系统，超立方体连接的 MIMD 并行计算机，共享存储向量多处理机 Cray Y-MP 等，种类繁多。

20 世纪 90 年代，并行计算体系结构框架趋于统一，以分布式共享存储 DSM（Distributed Shared Memory）、大规模并行处理结构 MPP（Massively Parallel Processing）、工作站集群 COW（Cluster of Workstations）为代表。这期间，并行计算机的发展思路是让每个节点越来越独立，最后达到每个节点都是一个完整的工作站，有独立的硬盘与 UNIX 系统；节点间通过低成本的网络（如千兆以太网）连接。COW 的典型代表是 Beowulf cluster 集群，COW 与 MPP 之间的界线越来越模糊。

2000 年至今，并行计算得到了前所未有的大踏步发展。并行计算机以 COW 为原型的由大规模商用普通 PC 机构成的集群为主，如 Cluster 集群、Constellation 星群和 MPP 都是以集群为基本架构。Cluster 集群中每个节点包含多个商用处理器，节点内部共享存储；采用商用集群交换机通过前端总线连接节点，节点分布存储；各个节点采用 Linux 操作系统、GNU 编译系统和作业管理系统。Constellation 星群中每个节点都是一台子并行计算机，采用商用集群交换机通过前端总线连接节点，节点采用分布存储，各个节点运行专用的操作系统、编译系统和作业管理系统。并行计算机各个年代的发展如图 5-5 所示。

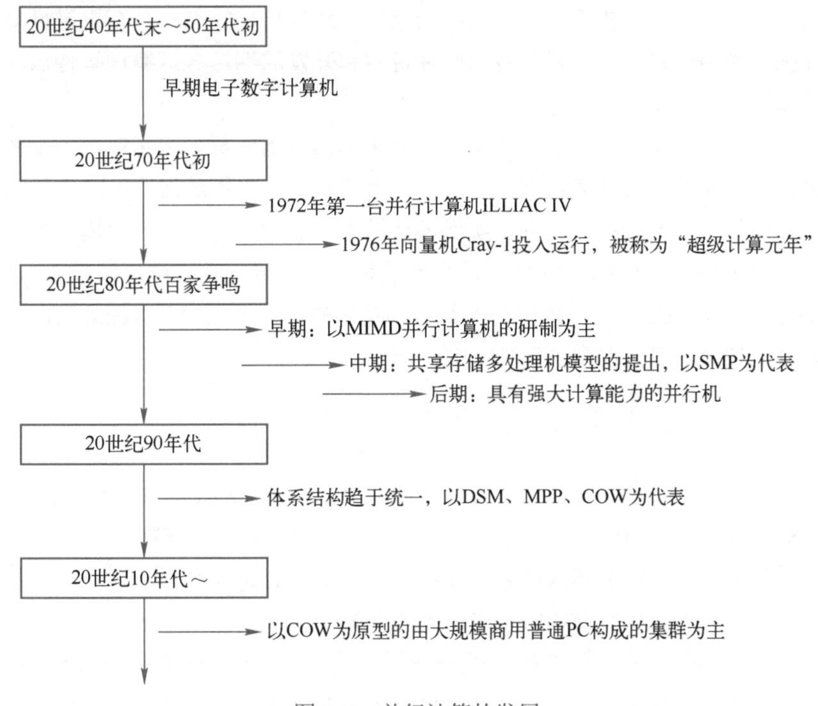

图 5-5　并行计算的发展

注：COW 又简称为集群（Cluster），集群是在一组计算机上运行相同的软件并虚拟成一台主机的系统，它为客户端与应用提供服务。这类机型的技术起点比较低，用户甚至可以自己将一些服务器或微机通过以太网连接起来，配以相应的管理、通讯软件来搭建集群。但是如果要构造高性能、结构合理并具有好的远程访问服务（Remote Access Service，RAS）特性的集群却不是一件容易的事情。几乎所有的国内、外计算机厂商都有自己的集群产品，如 IBM 的红杉和米拉、国防科技大学研制的天河系列及曙光的星云系列等。

2. 按应用特点看并行计算机的发展

并行计算机的发展历程也可以简单地分为两个时代。

1）专用时代。包括向量机、MPP 系统、SGI NUMA 系统、SUN 大型 SMP 系统，也包括我国的神威、银河、曙光 1000 等。之所以称为“专用”，并不是说它们只能运行某种应用，是指它们的组成部件是专门设计的，它们的 CPU 板、内存板和 I/O 板，甚至操作系统，都是不能在其他系统中使用。

2）普及时代。高性能计算机价格下降，应用门槛降低，应用开始普及。两个技术趋势起到重要作用。其一是商品化趋势使得大量生产的商品部件性能接近了高性能计算机专有部件，标准化趋势使得这些部件之间能够集成到一个系统中，其中 X86 处理器、以太网、内存部件、Linux 操作系统的出现和发展都起到决定性作用。其二是目前高性能计算机的主流体系结构之一是集群系统，它的技术基础和工业基础都实现了工业标准化，性价比非常高。

由于向量机和 MPP 受研制费用高、售价高等因素的影响，其市场受到一定的限制；SMP 由于共享结构的限制，系统的规模不可能很大；而集群系统性价比较高，具有投资风险小、结构灵活、可扩展性强、通用性好、可继承现有软硬件资源和开发周期短、可编程等特点，成为主流并行计算机的发展趋势。

云计算所需要的最基本的硬件就是大量串联起来的服务器集群。为了解决大量密集的服务器串联带来的主机散热问题，云计算数据中心通常采用“货柜式”摆放法，即将大量的服务器集群规整地摆放在类似集装箱的机柜里。为了实现云计算平台的效用性，对大规模服务器集群必须采用具有大规模、可伸缩性、数据可重复性以及容错和平衡负载等特性的串联技术。例如 Google 的 Atlanta 数据中心与 Dallas 的数据中心都是互为备份的，为了维护服务器之间的负载平衡，将计算工作平均分配到服务器集群中去。

5.1.4 并行计算与分布式计算

并行计算、分布式计算都属于高性能计算（High Performance Computing，HPC）范畴，主要目的都是对大数据进行分析和处理，都是利用并行来获得更高性能的计算——把大任务分为 n 个小任务。这也使得很多人一直分不清两者之间的关系，但二者之间存在很多差异，我们需要了解两者的原理、特点和运用的场合，这对于云计算的理解大有裨益。

这里首先简要介绍一下分布式计算的概念。分布式计算主要研究分散系统（Distributed System）如何进行计算。分散系统是一组计算机通过计算机网络互连后形成的系统。分布式计算可以把程序放在最适合运行它的计算机上运行，实现共享稀有资源和平衡负载，这也是分布式计算的核心思想之一。

并行计算是相对于串行计算来说的，并行计算主要目的是加速求解问题的速度和提高求解问题的规模。并行计算强调时效性和海量数据处理，各任务之间的独立性弱，而且关系密切，每个节点之间的任务时间要同步。即并行程序并行处理的任务包之间有很大的联系，并且并行计算的每一个任务块都是必要的，没有浪费的、分割的，就是每个任务包都要处理，而且计算结果相互影响，这就要求每个计算结果要绝对正确。

分布式计算是相对于集中式计算来说的。分布式计算的任务包相互之间有独立性，上一个任务包的结果未返回或者是结果处理错误，对下一个任务包的处理几乎没有什么影响。分布式计算的实时性要求不高，并且允许存在计算错误（因为每个计算任务给好几个参与者计算，上传结果到服务器后要比较结果，然后对结果差异大的进行验证）。也就是说，分布式计算不强调时效性，各任务之间相互独立，所以节点节可以没有通信，即无网络信息传输。每个节点之间的任务执行时间没有限制。

典型的分布式计算，如分析计算蛋白质的内部结构和相关药物的 Folding@home 项目，该项目结构庞大，需要惊人的计算量，由一台计算机计算是不可能完成的。因此，该项目通过分布式计算技术把需要进行大量计算的工程数据分区成小块，分配给多台计算机分别计算，在各台计算机上传运算结果后，将结果统一合并得出数据结论。因此，有人认为分布式计算是并行计算的一种特例。

分布式计算中，很多任务块可以不处理，即有大量的无用数据块。因此，分布式计算的速度尽管很快，但真正的“效率”是低之又低的。分布式要处理的问题一般是基于“寻找”模式的。所谓的“寻找”，就相当于穷举法。为了尝试到每一个可能存在的结果，一般从 0～n（某一数值）被逐个的测试，直到找到所要求的结果。事实上，为了易于一次性探测到正确的结果，可以假设结果是以某个特殊形式开始的。在这种类型的搜索里，也许一开始就找到答案，也许到最后才找到答案，即分布式计算中可能一直在寻找答案，但有可能永远都找不到，也可能一开始就找到了。而并行计算的任务包个数相对有限，在一个有限的时间应该是可能完成的。

分布式计算程序的编写一般用是 C++或 Java，基本不用 MPI 接口。并行计算编程采用 MPI 或者 OpenMP。

5.1.5 并行计算与云计算

云行在天，云计算的横空出世少不了其他技术的支持，云计算是并行计算技术、大数据技术和网络技术发展的必然结果。

云计算需要解决：计算资源的透明虚拟化和弹性化、内存储资源的透明虚拟化和弹性化、外存储资源的透明虚拟化和弹性化、数据安全的保障、向开发者提供完善的 API 并实现终端用户向云计算的平滑过渡。云计算将一切隐在云端，普通用户不再关心数据存在哪里、数据的安全、应用程序是否需要升级、计算机病毒的危害，这一切的工作都由云计算负责解决，普通用户要做的就是从自己喜爱的云计算服务商处购买自己需要的服务，并为之付费。云计算使普通用户有了享受高性能计算的机会，因为云计算中心几乎可以提供无限的计算能力，计算的弹性化和存储的弹性化是云计算的重要特征。

云计算的计算能力的实现是从计算机的并行化开始的，即把多个计算机并联起来，从而获得更快的计算速度，这是一种很简单也很朴素的实现高速计算的方法，也被证明是相当成功的方法。

大规模并行计算机出现后，以其为基础的云计算服务器集群的服务器数量是以万、十万甚至更高的单位计数，在这样巨大的集群规模下，云计算面临两个重要问题：昂贵的系统部署费用和不可忽视的节点失效问题。在云计算环境中，云计算的计算力和存储力可随着需求改变，即云计算是按需使用的。这种理念同时也适用于云计算对服务器的要求，在云计算时代人们不再追求服务器的高性能、全配置，“能用就行”成了云计算时代的对服务器的要求。因此云计算的基础架构采用了以 COW 为原型的由大规模商用普通 PC 机（大大降低了服务器的硬件成本）为主构成的集群体系架构，这一体系架构正是并行计算机 2000 年后最基本的结构模型。

由于服务器的大量集中，服务器的失效成为经常的事情，传统的架构对于单点失效是很敏感的，而在云计算架构下单点失效成为系统认可的常态，任何的单点失效都不会影响系统对外提供服务。即云计算在构建系统架构时就将系统节点的失效考虑了进去，实现了基于不可信服务器节点的云计算基础架构。将服务器失效作为云计算系统的服务器集群模型是符合实际情况的，这种情况下单个服务器可以看作是不可信的节点，在系统设计时必须要将不可信服务器节点的失效屏蔽在系统之内，不向开发者和普通用户传递。在将服务器失效作为常态的服务器集群模型下，数据的安全性通过副本策略得到了保证。

5.2 云计算基础架构——集群技术

集群架构是当前高性能计算的主流架构，也是大数据领域的主流架构，集群技术是支撑云计算与大数据系统的重要技术。

5.2.1 集群的基本概念

集群是一组独立的计算机（节点）的集合体，节点间通过高性能的网络相连接，各节点除了作为一个单一的计算资源供用户使用外，还可以协同工作，并表示为一个单一的、集中的计算资源，供并行计算任务使用。集群是一种造价低廉、易于构建并且具有较好可扩展性的体系结构。集群具有以下重要特征。

1）集群中的各个节点都是一个完整的计算机系统，节点可以是工作站，也可以是 PC 或对称多处理器 SMP。

2）网络连接上通常使用如以太网、FDDI、光纤等商用网络设备，部分商用集群也采用专用网络互联。

3）网络接口与节点的 I/O 总线松耦合相连。

4）各节点具有本地磁盘。

5）各节点有自己的独立的操作系统。

集群系统的设计中要考虑 5 个关键问题。

1）可用性：集群系统有一个提供可用性的中间层，它使集群系统可以提供检查点、故障接管、错误恢复以及所有节点上的容错支持等服务。从而可以充分利用集群系统中的冗余资源，使系统在尽可能长的时间内为用户服务。

2）单一系统映像 SSI（Single System Image）：集群系统与一组互联工作站的区别在于，集群系统可以表示为一个单一系统。集群系统中也有一个单一系统映像的中间层，它通过组合各节点上的操作系统提供对系统资源的统一访问。

3）作业管理（Job Management）：因为集群系统需要获得较高的系统使用率，集群系统上的作业管理软件需要提供批处理、负载平衡、并行处理等功能。

4）并行文件系统 PFS：由于集群系统上的许多并行应用要处理大量数据，需进行大量的 I/O 操作，而这些应用要获得高性能功效，就必须要有一个高性能的并行文件系统。

5）高效通信（Efficient Communication）：集群系统比 MPP 机器需要一个更高效的通信子系

统，因为集群系统的节点复杂度高，节点间的连接线路比较长，带来了较高的通信延迟，同时也带来了可靠性、时钟扭斜（Clock Shew）和串道（Cross-Talking）等问题。

5.2.2 集群系统的分类

一个理想的集群系统从来不会让用户意识到它的底层存在众多的节点。在用户看来，集群就是一个单独的计算机系统，而非由多个计算机系统构成。并且集群系统的管理员可以随意增加和删改集群系统的节点而用户并无感知。

集群系统按功能和结构可以分为如下四类。

（1）高可用性集群系统

高可用性集群系统通常通过备份节点的使用来实现整个集群系统的高可用性，活动节点失效后备份节点自动接替失效节点的工作。高可用性集群系统就是通过节点冗余来实现的，一般这类集群系统主要用于支撑关键性业务，保证关键性业务的不间断服务。

（2）负载均衡集群系统

负载均衡集群系统中所有节点都参与工作，系统通过管理节点（利用轮询算法、最小负载优先算法等调度算法）或利用类似一致性哈希等负载均衡算法实现整个集群系统内负载的均衡分配。

（3）高性能集群系统

高性能集群系统主要是追求整个集群系统强大的计算能力，其目的是完成复杂的计算任务，在科学计算中常用的集群系统就是高性能集群系统，目前物理、生物、化学等领域有大量的高性能集群系统提供服务。

（4）虚拟化集群系统

在虚拟化技术得到广泛使用后，人们为了实现服务器资源的充分利用和切分，将一台服务器利用虚拟化技术分割为多台独立的虚拟机使用，并通过管理软件实现虚拟资源的分配和管理。这类集群系统称为虚拟集群系统，其计算资源和存储资源通常是在一台物理机上。利用虚拟化集群系统可以实现虚拟桌面技术等云计算的典型应用。

目前基于集群系统结构的云计算系统和大数据系统往往是几类集群系统的综合，它既需要满足高可用性的要求又尽可能地在节点间实现负载均衡，同时也需要满足大量数据的处理任务。Hadoop、HPCC（High Performance Computing Cluster，高性能计算集群）这类大数据系统中，前三类集群系统的机制都存在，而在基于虚拟化技术的云计算系统中采用的往往是虚拟化集群系统。

5.2.3 集群文件系统

信息记录方式可以说一直伴随着人类历史的发展，在云计算技术的发展过程中，文件系统的发展是其中的重要组成部分，数据的存储方式对云计算系统架构有着重要的影响。传统的存储方式一般是基于集中部署的磁盘阵列，这种存储方式结构简单使用方便，但数据的集中存放在数据使用时不可避免地会出现数据在网络上的传输，这给网络带来了很大的压力。

随着大数据技术的出现，面向数据的计算成为云计算系统需要解决的问题之一，集中的存储模式更是面临巨大的挑战，计算向数据迁移这种新的理念使集中存储风光不再，集群文件系统在这种条件下应运而生。目前常用的 HDFS、GFS、Lustre 等文件系统都属于集群文件系统。

集群文件系统存储数据时并不是将数据放置于某一个节点存储设备上，而是将数据按一定的策略分布式地放置于不同物理节点的存储设备上。集群文件系统将系统中每个节点上的存储空间进行虚拟的整合，形成一个虚拟的全局逻辑目录，在进行文件存取时依据逻辑目录按文件系统内在的存储策略与物理存储位置对应，从而实现文件的定位。集群文件系统相比传统的文件系统要复杂，它需要解决在不同节点上的数据一致性问题及分布式锁机制等问题，所以集群文件系统一直是云计算技术研究的核心内容之一。

集群文件系统分为多种类型，按照对存储空间的访问方式，可分为共享存储型集群文件系统和分布式集群文件系统，前者是多台计算机共享同一存储空间，并相互协调共同管理其上的文件，又被称为共享文件系统；后者则是每台计算机各自提供自己的存储空间，并各自协调管理所有计算机节点中的文件。Veritas 的 CFS，昆腾 Stornext，中科蓝鲸 BWFS，EMC 的 MPFS，属于共享存储型集群文件系统；而 HDFS、GFS、Gluster、Ceph、Swift 等互联网常用的大规模集群文件系统都属于分布式集群文件系统。分布式集群文件系统可扩展性更强，目前已知最大可扩展至 10K 个节点的规模。

按照元数据的管理方式，集群文件系统可分为对称式集群文件系统和非对称式集群文件系统。对称式集群文件系统的每个节点的角色均等，共同管理文件元数据，节点间通过高速网络进行信息同步和互斥锁等操作，典型代表是 Veritas 的 CFS；而非对称式集群文件系统中，有专门的一个或者多个节点负责管理元数据，其他节点需要频繁与元数据节点通信以获取最新的元数据，如目录列表文件属性等，典型代表有 HDFS、GFS、BWFS 等。对于一个集群文件系统的构成方式，可以是分布式+对称式、分布式+非对称式、共享式+对称式、共享式+非对称式，两两任意组合。

按照文件访问方式来分类，集群文件系统还可分为串行访问式和并行访问式，后者又被称为并行文件系统。串行访问是指客户端只能从集群中的某个节点来访问集群内的文件资源，而并行访问则是指客户端可以直接从集群中任意一个或者多个节点同时收发数据，做到并行数据存取，提升速度。HDFS、GFS、pNFS 等集群文件系统都支持并行访问，但需要安装专用客户端，传统的 NFS/CFS 客户端不支持并行访问。

5.3 并行计算的分类

并行计算分为时间上的并行和空间上的并行。时间上的并行就是指流水线技术（Pipeline），流水线技术是指在程序执行多条指令时，重叠进行操作的一种准并行处理实现技术。空间上的并行是指用多个处理器并发地执行计算。其中，并行计算主要研究的是空间上的并行问题。

并行计算技术在发展过程中出现了各种不同的技术方法，同时也出现了不同的分类方法，包括按指令和数据处理方式的 Flynn 分类、按存储访问结构的分类、按应用计算特征的分类等，以下进行简要介绍。

5.3.1　按 Flynn 分类

斯坦福大学教授 Michael J.Flynn 于 1972 年提出了经典的计算机结构分类方法，从最抽象的指令和数据处理方式进行分类，通常称为 Flynn 分类方法。Flynn 分类方法关注的是指令流（Instruction Stream）、数据流（Data Stream）和多倍性（Multiplicity），按照 Flynn 分类方法，空间上的并行计算可分为两类，单指令多数据流和多指令多数据流，如图 5-6 所示。

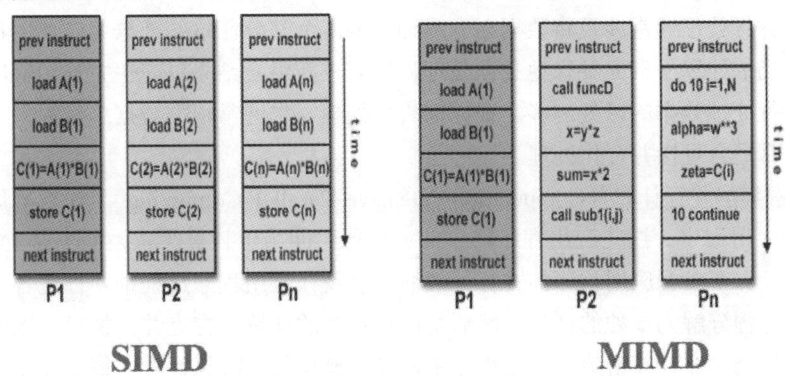

图 5-6　并行计算按 Flynn 分类

1）单指令多数据流（Single Instruction stream Multiple Data stream，SIMD）。是一种采用一个控制器来控制多个处理器，同时对一组数据（又称“数据矢量”）中的每一个数据分别执行相同的操作，从而实现空间上的并行技术。SIMD 实现了数据级并行技术，其典型代表是向量处理器（Vector Processor）和阵列处理器（Array Processor）。

SIMD 技术的关键是在 1 条单独的指令中同时执行多个运算操作，以增加处理器的吞吐量。为此，SIMD 结构的 CPU 有多个执行部件，但都在同一个指令部件的控制之下，中央控制器向各个处理单元发送指令，整个系统只要求有一个中央控制器，只要求存储一份程序，所有的计算都是同步的。现在用的单核计算机基本上都属于 SIMD 机。

2）多指令多数据流（Multiple Instruction stream Multiple Data stream，MIMD）。在任何时钟周期内，不同的处理器可以在不同的数据片段上执行不同的指令，即同时执行多个指令流，而这些指令流分别对不同数据流进行操作。MIMD 是使用多个控制器来异步地控制多个处理器，能实现作业、任务、指令、数组各级全面并行的多机系统。最新的多核计算平台都属于 MIMD 的范畴，如 Intel 和 AMD 的双核处理器等都属于 MIMD。

常用的串行机采用的是单指令单数据流（Single Instruction stream Single Data stream，SISD），如图 5-7 所示。它只包含一个中央处理的常用系统，如 WorkStation 和单个计算服务器，它并不是一个并行系统。SISD 其实就是传统的顺序执行的单处理器计算机，其指令部件每次只对一条指令进行译码，并只对一个操作部件分配数据。流水线方式的单处理机有时也被当成 SISD。SISD 的硬件不支持任何形式的并行计算，所有的指令都是串行执行。早期的计算机都是 SISD 机器，如 IBM 的 PC 机。

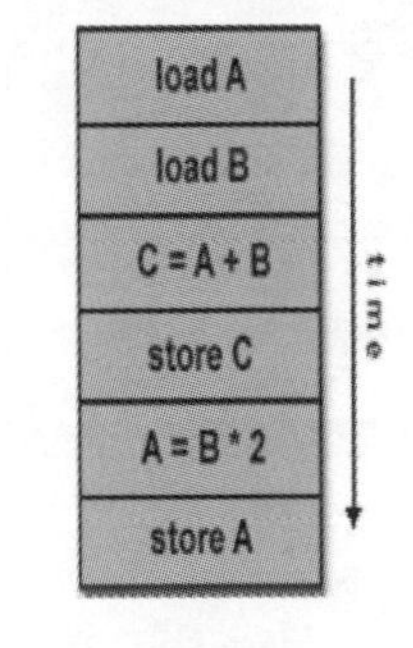

图 5-7　单指令数据流

5.3.2 按应用的计算特征分类

按照应用的计算特征，可将并行计算分为以下两类。

1）数据密集型并行计算（Data-Intensive Parallel Computing），它使用数据并行方法处理大数据（通常为 TB 或 PB 级）。数据密集型并行计算用于描述 I/O 绑定的应用程序或需要处理大量数据的应用程序，这些应用程序将其大部分处理时间用于 I/O 以及数据的移动和处理。对数据密集型应用程序的并行处理通常涉及将数据划分或细分为多个部分，这些部分可以使用相同的可执行应用程序在适当的计算平台上并行地独立处理，然后重新组合结果以产生完整的输出数据。数据总量越大，并行处理数据的好处越多。数据密集型处理需求通常根据数据总量的大小线性地进行缩放，并且非常适合直接并行化处理。

2）计算密集型并行计算（Computation-Intensive Parallel Computing），计算密集型是用来描述计算绑定的应用程序。这些应用程序将大部分执行时间用于计算需求，而不是 I/O，通常需要少量的数据。计算密集型应用程序的并行处理通常涉及在应用程序进程中并行化各个算法，并将整个应用程序进程分解为单独的任务，然后可以在适当的计算平台上并行执行，以实现比串行处理更高的整体性能。在计算密集型应用程序中，多个操作是同时执行的，每个操作都会解决问题的特定部分，这通常也称为任务并行。较为传统的高性能计算领域中大部分都是这一类型，如天气预报、高分辨率的核武器数值模拟、图像处理等科学计算。

5.3.3 按结构模型分类

并行计算按结构模型可以分为并行向量处理机 PVP、对称式多处理器 SMP、分布式共享存储器 DSM、大规模并行处理机 MPP 和工作站集群 COW，如图 5-8 所示。

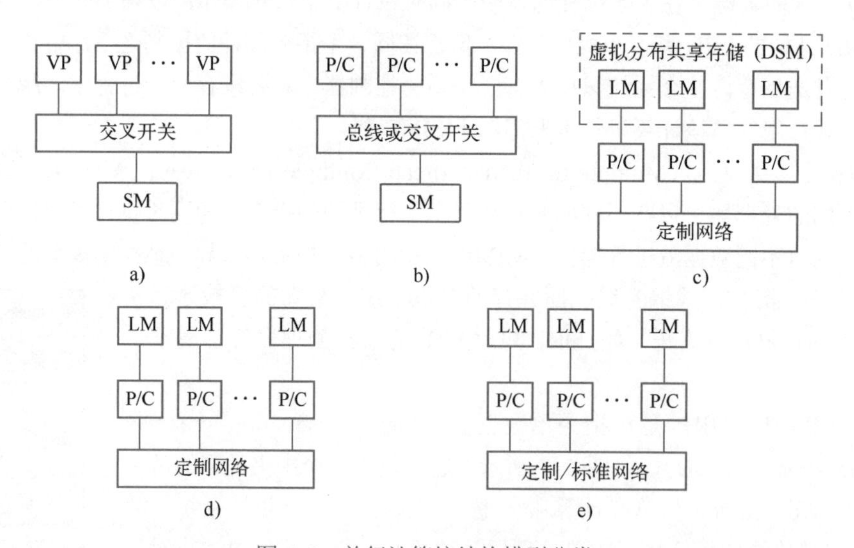

图 5-8 并行计算按结构模型分类

a) PVP b) SMP，物理上单一地址空间 c) DSM，逻辑上单一地址空间

d) MPP，物理逻辑上多地址空间 e) Cluster/COW，物理/逻辑上多地址空间

1. 并行向量处理机 PVP

并行向量处理机（Parallel Vector Processor，PVP）是并行结构模型的一种，包含为数不多、功能强大的定制向量处理器。定制高带宽纵横交叉开关及高速的数据访问模型。通常不使用高速缓存，而是使用大量的向量寄存器及指令缓存，使得该模型对程序编制的要求非常高。

2. 对称式多处理器 SMP

对称式多处理器（Symmetrical Multi-Processor，SMP）共享存储，即任意处理器可直接访问任意内存地址，且访问延迟、带宽、概率都是等价的，系统是对称的。微处理器一般少于 64 个，处理器有限的原因是总线和交叉开关一旦做成就难于扩展。典型代表有 IBM R50、SGI Power Challenge、SUN Enterprise 和曙光一号等。

3. 分布式共享存储器 DSM

分布式共享存储器（Distributed Shared Memory，DSM）也是共享存储，即逻辑上（用户）是共享存储的，但内存模块物理上分布于各个处理器内部，这种结构也称为基于 Cache 目录的非一致内存访问（CC-NUMA）结构。这种结构使得局部内存与远程内存访问的延迟和带宽不一致。DSM 的微处理器可以有 16～128 个，典型代表有 SGI Origin 2000、Cray T3D 等。

DSM 以节点为单位，每个节点有一个或多个 CPU；采用专用的高性能互联网络连接；采用分布式存储，即内存模块分布在每个节点中，采用单一内存地址空间，即所有内存模块都由硬件进行统一编址，各个节点既可以直接访问局部内存单元，又可以直接访问其他节点的局部内存单元；单一的操作系统；DSM 可扩展到上百个节点。

DSM 与 SMP 的主要区别是 DSM 在物理上有分布在各个节点的局部内存，但逻辑上形成一个共享的存储器。

4. 大规模并行处理机 MPP

大规模并行处理机（Massively Parallel Processor，MPP）在物理和逻辑上都是采用分布内存，因此能扩展其结构至成百上千个处理器（微处理器或向量处理器）。但其采用的是高通信带宽和低延迟的互联网络，需要专门设计和定制。典型代表有 CRAY T3E（2048）、ASCI Red（3072）、IBM SP2、曙光 1000 等。

MPP 每个节点相对独立，有一个或多个微处理器；每个节点均有自己的操作系统和自己独立的内存，避免了内存访问瓶颈，但各个节点只能访问自己的内存模块，因此扩展性较好。

MPP 是一种异步结构的 MIMD，即程序系统由多个进程组成，每个进程都有其私有地址空间，进程间采用传递消息相互作用。

5. 工作站集群 COW

工作站集群 COW 也称为 NOW（Network of Workstations）。COW 的每个节点都是一个完整的工作站（计算机），有独立的硬盘与操作系统（如 UNIX）；各个节点间通过高性能网络或低成本的网络（如千兆以太网）相互连接，网络接口和 I/O 总线松耦合连接，每个节点安装消息传递软件，实现通信和负载平衡等。COW 的典型代表是 Beowulf cluster 微机集群。目前 COW

（NOW）与 MPP 之间的界线越来越模糊。COW 典型代表有曙光 3000 和 4000、ASCI Blue Mountain 等。

5.4 并行计算相关技术

并行计算的主要思想是将复杂问题分解成若干个部分，将每一个部分交给独立的处理器（计算资源）进行计算。针对不同的问题，并行计算需要专用的并行架构、独立的算法设计和特殊的编程模型等特殊技术。要实现并行计算的可行化，就要使用多种技术对并行计算的运行环境进行设计和开发。

5.4.1 并行计算的关键技术

并行计算的基本条件包括硬件（并行计算机）、并行算法设计和并行编程环境。目前，并行计算的关键技术主要包括四部分：体系结构、算法设计与分析、实现技术、应用，如图 5-9 所示。

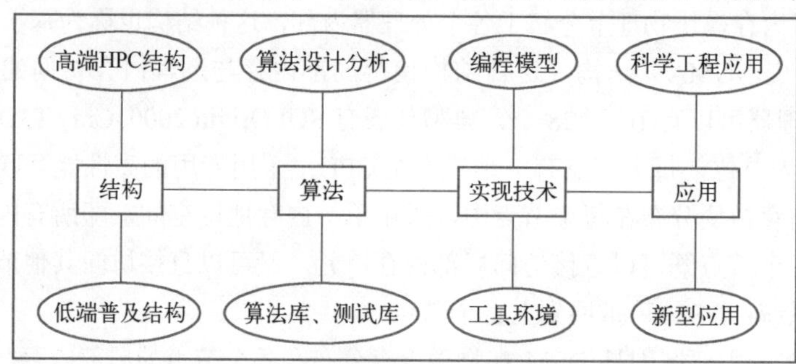

图 5-9 并行计算机的关键技术

1. 并行计算机的体系结构

并行计算机关注两个要点：第一，组成要素，即硬件。并行计算机体系结构组成要素包括节点（Node）、互联网络（Interconnect Network）和内存（Memory）。节点可以由一个或多个处理器组成；互联网络是指连接节点，形成网络环境；内存是指多个存储模块组；第二，结构模型，并行计算机典型的结构模型有 PVP、SMP、DSM、MPP 和 COW，这些结构模型已经在 5.3.3 节已经进行了介绍，这里不再赘述。并行计算机体系结构包含了高端的高性能计算机和低端的普及型计算机。

2. 并行算法设计与分析

并行算法设计与分析包含了并行算法的设计与分析以及算法库和测试库。

并行化的主要思想是分而治之。并行算法的设计思路可以从两个角度出发。

1）作用域分解：根据处理数据的方式，形成多个相对独立的数据区，由不同的处理器分别处理，实现数据并行。

2）任务或功能分解：根据初始问题的求解过程，把任务分成若干子任务，每个子任务完成全部工作的一部分，实现任务级并行或功能并行。这一过程要关注被完成的计算而不是操作数据的计算。任务或功能分解过程如图 5-10 所示。

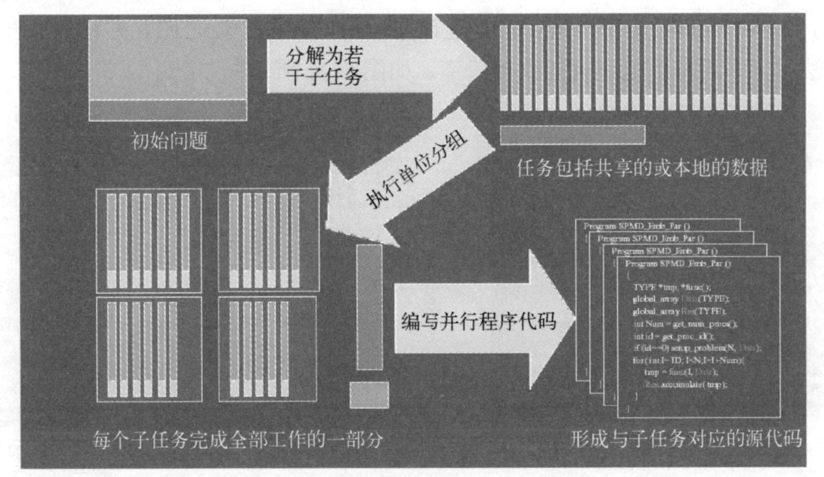

图 5-10　任务或功能分解的过程

并行算法是适合在并行计算机上实现的算法，好的并行算法应充分发挥并行计算机的潜在性能。并行程序设计模型（Parallel Program Model）是一种程序抽象的集合，是建立在硬件和内存体系结构层次之上的概念。比较常用的程序设计模型有：消息传递模型、共享变量（存储）模型和数据并行模型。

3．并行实现技术

并行实现技术可分为三类，分别是线程库、消息传递库和编译器支持。线程库（如 POSIX* 线程和 Windows* API 线程）可实现对线程的显性控制；如果需要对线程进行精细管理，可以考虑使用这些显性线程技术。借助消息传递库（如消息传递接口 MPI），应用程序可同时利用多台计算机，它们彼此间不必共享同一内存空间。

并行实现技术包括编程实现和性能优化，它包含了并行编程模型以及并行编程的环境工具。

并行编程环境主要有操作系统与编程语言。并行计算机主流操作系统有：UNIX/Linux。如 IBM 的 AIX、HP 的 HPUX、Sun 的 Solaris、SGI 的 IRIX 都是 UNIX 的变体。并行计算的编程语言有 Fortran 77/90/95 或 C/C++。

4．并行计算的应用

并行计算的应用包含了科学工程应用和各种新型的应用，如天气预报、核科学、石油勘探、地震数据处理、飞行器数值模拟等等。

5.4.2　并行计算的性能估算

并行计算的性能主要从两个方面进行评价：加速比和并行效率。

1）加速比（Speedup）：同一个任务在单处理器系统和并行处理器系统中运行消耗的时间的比率，用来衡量并行系统或程序并行化的性能和效果，其公式计算如下。

$$\text{Speedup}=T_1/T_N$$

其中，Speedup 是加速比，T_1 是单处理器下的运行时间，T_N 是在有 N 个处理器并行系统中的运行时间。

2）并行效率（Parallel Efficiency）：加速比与所用处理机个数之比。并行效率表示在并行机执行并行算法时，平均每个处理机的执行效率。如图 5-11 所示。

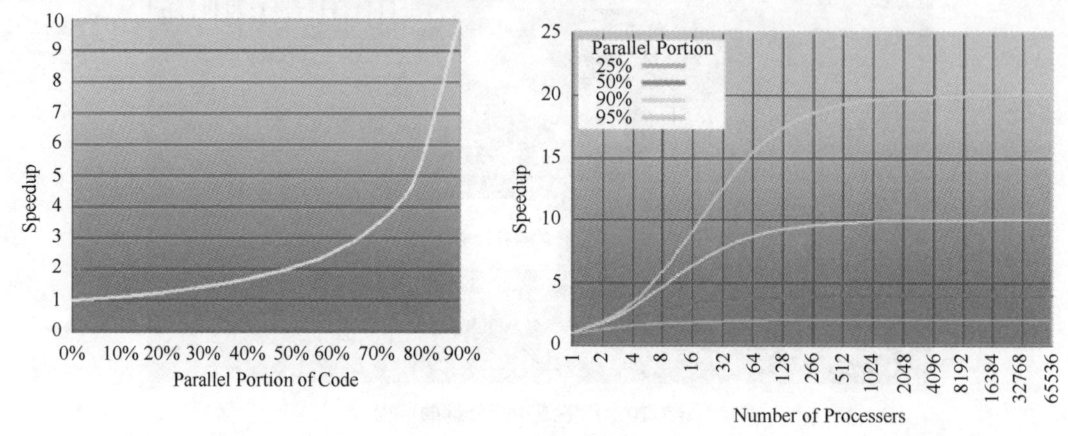

图 5-11 并行效率图

从图 5-11 左边（Parallel Portion of Code，代码并行部分）可以看到，加速比随着并行代码的百分比逐渐增大，只有并行程序代码达到 95%以上，加速比才比较理想，其并行效率才能充分发挥出来。如果程序的并行代码只有 25%，其并行效率基本上等于无，即使有再多的处理器也无用。从图 5-11 右边可以看到两个重要点，一是并行程序代码达到 95%和并行程序代码达到 90%，加速比差别很大，所以其并行效率会差好多数量级；二是当处理器的数量达到 1000 个节点时，后面即使再增加处理器，加速比也不再发生变化，即其并行效率也不再提高。

从以上可以看到，要为有 1000 个处理器的计算机编写一个完全异构（MIMD）的并行程序并不容易。

5.5 并行程序设计——MPI 编程

目前，并行计算的代表性技术是消息传递接口 MPI（Message Passing Interface）。MPI 提出了一种基于消息传递的函数接口描述，但 MPI 本身并不是一个具体的实现，只是一种标准描述。我们从 Hadoop 中能找到很多 MPI 的影子，如 Hadoop 中文件系统和 Map/Reduce 处理是主从结构的，而主从结构是 MPI 并行程序的一种重要设计方法。因此了解并行计算时代的程序设计方法 MPI 对理解云计算中的一些技术基础和理念是有好处的，所以后续将介绍采用 MPI 进行并行程序设计的核心技术，使读者能由并行计算进入云计算。

5.5.1 MPI 简介

并行程序设计方式主要有三种。

1）设计全新的并行语言，其优点是并行程序实现简单、方便；缺点是没有统一的标准，设计语言的难度和工作量都很大。

2）扩展串行语言语法，使其支持并行特征。其思路是将串行语言的并行扩充部分作为原来串行语言的注释（标注），对串行编译器来说，并行扩充部分将不起作用，而对于并行编译器来说，会根据标注要求将串行程序转化为并行程序。其优点是相对于设计全新的并行语言，难度有所降低；缺点是需要重新开发编译器。

3）为串行语言提供可调用的并行库。其优点是无须重新开发编译器，开发者只需要在串行程序中加入对并行库的调用，就可以实现并行程序的设计。从以上解释可以看到，对串行语言的改动越大，实现难度越大。并行语言的实现方式和实现难度的关系如图 5-12 所示。

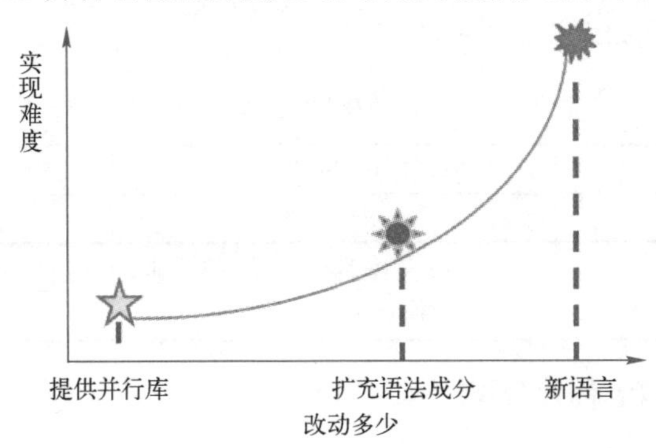

图 5-12　并行语言的实现方式和实现难度的关系图

目前最常采用的是提供并行库和扩充语法成分的方式来进行并行程序设计。消息传递接口（Message Passing Interface，MPI）并行程序设计采用提供并行库的方式，它是消息传递函数库的标准规范。MPI 是一种新的库描述，不是一种语言。MPI 是一种标准或规范的代表，而不是特指某一个对它的具体实现。MPI 是一种消息传递编程模型，并成为这种编程模型的代表和事实上的标准。它由 MPI 论坛开发，支持 Fortran、C 和 C++。

消息传递并行程序设计要求用户必须通过显式地发送和接收消息来实现处理机间的数据交换。每个并行进程均有自己独立的地址空间，相互之间访问不能直接进行，必须通过显式的消息传递来实现。这种编程方式是大规模并行处理机（MPP）和集群（Cluster）采用的主要编程方式。由于消息传递程序设计要求用户很好地分解问题，组织不同进程间的数据交换，因此并行计算粒度大，特别适合于大规模可扩展并行算法。目前，消息传递是并行计算领域的一个非常重要的并行程序设计方式。

设计 MPI 的目标是。

- 提供应用程序编程接口。
- 提高通信效率。包括避免存储器到存储器的多次重复拷贝，允许计算和通信的重叠。
- 可在异构环境下提供实现。
- 提供的接口可以方便 C 语言和 FORTRAN 77 的调用。
- 提供可靠的通信接口。即用户不必处理通信失败。
- 接口设计应是线程安全的（允许一个接口同时被多个线程调用）。
- 接口的语义是独立于语言的。

MPI 具有以下特点。

- 基于消息传递的通信机制。

● 结合串行语言的并行库。

● 支持 Fortran、C 和 C++常用串行语言。

● 可移植性好。

● 程序设计方式灵活、简单。MPI 提供了一种与语言和平台无关，可以被广泛使用的编写消息传递程序的标准，用它来编写消息传递程序，不仅实用、可移植、高效和灵活，而且和当前已有的实现没有太大的变化（即当前大多数的 MPI 实现都提供了 MPI 的主要功能）。

目前 MPI 的主要实现如表 5-1 所示。

表 5-1　MPI 的主要实现

实现名称	研制单位	网址
MPICH	Argonne & MSU	http://www.mpich.org/
OpenMPI	一些大学，科研机构，以及大型企业	http://www.open-mpi.org/
LAM	Ohio State University	http://www.lam-mpi.org/

5.5.2　一个简单的 MPI 程序实现

在编写 MPI 程序时，通常需要回答两个问题：一是任务由多少个进程来进行并行计算。二是要清楚各节点上运行的是哪个进程。

下面首先以 C 语言的形式给出一个最简单的 MPI 并行程序。该程序的任务是在终端打印出“Hello World!”字样。程序代码文件 Hello.c 如图 5-13 所示。

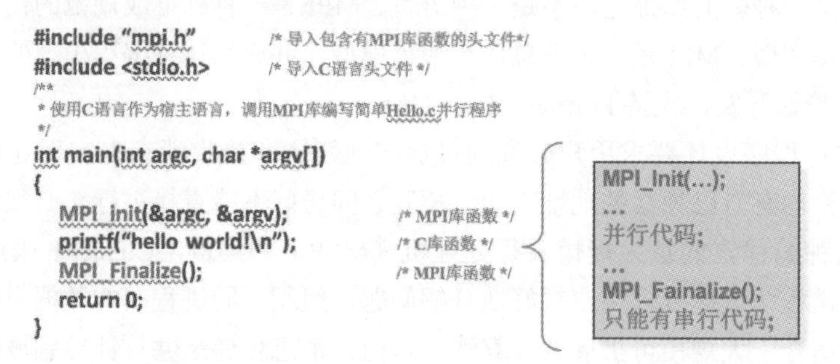

图 5-13　程序代码截图

在编写程序前，首先要清楚 C 和 MPI 函数约定：必须包含 mpi.h 头文件；MPI 函数返回出错代码或 MPI_SUCCESS 成功标志；MPI_前缀，且只有 MPI 以及 MPI_标志后的第一个字母大写，其余小写。

接着实现“Hello World!”的编译与运行。

1）启动机器集群中的 3 个机器节点。

```
[mpi@node1 ~]$ mpdboot -n 3
```

2）编译 Hello.c 程序，生成 Hello.o 程序。

```
[mpi@node1 test3]$ mpicc -o hello.o hello.c
```

3）执行 Hello.o 程序。

```
[mpi@node1 ~]$ mpirun -np 3 test3/hello.o
hello world!
hello world!
hello world!
```

注意：可执行程序 Hello.o 须同时位于 3 个机器节点的 test3 目录下。

“Hello World!”是 SPMD 格式的，它的执行过程如图 5-14 所示。MPI_init()和 MPI_Finalize()之间的代码为并行代码，该并行代码将在所有的节点上执行，由于该并行环境中部署了 3 个节点，所以该并行代码会在三个节点上都运行一次，从而出现三个 Hello world!。注意，MPI_init()和 MPI_Finalize()分别是并行程序的开始函数和结束函数。

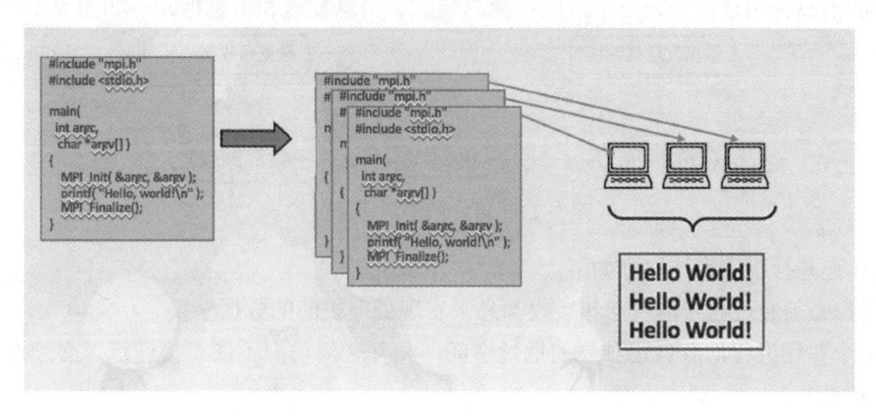

图 5-14 “Hello World!”的执行过程

5.5.3 MPI 消息

在 MPI 程序中，进程间通信所传送的所有信息称为消息（message）。通过消息的传递实现控制整个集群内的所有机器节点进行协同工作，对底层异构系统进行抽象，实现程序可移植性。消息由消息信封和消息内容组成。

1）消息信封指明了发送或接收消息的对象及相关信息。消息信封由源/目的（Destination）、标识（tag）和通信域组成。消息信封的格式类似于信封的封皮，如图 5-15 所示。

目的（Destination）是消息的接收者，由 send 函数参数确定。源（Source）是消息的提供者，由发送进程隐式确定，由进程的 rank 值唯一标识。如果隐含源/目的，就是组通信。

标识是区别同一进程的不同消息，使程序以一种有序的方式处理到达的消息，它是必要的，但不是充分的，因为“tag”的选择具有一定的随意性。MPI 用一个新概念“上下文（context）”对“tag”进行扩展。系统运行时分配，不允许统一配置。如果隐含“tag”，就是组通信，由通信语句的序列决定消息的匹配。

2）消息内容（Data）指明了本消息将要传递的实体数据部分。消息内容由起始地址、数据个数和数据类型组成，如图 5-16 所示。

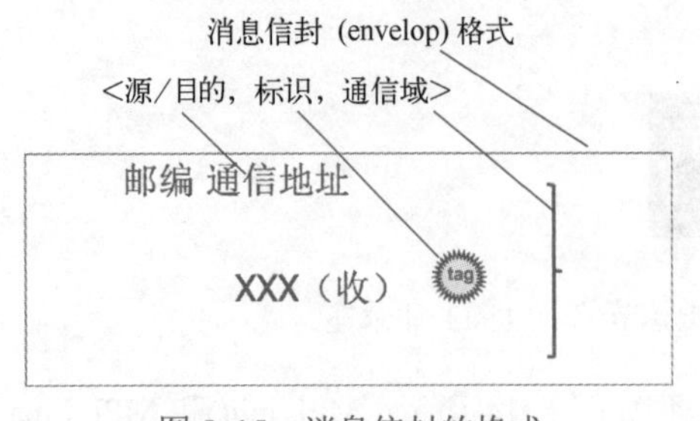

图 5-15　消息信封的格式

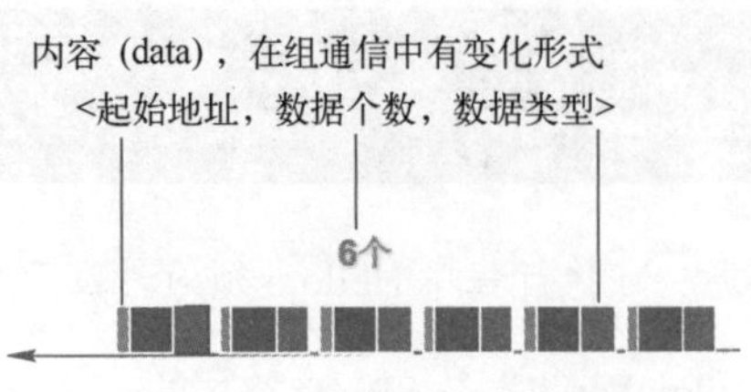

图 5-16　消息内容的组织形式

5.5.4　MPI 的消息传递过程

MPI 的消息传递过程分为三个阶段：消息装配、消息发送和消息拆卸，如图 5-17 所示。

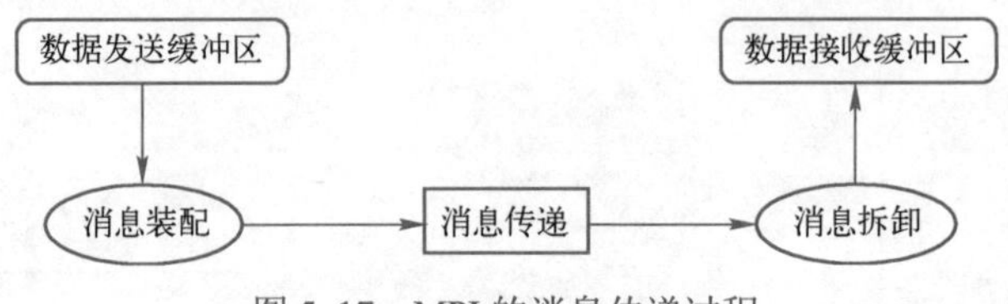

图 5-17　MPI 的消息传递过程

消息传递并行程序设计原则如下。

1）用户必须通过显式地发送和接收消息来实现处理机间的数据交换。

2）每个并行进程均有自己独立的地址空间，相互之间访问不能直接进行，必须通过显式的消息传递来实现。

3）这种编程方式是大规模并行处理机（MPP）和集群（Cluster）采用的主要编程方式。

由于消息传递程序设计要求用户很好地分解问题，组织不同进程间的数据交换，因此并行计算粒度大，特别适合于大规模可扩展并行算法。消息传递是当前并行计算领域的一个非常重要的并行程序设计方式。

5.5.5　MPI 常用基本函数

MPI 调用接口的总数虽然庞大，但根据编写 MPI 的实际经验，常用的 MPI 函数的个数是有限的。下面介绍 6 个最基本的 MPI 函数。

1）MPI_Init：启动 MPI 环境，标志并行代码的开始。函数原型为：

```
int MPI_Init(int *argc, char **argv)
```

它通常是第一个被调用的 MPI 函数，除 MPI_Initialized（测试是否已执行 MPI_Init）外，其余所有的 MPI 函数应该在其后被调用。MPI 通过 argc、argv 得到命令行参数。

2）MPI_Comm_size：获得通信空间 comm 中规定的组包含的进程的数量。函数原型为：

```
int MPI_Comm_size ( MPI_Comm comm, int *size)
```

3）MPI_Comm_rank：得到本进程在通信空间 comm 中的 rank 值，即在组中的逻辑编号（从 0 开始，类似于进程 ID）。函数原型为：

```
int MPI_Comm_rank ( MPI_Comm comm, int *rank)
```

4）MPI_Send：标准阻塞发送消息，函数原型为：

```
int MPI_Send(void *buff, int count, MPI_Datatype datatype, int dest, int tag, MPI_Comm comm)
```

其中，buff 是消息发送缓冲区；count 是指定数据类型 MPI_Datatype 的消息个数，而不是字节数；dest 是发送消息的目的地；tag 是消息标签；comm 是通信空间或通信域。

5）MPI_Recv：标准阻塞接收消息，函数原型为：

```
int MPI_Recv( void *buff, int count, MPI_Datatype datatype, int source, int tag, MPI_Comm comm, MPI_Status *status)
```

其中，buff 是消息接收缓冲区；count 是指定数据类型 MPI_Datatype 的消息个数，不是字节数；source 是发送消息源；Tag 是消息标签；comm 是通信空间或通信域；status 是记录消息接收状态（成功或失败）。

6）MPI_Finalize：标志并行代码的结束，结束除主进程外其他进程。函数原型为：

```
int MPI_Finalize (void)
```

其功能是退出 MPI 环境，所有进程正常退出都必须调用。但串行代码仍可在主进程（rank = 0）上运行，但不能再有 MPI 函数（包括 MPI_Init）。

5.5.6 有消息传递的并行程序

通过前面几节的内容，我们已经清楚在 MPI 程序中，进程间通信是通过传递消息来实现的，为了比较好理解在 MPI 中如何实现消息传递，下述案例程序以 C 语言为宿主语言，结合 MPI 提供的并行库，实现 3 个机器节点并行执行该 MPI 程序的功能，该 MPI 程序是带消息传记递的 Hello 程序。

1. HelloWord.c 程序代码

程序代码如下所示。

```
#include  "mpi.h"
main (int argc, char* argv[])
{
    int  p;                         /*进程数，该变量为各处理器中的同名变量*/
    int  my_rank;                   /*进程 ID，存储是分布的*/
    MPI_Status  status;             /*消息接收状态变量,存储是分布的*/
    char  message[100];             /*消息 buffer，存储是分布的*/

     MPI_Init(&argc, &argv);    /*初始化 MPI*/

      /*该函数被各进程各调用一次，得到自己的进程 rank 值*/
     MPI_Comm_rank(MPI_COMM_WORLD, &my_rank);
```

```
        /*该函数被各进程各调用一次，得到进程数*/
        MPI_Comm_size(MPI_COMM_WORLD, &p);
       if (my_rank != 0)
       {     /*建立消息*/
           sprintf(message, "Hello Word, I am %d!", my_rank);
            /*发送长度取 strlen(message)+1，使\0 也一同发送出去*/
           MPI_Send(message,strlen(message)+1, MPI_CHAR, 0,99, MPI_COMM_WORLD);
       }
       else
       {               /* my_rank == 0 */
            for (source = 1; source <= 2; source++)
            {     /*指定 3 个进程的并行环境*/
                 MPI_Recv(message, 100, MPI_CHAR, source, 99, MPI_COMM_WORLD,
&status);
                 printf("%s\n", message);
            }
       }
    MPI_Finalize();        /*关闭 MPI，标志并行代码段的结束*/
    } /* main */
```

2．HelloWord.c 的编译运行及解析

（1）编译

执行默认生成 a.out 的可执行代码命令：mpicc HelloWord.c。

上面的命令 mpicc 是实现自动生成默认的 a.out 文件。如果想生成自己命名的文件，如生成的文件名为 HelloWord，则可执行代码命令：mpicc –o HelloWord HelloWord.c。

（2）运行

当完成第一步编译后，就可以执行该文件了，其命令为：mpirun –n 3 ./a.out 或 mpirun –n 3 ./HelloWord。

其中，3 是指定执行该并行程序的机器节点数，由用户指定。a.out 或 HelloWord 是要运行的 MPI 并行程序。案例执行过程如图 5-18 所示。

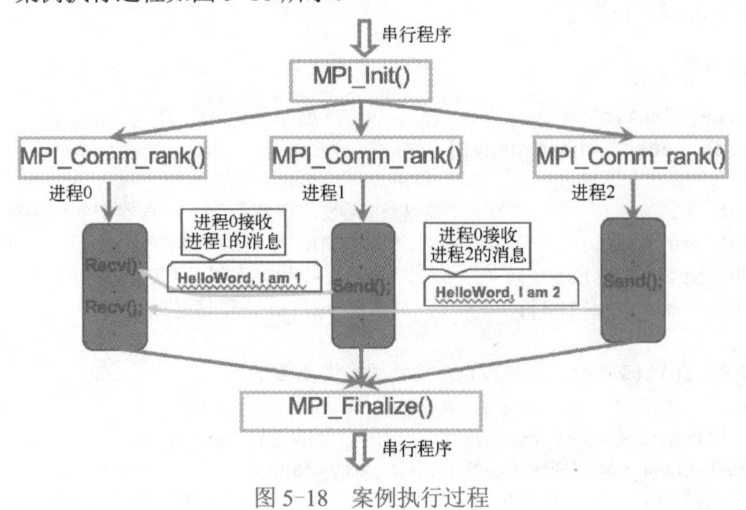

图 5-18　案例执行过程

上述程序执行后，会在 0 号机器节点上打印输出以下结果：

```
HelloWord, I am 1
HelloWord, I am 2
```

从以上的两个例子可以看到，并行程序的编写由 C 语言完成，通过调用 MPI 函数库就可以完成并行程序的执行。调用 MPI 函数库的并行程序时遵循以下约定。

- 程序开头必须包含 mpi.h 头文件。
- MPI 函数返回出错代码或 MPI_SUCCESS 成功标志。
- MPI_前缀，且只有 MPI 名称以及 MPI_标志后的第一个字母大写，其余小写。
- 程序的并行部分以 MPI_Init()开头，以 MPI_Finalize()结束，其他部分为程序的串行部分。

习题

1. 解释说明什么是并行计算？简要概括并行计算的发展。
2. 简要说明集群的概念和集群系统的分类。
3. 并行计算的分类有哪些？
4. 简要说明并行计算的四类设计模型。
5. 并行程序设计方式主要有哪几种，并分别说明。

第 6 章　OpenStack——功能强大的 IaaS 平台

目前，OpenStack 已经成为 IaaS 的主流平台，本章将对 OpenStack 进行深入介绍，就 OpenStack 的设计框架以及一些关键部分的设计进行详细说明。

6.1　OpenStack 架构

OpenStack 是当前最流行的 IaaS 平台，拥有极其庞大且丰富的模块与接口，支持多种功能与服务。OpenStack 采用模块化的架构模式，以核心服务功能的易扩展性、稳定性为核心目标设计。正是由于这种模块化的设计，使得 OpenStack 的各个模块都可以独立部署，十分灵活，但在不了解 OpenStack 内部结构与关系时，安装与使用 OpenStack 具有一定难度。因此，理解 OpenStack 各个主要模块的作用以及相互依赖关系，对学习与使用 OpenStack 平台有很大的帮助。

从逻辑上来说，OpenStack 架构主要分为三部分：控制、计算以及网络。控制部分提供 API（Application Programming Interface，应用程序接口）服务、数据库服务及消息总线；计算部分提供虚拟机层服务，控制虚拟机的运行；网络部分负责整合物理与虚拟的网络资源，为整个 OpenStack 平台提供网络互联服务，包括虚拟机实例所使用的网络等。OpenStack 的其他服务负责配合完成虚拟化工作，如存储、认证、计量等。

如图 6-1 所示，是 OpenStack 的简易框架结构图。从图中可以看出，OpenStack 由几大模块组成：DASHBOARD（仪表盘服务模块）、COMPUTE（计算服务模块）、BLOCK STORAGE（块存储服务模块）、NETWORKING（网络服务模块）、IMAGE SERVICE（镜像服务模块）、OBJECT STORAGE（对象存储服务模块）、IDENTIFY SERVICE（身份认证服务模块）。请注意，OpenStack 不仅仅是由这几个大模块组成的，还有其他模块组成，如监控器、编排等模块。

以下分别对这几个主要的模块进行介绍。

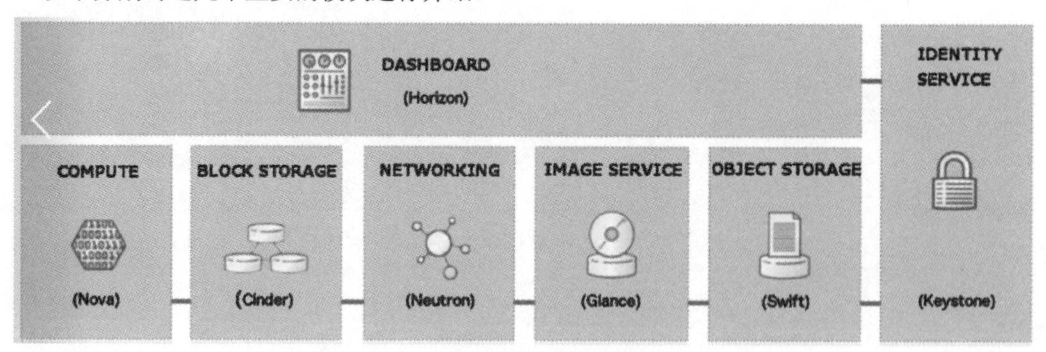

图 6-1　OpenStack 简易框架结构图

（1）DASHBOARD

仪表盘服务模块，项目名是 Horizon，用于给用户提供基于网页管理的界面，以便用户可以更方便、更直观地管理 OpenStack 平台。当然，如果是高级用户，并且只使用命令行方式进行 OpenStack 平台的管理，也可以不安装该模块。

（2）COMPUTE

计算服务模块，项目名为 Nova，是 OpenStack 不可缺少的核心模块，为用户提供计算平台，主要负责与虚拟化平台的接口对接，如 KVM、Xen 等的接口。

（3）BLOCK STORAGE

块存储服务模块，项目名为 Cinder，用于整合 OpenStack 平台中所有存储资源为一个存储池，并对外提供统一的存储服务 API 接口，外界看到的就只有一个巨大的存储块。如果只是想对 OpenStack 平台做一些简单的测试，可以不安装此服务模块。此服务模块一般用于满足 SaaS（Storage as a Service，存储即服务）的需求。Cinder 有更好的扩展性，用户可以根据需要申请相应的存储空间，而完全不需要关心数据真正存放的物理位置。

（4）NETWORKING

网络服务模块，项目名为 Neutron，在 OpenStack 中负责整合所有物理与虚拟的网络资源，并对外提供统一的网络配置接口，用于对 OpenStack 平台的网络互联环境的搭建与配置。与 Nova 一样，Neutron 也是 OpenStack 的核心模块。

（5）IMAGE SERVICE

镜像服务模块，项目名为 Glance。属于 OpenStack 的核心模块，用于管理镜像，给虚拟机提供镜像服务。

（6）OBJECT STORAGE

对象存储服务模块，项目名为 Swift。与 Cinder 类似，Swift 在 OpenStack 平台中也是一种存储服务，可以存放与获取各种数据，如元数据、配置数据等。同时，也可以将备份数据存放到 Swift 中，包括镜像服务的存放也可以存放到 Swift 中，在获取数据时，Glance 再从 Swift 获取出来。甚至 Cinder 块存储的备份也是可以存放到 Swift 中。

（7）IDENTITY SERVICE

身份认证服务模块，项目名为 Keystone。也是 OpenStack 的核心模块，主要用于对用户或请求的认证与授权服务。

（8）MONITOR

监控计量服务模块，项目名为 Ceilometer，此服务模块负责整个平台各个模块运行状态的检测与监控、统计与计费等。

6.2 计算服务模块 Nova

Nova 是 NASA（National Aeronautics and Space Administration，美国国家航空航天局）开发的虚拟服务器部署和业务计算模块，是一套虚拟化管理程序，可管理网络和存储。Nova 的主要实现代码由 Python 完成。Nova 是 OpenStack 最核心的模块，其功能覆盖了 OpenStack 几乎所有的领域，如计算控制器，用于管理用户的虚拟机实例，根据用户需求来实现对虚拟机的开关、调配 CPU、RAM 等操作。

计算服务模块 Nova 使用 Keystone 模块提供认证服务，使用 Glance 模块进行虚拟机镜像的加载与启动，使用 Neutron 模块搭建网络环境。因此，Nova 想要正常运行，需要提前解决它的依赖——在安装 Nova 之前，需要保证以下几个模块的正常运行：Keystone、Glance 和 Neutron。

Nova 模块是一个很大的项目。由于它支持的接口众多，包含的内容也多，所以 Nova 自身组件也很多，Nova 的重要组件及其工作流程如图 6-2 所示。

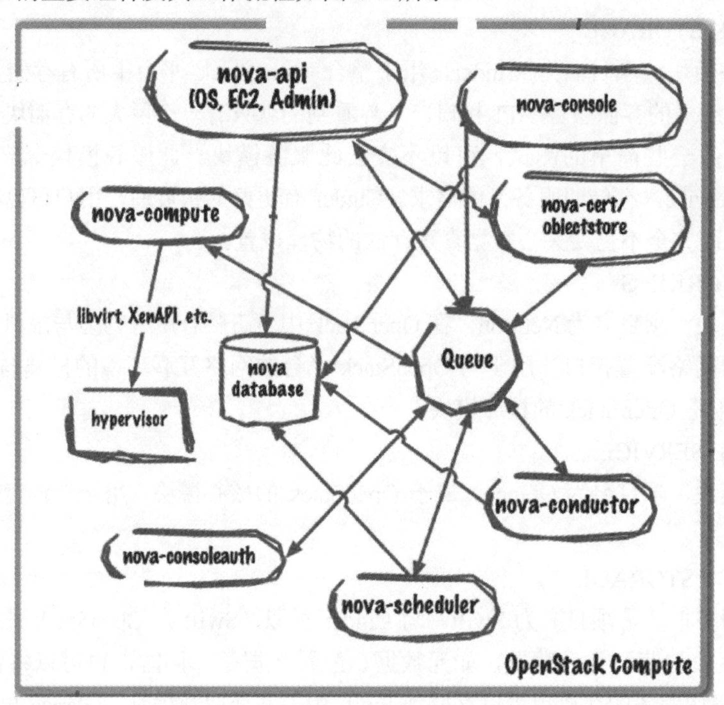

图 6-2　Nova 的核心组件及工作流程

（1）nova-api 组件

nova-api 组件是一个交互接口，管理者可以通过这个接口来管理 OpenStack 的内部基础设施，也可以通过这个接口向用户提供服务。基于 Web 的管理也是通过这个接口向消息队列发送消息，达到资源调度的功能。

（2）nova-api-metadata 组件

nova-api-metadata 组件主要负责接收虚拟机实例对 Metadata（元数据）的请求。一般在安装了 nova-network 服务的多主机模式之下使用。

（3）nova-compute 组件

nova-compute 组件用于管理虚拟机实例的生命周期，通过消息队列接收请求，并承担操作工作，是 Nova 的核心服务。nova-compute 组件一般运行在计算节点（计算节点主要完成数据管理、日志管理、配置管理、处理线程管理、进程通信管理、TCP 通信管理等）之上，是一个长期运行的后台程序。nova-compute 组件负责与 hypervisor 共同实现对虚拟机进行控制与管理，如与

Xen API 交互实现创建与停止 Xen 虚拟机，使用支持 KVM 的 libvirt（libvirt 是目前使用最广泛的对 KVM 虚拟机进行管理的工具和 API）管理 KVM 虚拟机；以及使用 VMware API 管理 VMware 的虚拟机等。nova-compute 组件在具体实现计算操作的时候，简单来讲，就是守护进程接收来自队列（queue）的动作或请求，然后根据这个动作的定义执行一系列的命令。如启动一个 KVM 的实例化虚拟机，完成后再到数据库中更新当前虚拟机的运行状态等。

（4）nova-placement-api 组件

nova-placement-api 组件主要用于跟踪记录资源提供者（Resource Provider）的资源清单（Inventory）和使用量情况（Usage），并使用不同的 Resource Classes 来标记资源类型。即 nova-placement-api 组件不做其他事，仅仅只是做信息收集的操作，并提供相应的 API 给用户查看相应的状态和使用情况等。

（5）nova-scheduler 组件

nova-scheduler 组件可以把 nova-API 调用映射为 OpenStack 功能的组件，会根据诸如 CPU 构架、可用域的物理距离、内存、负载等做出调度决定。即 nova-scheduler 组件从消息服务中获取虚拟机运行实例的请求，并决定将这个实例放到具体哪一台实例计算节点中运行。

（6）nova-conductor 组件

nova-conductor 组件负责数据库的访问权限控制，避免 nova-compute 组件直接访问云数据库，相当于 nova-compute 组件和数据库相互通信的“中间人”。nova-conductor 组件可以进行横向扩展。注意，由于安全的原因，不要将 nova-conductor 安装在有 nova-compute 组件运行的节点中。

（7）nova-consoleauth 组件

nova-consoleauth 组件也称为 nova-consoleauth 守护进程（daemon）。它负责对访问虚拟机控制台提供用户认证令牌 Token。此组件必须在有控制台代理服务的平台中才能正常使用。

（8）nova-novncproxy 组件

nova-novncproxy 组件也称为 nova-novncproxy 守护进程，它提供基于 Web 浏览器的 VNC（Virtual Network Computing）连接方式访问正在运行的虚拟机实例。注意，并非一定要安装 VNC 服务，也可以直接使用浏览器对虚拟机进行访问。

（9）nova-spicehtml5proxy 组件

nova-spicehtml5proxy 组件也称为 nova-spicehtml5proxy 守护进程。提供基于 HTML5 浏览器的 SPICE 协议（Simple Protocol for Independent Computing Environment，独立计算环境简单协议）访问，SPICE 是红帽企业虚拟化桌面版的主要技术组件之一，是具有自适应能力的远程提交协议，能够提供与物理桌面完全相同的最终用户体验。借助支持 SPICE 协议的客户端或者通过浏览器，用户可以访问自己的虚拟桌面。即 nova-spicehtml5proxy 组件同 nova-novncproxy 组件一样，但连接方式要使用 SPICE。同样的，它也支持基于浏览器的 HTML5 方式对虚拟机进行访问。

（10）nova-xvpvncproxy 组件

nova-xvpvncproxy 组件也称为 nova-xvpvncproxy 守护进程，提供基于 Java 客户端的 VNC 访问。它与 nova-novncproxy 组件一样，通过 VNC 连接访问正在运行的虚拟机实例。但它支持对

OpenStack 指定平台的 Java 客户端进行访问。

（11）The queue 组件

Nova 包含众多的子组件，每一个子组件完成一项子服务，这些子服务之间需要相互协调和通信，为解耦各个子服务，Nova 通过 Message Queue 作为子服务的信息中转站，所以在架构图上可以看到，子服务之间没有直接的连线，它们都通过 Message Queue 联系。即 The queue 组件用于各个服务器之间的通信与信息中转。The queue 组件的功能通常使用 RabbitMQ 服务来实现，也可以使用其他服务，如 ZoreMQ 实现的高级消息队列协议（Advanced Message Queuing Protocol，AMQP）消息队列等。

（12）SQL Database 组件

SQL Database 组件用于存储信息，包括记录云平台生成时与运行时状态的信息。如当前 OpenStack 平台所支持的虚拟机类型有哪些、正在运行的虚拟机实例、网络运行的状态、项目的运行情况等。理论上来说，OpenStack 云平台支持所有 SQL Alchemy 所支持的数据库。但在测试时与开发的情况下，一般使用 SQLite3、MySQL 及 PostgreSQL 等几种数据库。

6.3 网络服务模块 Neutron

网络服务模块 Neutron 与 Nova 一样，在 OpenStack 架构中也是独立存在的。它用于协助 OpenStack 其他模块完成工作，如计算服务、镜像服务、认证服务以及 Web 服务等。Neutron 和其他 OpenStack 组件一样，常常被部署到多台主机上。

OpenStack 项目中的 Neutron 模块管理着所有的网络端口，无论是虚拟的还是物理的，它整合了整个网络资源，然后对外提供统一的 API 接口以使用网络资源。当然 Neutron 所支持的功能不仅仅只是管理与提供网络互连，它还提供了一些其他非常有用且强大的功能，如防火墙、负载均衡、VPN 等。在搭建网络服务平台时，Neutron 如果要正常工作，至少需要一个外部网络与一个内部网络。外部网络用于从 OpenStack 平台外部进行访问，内部网络则是 OpenStack 平台内部各个组件通信所使用。

Neutron 对外的 API 接口由 neutron-server 守护进程提供，同时它也负责网络功能插件配置的管理。

如果在设计 OpenStack 运行平台时，计划使用一个控制主机来集中管理计算节点组件，那么可以将 Neutron 安装到这个控制主机节点上。当然，也可以不用部署到这个控制节点，因为 Neutron 是独立的，也可以单独部署到任意一台设备上。具体如何安装与部署 Neutron，需要根据相应的需求来进行配置。

6.3.1 Neutron 的主要组件

Neutron 与 Nova 一样，也是由很多组件组成，主要包括以下几个组件。

（1）neutron server（neutron-server and neutron-*-plugin)

neutron server 是 Neutron 的核心组件之一，负责直接接收外部请求，然后调用后端相应 plugin 进行处理。neutron server 主要包括守护进程 neutron-server 和各种插件 neutron-*-plugin。注意，

neutron-server 以及所有 neutron-*-plugin 的服务，都需要运行在网络节点上，可以是单独的网络节点，也可以是控制节点，对外提供网络模块 API 接口以及它的扩展接口。同样的，它也负责显示网络模型以及每个端口上的 IP 地址信息等。

（2）plugin agent（neutron-*-agent）

plugin agent（插件代理）用于完成虚拟网络上的数据包的处理，名字为 neutron-*-agent。plugin 位于 neutron server，包括 core plugin 和 service plugin；agent 位于各个节点，负责实现网络服务。对于所有 neutron-*-agent 组件，如 neutron-lbaas-agent 等，都需要运行在每个部署了计算服务模块（Nova）的节点之上，管理本地的虚拟交换（vSwitch）配置。每个节点运行的插件可能不一样，这取决于配置选择与需求，不同的 agent 需要不同的插件。plugin agent 的运行需要有消息队列的访问权限以及提前准备好相关依赖插件。当然，有些插件，如 OpenDayLight（ODL）、OVN（Open Virtual Network，开放虚拟网络）就不需要任何 Plugin agent 程序安装到计算节点上。

（3）DHCP agent（neutron-dhcp-agent）

DHCP agent 为租户网络（由租户创建并且管理的网络，Neutron 称为租户网络）提供 DHCP（Dynamic Host Configuration Protocol，动态主机设置协议）服务，即 IP 地址动态分配，另外还提供 metadata 请求服务。注意，metadata 请求服务是贯穿所有插件服务，并且同时维护 DHCP 的配置信息。同样的，该服务需要有消息队列访问的权限。

（4）L3 agent（neutron-l3-agent）

L3 agent（Layer-3 Networking Extension）作为 API 的扩展（通过 API 创建 Router 或 Floating IP，提供路由以及 NAT 的功能），向租户提供路由和 NAT 功能，使得租户网络可以正常的访问到外部网络。

L3 扩展包含两种资源：Router（路由器）：在不同内部子网中转发数据包，通过指定内部网关做 NAT，每一个子网对应 Router 上的一个端口，这个端口的 IP 就是子网的网关；Floating IP（浮动 IP）：代表一个外部网络的 IP，映射到内部网络的端口上。当网络的 router:external 属性为 True 时，Floating IP 才能被定义。

（5）network provide services（SDN server/services）

network provide services 为租户网络提供额外的网络服务。这些额外的网络服务由 SDN server/services 通过通信接口（如 REST API 接口）可以与 neutron-server、neutron-plugin、plugin-agent 相互通信。

注意，对于 Neutron 的所有 agent 来说，它与主网络服务之间的通信要么使用 RPC（如 RabbitMQ 或 Qpid）协议来完成，要么使用标准 API 进行通信。另外，Neutron 与 OpenStack 各个模块的结合有很多不同的方式，也有不同的依赖关系。

1）Neutron 依赖于 Keystone 对所有的 API 请求进行认证与权限。

2）Nova 与 Neutron 的通信通过标准 API 完成。如在创建虚拟机实例时，nova-compute 通过网络服务 API 将每一个虚拟主机上的虚拟网络接口加载到一个相应的网络中。

3）Web 页面（仪表盘服务模块 Horizon 是一个 Web 接口）与 Neutron 的结合同样也是通过标准 API 进行的，它允许管理员和项目中的用户通过基于 Web 页面的接口进行创建并管理网络服务。

6.3.2 Neutron 网络

Neutron 在 OpenStack 环境中管理所有虚拟组网基础设施（Virtual Networking Infrastructure，VNI），即 Neutron 就是网络服务。Neutron 将网络、子网、端口和路由器等物理组网基础设施（Physical Networking Infrastructure，PNI）抽象化，之后启动的虚拟主机就可以连接到这个虚拟网络上。有了上面的基础知识，下面将进一步介绍 OpenStack 网络服务在物理网络基础设施中的部署。一个标准的 OpenStack 网络架构配置一般分为四个不同的独立的网络，如图 6-3 所示。

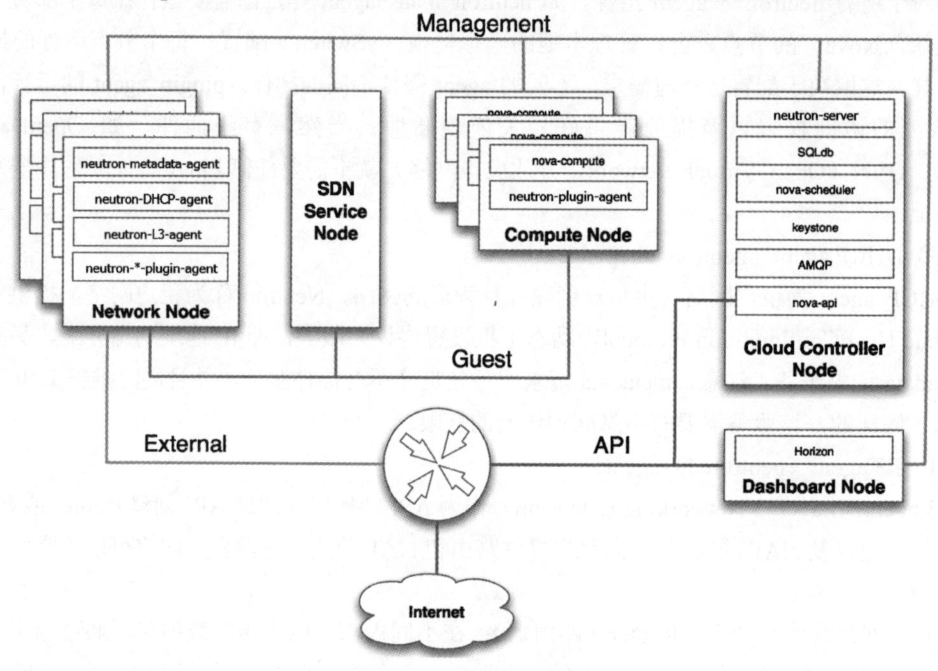

图 6-3　Neutron 物理网络架构

（1）管理网络（Management network）

管理网络用于 OpenStack 模块之间的内部通信以及 API 访问节点（Endpoint）。为安全考虑，该网络必须限制在数据中心内部。

（2）客户网络（Guest network）

客户网络也称为数据网络，用于部署在云平台下的虚拟机实体间的数据通信。客户网络的 IP 地址依赖于 OpenStack 网络组件 Neutron 所使用的插件 agent，并且也依赖于由租户所选择的虚拟网络的配置。客户网络通常部署到客户安全域中。

（3）外部网络（External network）

外部网络也称公共网络，通过外部或 Internet 可以访问的网络。在有些部署场景中，外部网络用于虚拟机实体访问互联网。外部网络的 IP 地址则是一个可以在任何位置都能访问的地址。外部网络一般部署到公共安全域中。

（4）API 访问网络（API network）

API 访问网络使得所有访问租户的 OpenStack API 都可达，当然也包括 OpenStack 网络模块的 API。此网络的 IP 地址与外部网络一样，也是所有来自外部互联网的连接请求都是可达的。一般来说，API 访问网络会在外部网络中创建一个子网，这个子网一般存放在公共安全域中。

OpenStack 的网络从用户权限的角度上来说，还可分为两种不同的网络：提供商网络与租户网络。

（1）提供商网络（Provider Network）

Provider Network 允许具有管理员权限的用户创建虚拟网络，且此网络可以直接连接到数据中心的物理网络中，虚拟机实例利用此网络可以直接访问外部网络。此网络的属性和信息必须与物理网络配置相匹配，因为虚拟机是通过这个网络连接外部网络的。

（2）租户网络（Tenant Network）

Tenant Network 是普通用户可以在租户内创建的网络。该网络对其他租户来说是不可见的，相互独立的，租户之间的网络相互隔离，不能直接通信。Neutron 支持的网络隔离和重叠类型有：Flat、Local、VLAN、GRE 和 VXLAN 等。

6.4 块存储服务模块 Cinder

Cinder 在 OpenStack 平台中提供块存储服务。设计它的目的就是为了供终端用户使用，即供由 Nova 模块管理的虚拟机实例使用。简单来说，Cinder 就是为虚拟化提供块存储服务，并且还可以给终端用户提供自助服务的 API 接口，终端用户可以根据自己的需要扩展自己的存储空间，并且不需要关心数据或者硬件具体放到什么位置，只需要关心自己想要多少存储空间。

Cinder 在 OpenStack 中通常会用于 SaaS（Storage as a Service，存储即服务）的应用场景中。而使用 Cinder 作为存储服务的好处有很多，如基于组件的架构，可以快速地添加新特性；其高可用性可以适合很强的负载情况；容错性好，隔离的处理方式可以避免崩溃式的错误；可恢复性，错误可以很容易就能定位，追踪并解决。

与 OpenStack 的其他模块一样，Cinder 是需要安装到一个或多个节点上的。Cinder 提供块存储服务的同时，也提供了卷快照与卷类型的功能。Cinder 主要的组件包括：Block Storage API Service、Block Storage Volume Service、Block Storage Scheduler Service 等，Cinder 模块的框架结构如图 6-4 所示。

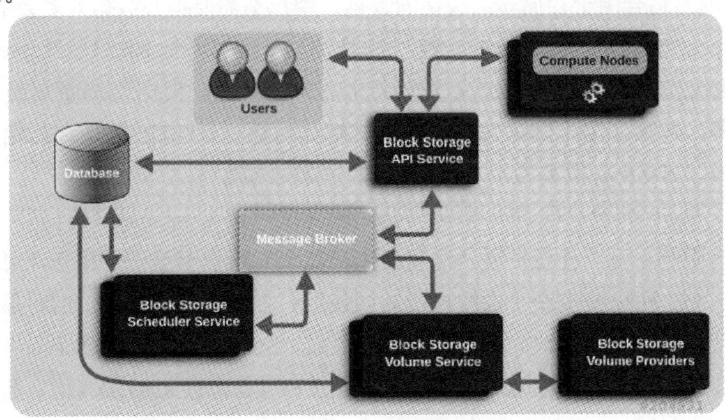

图 6-4　Cinder 的框架结构

（1）Block Storage API Service（cinder-api）

Block Storage API Service 项目名为 cinder-api，这个组件用于接收请求，并将请求的内容转发到 cinder-volume 组件中执行真正的操作。

（2）Block Storage Volume Service（cinder-volume）

Block Storage Volume Service 项目名为 cinder-volume，它直接与存储服务（Block Storage Volume Providers，块存储卷提供程序）进行交互，完成存储块被分配与回收等操作。同时，它也需要与 cinder-scheduler 进行交互，完成 cinder-scheduler 所分配的任务。最后，它还需要与消息列队进行交互并处理消息。cinder-volume 服务对读操作做出响应，发写请求到块存储服务以维持状态。通过相应的驱动架构，cinder-volume 可以与大量的存储器进行交互。

（3）Block Storage Scheduler Service（cinder-scheduler）

Block Storage Scheduler Service 项目名为 cinder-scheduler，用于选择一个合适的，或者最佳的存储节点创建存储卷。从功能上来说这个组件与 nova-scheduler 组件有些类似。

（4）Messaging Broker（消息队列）

消息队列负责各个进程之间的消息传递，如添加新的块存储到平台中，或者申请新的块存储给虚拟机实例。在 cinder-api 收到消息后再转给 cinder-scheduler 进行调度，并决定分配给哪个块，最后再将结果返回。

上面多次提到了块存储，那么什么是块存储呢？块存储为用户提供基于数据块的存储设备访问，与文件存储有着很大的区别，块存储就像是自己外接的一个移动硬盘，文件则需要存储到块之中。用户不需要关心块在物理层面上存放的位置，用户可以对块进行读、写、格式化等操作。在块存储的基础上，如果有 LVM（Logical Volume Manager，逻辑卷管理），可以很轻松地扩展用户的存储空间。

6.5 对象存储服务模块 Swift

Swift 在 OpenStack 中还有另一个名字叫作对象存储项目，它是一个云存储软件，通过一个简单的 API 就可以实现多数据的获取与存储。Swift 可以扩展并优化整个数据集的持久性、可用性以及并发性。Swift 非常适合用于存储非结构化的数据，用户不需要担心数据太多会引起问题。

Swift 与 OpenStack 的其他模块一样，也是通过一系列的 REST（Representational State Transfer，表述性状态转移）、API（定义了一组体系架构原则，根据这些原则设计以系统资源为中心的 Web 服务，包括使用不同语言编写的客户端如何通过 HTTP 处理和传输资源状态）来完成数据的读写操作。Swift 有很多的组件，Swift 的框架结构如图 6-5 所示。

从图中可知，Swift 共设三层逻辑结构：Account（账户）、Container（容器）、Object（对象），每层节点数均没有限制，可以任意扩展。这里的账户和个人账户不是一个概念，可理解为租户，用来做顶层的隔离机制，可以被多个个人账户所共同使用；容器代表封装的一组对象，类似文件夹或目录；叶子节点代表对象，由元数据和内容两部分组成。Swift 通过 Proxy Server（代理服务器）向外提供基于 HTTP 的 REST 服务接口，对账户、容器和对象进行 CRUD（增、删、查、改）等操作。在访问 Swift 服务之前，需要先通过 Authentication Server（认证服务器）获取访问令牌。

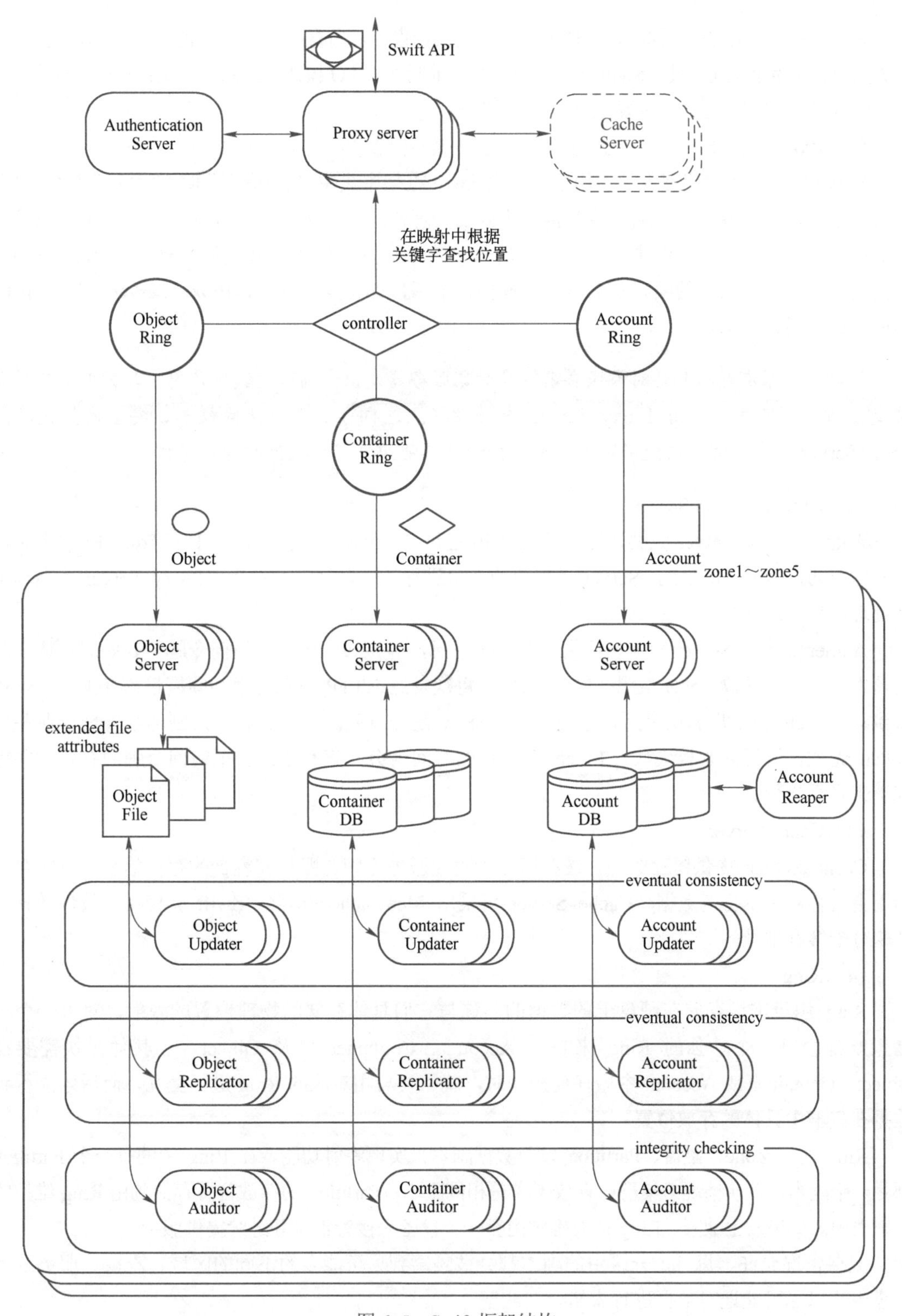

图 6-5　Swift 框架结构

Swift 采用完全对称、面向资源的分布式系统架构设计，所有组件都可扩展，从而可以避免因单点失效而影响整个系统运转。Swift 的通信方式采用非阻塞式 I/O 模式，提高了系统吞吐和响应能力。

接下来对 Swift 包含的主要组件进行介绍。

（1）Proxy Server

Proxy Server 提供代理服务，用于在整个 Swift 框架中集中接收所有的 REST API 请求。再根据每一个请求的内容与目的地，将其传到不同的处理模块中做进一步的处理，如根据用户账号、容器或对象查找相应入口做进一步处理。根据 EC（Erasure Code，纠删码）规则，Proxy Server 还需要负责对对象数据的编码及解码进行操作。最后，如果发生故障，Proxy Server 还负责协助返回失败等错误信息。

注意：如果有数据到达对象服务器或从对象服务器发出，则这些数据是用户与数据服务器直接交互的，它们并不会由 Proxy Server 中转数据。这样可以提高传输效率、安全性，就算是 Proxy Server 发生异常无法提供服务，也不会影响其他组件完成数据的传输操作。

（2）Authentication Server

Authentication Server 提供认证服务。Swift 通过 Proxy Server 接收用户 RESTful API 请求时，首先需要通过 Authentication Server 对用户的身份进行认证，认证通过后，Proxy Server 才会真正地处理用户请求并响应。

Authentication Server 验证访问用户的身份信息，并生成一个对象访问令牌（Token），认证通过该用户之后，发放 Token 给用户。之后用户每次发送 HTTP 请求时都必须携带该 Token，Swift 拿到该 Token 和用户名信息后，会查询该 Token 是否有效。Token 有效，则继续处理该业务，Token 无效，则返回鉴权失败。Token 在一定的时间内会一直有效；验证访问令牌的有效性并缓存下来直至失效。

（3）Cache Server

Cache Server 提供缓存服务，缓存服务为对象服务令牌、账户和容器的存在信息提供缓存，但不会缓存对象本身的数据。Cache Server 可采用 Memcached 集群，Swift 会使用一致性散列算法来分配缓存地址。

（4）Ring

Ring 用于维护存储在硬盘上的数据的名称与它们具体存储的物理位置的映射。对每一个存储策略都会有一个单独的 Ring 来映射 Account、Container 以及 Object。当其他模块需要在 Object、Container 或 Account 中做任何操作时，就需要与相对应的 Ring 进行交互，而后才能得到数据在集群中具体的存放位置。

Ring 使用 Zone、磁盘、Partition 以及数据副本来实现映射功能。在 Ring 中的每一个 Partition 都是一个副本，默认情况下集群中存放了 3 份相同副本。Partition 的存放位置存储到由 Ring 维护的映射表中。如果发生故障，Ring 需要确定由哪一个设备来接管消息并继续提供服务。

只要情况允许，每一个分区中的副本都会被隔离到尽可能多的不同的区域、Zone、服务或者磁盘中，以尽可能地对数据进行容错。

Ring 根据设备的加权值，判断其在集群中的负载能力，将数据分布式存储到各个集群当中。加权值可以用于在整个集群中均衡磁盘上的 Partition 的分布式部署。这一功能非常有用，加权值可以应用到处理数据压力过大或处理失败时的场景中，如在 Ring 进行重新数据均衡的期间，根据加权值控制有多少的 Partition 需要移动。

（5）Storage Policy

Storage Policy（存储策略）改变了以往存储系统中存储策略由设计与实施方决定的做法，让用户能够以 Container 为粒度，为不同需求的数据指定不同的副本数量、不同参数的纠删码、不同性能的存储介质、不同的地理位置、不同的后端存储设备。Storage Policy 充分体现了 Swift“软件定义存储（Software Defined Storage）”的特点。在系统中的每一个磁盘都被绑定了一个或多个存储策略。存储策略通过对多个 Object Ring 的使用得以实现，因为每一个存储策略都有一个独立的 Ring 与它对应，而这个 Storage Policy 可能是由一系列特殊的硬件组成而产生了一些特别的不同。

在默认情况下，用户使用了 Swift 中的 3 副本配置，但该用户又创建了一个新的存储策略，这个策略则可以被应用到一个新的只有两个副本配置的 Container 中。再如用户添加了一些 SSD 到存储节点中，然后为一些特定的 Container 创建了一个特定的存储策略，则可以根据策略将相应的数据存放到这些 SSD 中。

在每一个 Container 创建时都可以给它一个特定的存储策略配置，然后在整个 Container 的生命周期内都使用这个配置。一旦 Container 以一个特别的配置创建起来，则所有存储到这个 Container 中的数据对象都会遵循这个配置进行存储。

（6）Object Server

Object Server 提供对象服务，这是一个非常简单的数据存储服务，提供了在本地磁盘中的存储、获取以及删除数据的功能。对象是以二进制的方式存储到文件系统中的，并且将元数据存放到文件的扩展属性中（xattrs）。当然，扩展属性需要对象服务器所选择的底层文件系统对文件扩展属性的支持。在有些文件系统中（比如 ext3），在默认情况下不支持 xattrs 属性的更改。

每一个对象都有一个独立的路径进行存储，而这个路径则是由继承而来的对象名的 Hash 值以及操作的时间戳组成。每次存储都以最后一次存储为准，并保证最后一次的存储是被保存下来了的。值得注意的是，删除操作也创建了文件的一个版本，只是这个文件是一个空文件，大小为 0，并以.ts（timestone）结尾的文件。这就确保了要删除的文件在副本中也可以正常地删除。

（7）Container Server

Container Server 用于提供容器服务，包括提供容器元数据和统计信息，并维护所含对象列表的服务。Container Server 并不清楚每个对象具体存放在哪里，只知道在一个特定的 Container 中存放了哪些对象。每个容器的信息存储在一个 SQLite 数据库中。Container Server 会对它所包含的对象的总数以及对象的总存储情况进行统计追踪。

（8）Account Server

Account Server 用于提供账户服务，包括提供账户元数据和统计信息，并维护所含容器列表的服务，每个账户的信息存储在一个 SQLite 数据库中。Account Server 的功能与 Container Server 类似，但它只负责列出当前有哪些 Container 而并非数据对象。

（9）Updater

Updater（更新器）的作用是，当对象由于高负载的原因而无法立即更新时，任务将会被序列化到在本地文件系统中进行排队，以便服务恢复后进行异步更新。有些时候，Container Server 或 Account Server 无法实现数据的及时更新（这种情况出现在系统发生故障或一段时间内的高负载时），如果某次更新操作执行失败，那么此次更新操作将会存放到本地文件系统的列表中，由 Updater 处理失败的更新操作。例如，假设有一个 Container 服务已经被正常加载，同时添加了一个新的数据对象到这个 Container 中，但此刻的 Container 服务没有对对象列表进行更新，在这种情况下，Container 看上去是一个没有包含任何数据对象的空容器。但正常来说，一旦 Proxy Server 在返回成功消息给客户端后，这个数据对象的状态就必须是可用的、可访问的。这个时候 Container 的更新操作就会进入任务队列中排队，Updater 会在系统恢复正常后扫描队列并进行相应的更新处理。

（10）Replicator

Replicator 提供复制服务，用于在出现故障时系统可以继续正常地进行服务。如网络不可达或者磁盘损坏等情况。

Replicator 有两个任务，一个任务是冗余操作，它将每一个远端数据备份并与本地的数据进行对比，确保它们的每一份数据都是最新的一个版本。Replicator 可以对对象的备份进行更新，本质上就是将文件同步到另一端。Account 与 Container 的备份是将它们缺少的数据记录项通过 HTTP 或 rsync 进行整个数据库的同步。

Replicator 的另外一个任务是，如果有删除对象的操作，则 Replicator 需要保证被标记的删除对象从文件系统中删除。即 Replicator 遇到 TomStone 标记后，就需要确保该对象被删除。

（11）Auditor

Auditor 用于提供审计服务，用于检查数据对象（Object）、容器（Container）以及账户（Account）的完整性。如果发现比特级的错误，相应的文件会被隔离，并复制其他的副本以覆盖本地损坏的文件。如果有其他类型的错误出现，则将错误信息记录到日志中。如本该在一个 Container Server 中查找到的对象列表而没有查找出来，则这种情况则会被记录到日志中，以对错误进行追踪。

6.6 身份认证模块 Keystone

OpenStack 的身份认证模块 Keystone 包含了很多组件以完成相应的服务，开发它的目的是为了在 OpenStack 云平台中给用户提供认证与授权功能，即给整个 OpenStack 的各个组件（项目）提供一个统一的验证方式。通过 Keystone 可以对客户身份的安全性进行检查，并通过可信的内部服务生成全局唯一的访问码（Token）返回给客户，客户在之后的访问过程中都将使用此访问码进行进一步的访问与请求。如客户访问 Nova，先出示该 Token 给 nova-api，Nova 收到请求后，就用此 Token 向 Keystone 进行请求验证，Keystone 通过对比 Token，并检查 Token 的有效期，判断 Token 的有效性，最后结果返回给 Nova。

1．不同版本的 Keystone

从版本上看，Keystone 模块并没有 V1 版，因为 Keystone 真正的版本出现在 OpenStack 之前。初版 Keystone 只提供了极少的 API，由 Rackspace 实现并提供参考与使用文档。Keystone 在 OpenStack 的最近两个版本是 V2 与 V3，并且这两个版本的机制都有相当大的区别。

（1）V2 版本的 Keystone

V2 版本的 Keystone 模块通过通用唯一识别码（Universally Unique Identifier，UUID）为用户

生成唯一的 Token。这种方式引起了一些在线验证的问题。在每一次的用户应用请求中，Keystone 都要对客户端的 UUID 进行验证，这对服务器来说负载非常大，如果是在网络特别繁忙的时候，并且有数量众多的用户集中进行该验证操作时，会造成 Keystone 服务来不及响应，或响应时间过长导致服务中断或无法服务。

（2）V3 版本的 Keystone

V3 版本的 Keystone 使用了一个更好的认证机制——PKI（Public Key Infrastructure）。每一个 Token 都代表了一对公钥与私钥的密钥组用于认证与验证。随着 V3 版本的出现，Keystone 服务逐渐转到了这个版本。安装了 Keystone 的服务器转变成了一个类似于 CA（Certification Authority，认证机构）的服务器，对所有的 Token 都要进行数字签名。因为每个 Token 都有一个它自己的数据签名，所以它可以被任何服务检验，OpenStack 的应用组件不再需要查询 Keystone 数据库。就像用浏览器访问 HTTPS 连接时，会对通信期间服务器传回的公钥进行数字签名检查一样，在 OpenStack 项目中的程序一样可以对用户的请求进行检查。

在签名检查期间，一些关于用户角色的信息就可以被获取，然后根据这些信息，OpenStack 的应用程序再决定继续处理或拒绝用户的请求。只要签名是伪造的或过期的（过期的时间同样可以在签名检查的过程中获取），客户的一切请求都将被拒绝。另外，每一次用户请求里的第二个 Token 都将被 CA 回收列表进行验证。如果 Keystone 服务或者管理员删除了用户的 Token，则这个 Token 将会被自动添加到 CA 的回收列表中，并且拒绝 OpenStack 里面任何携带此 Token 应用的任务请求。

目前来说，OpenStack 同时支持 V2 与 V3 版本，并使用了类似的处理逻辑。下面将简单地介绍一下 Keystone 的框架与一般数据流程。在介绍之前，首先对 Keystone 的基本组件与概念进行介绍。

2．Keystone 的基本组件与认证流程

（1）Service

Keystone 由一组内部服务（Service）构成，对外提供一个或多个 Endpoint（节点或者接口点）。对于前台服务来说，Keystone 内部由多个服务组合在一起完成一个功能。如对于一个认证请求，Keystone 会验证用户与项目的认证信息，这一过程将会使用到身份验证服务，并且验证成功后，将会调用 Token 服务生成并返回一个 Token 给用户。

（2）Identity

Identity（认证服务）提供了对身份凭证验证与用户和组数据的验证。一般来说，对数据操作权限是由认证服务所确定的，只要有权限，就可以允许对此数据做任意操作，如 CRUD（Create、Read、Update、Delete）。

（3）User

User（用户）是一个单独的 API 用户。用户本身必须属于一个特定的域，因为所有的用户名可能不会是全局唯一的，但是在相应的域内是唯一的。

（4）Group

Group（组）代表一个可以存放用户的容器，里面有一个或多个用户。同用户一样，组也必须属于一个特定的域，因为所有的组名并不是全局唯一的，但是在它所在的域内是唯一的。

（5）Resource

Resource（资源）服务提供关于项目与域的数据。

（6）Project

Project（项目），在 V2 版本里叫 Tenant（租户）。Project 在 OpenStack 中代表着拥有关系的基本单元，在 OpenStack 中的所有资源被一个特定的项目拥有。一个 Project 本身必须属于一个特定的域，因为所有 Project 的名字并非全局唯一的，但在域中是唯一的。如果没有给 Project 指定相应的域名，则该项目属于默认域。

（7）Domain

Domain（域）对于项目、用户和组来说是一个高级的容器。每个域里只能有一个域，每个域都有自己的命名空间。Keystone 默认提供了一个叫“Default”的域名。在使用 V3 版 Keystone 的 API 时，命名空间的唯一性属性的区别如下所示。

- Domain Name：域名，全局唯一。
- Role Name：角色名，在相应的域中唯一。
- User Name：用户名，在相应的域中唯一。
- Project Name：项目名，在相应的域中唯一。
- Group Name：组名，在相应的域中唯一。

根据这些容器的构架设计，“域”会被用于管理 OpenStack 的资源。只要给定相应的权限，在一个域中的用户仍然能访问属于另一个域中的资源。

（8）Assignment

Assignment（指派服务）为身份和资源服务管理的实体提供有关角色（Role）和角色分配（Role Assignments）的数据。

（9）Role

Role（角色）代表认证过后的用户可以获取的权限级别。角色的权限可以限定到“域”级，也可以限定到项目级。并且角色可单独绑定到一个用户上，也可以绑定到组一级。注意，角色名在域中是唯一存在的。

（10）Role Assignment

Role Assignment 用于进行角色指派，由一个三元组组成，即由一个角色、一个资源以及一个实体组成。

（11）Token

由 Token（令牌）服务生成并管理，用于对用户信息进行验证与识别。

（12）Catalog

Catalog（目录服务）提供 Endpoint 注册服务，用于对 Endpoint 的发现。

（13）Policy

Policy（策略）服务提供了一个基于规则的认证引擎和与之相对应的规则管理接口。

（14）Endpoint

Endpoint 是一个应用程序前端的 URL 接口（REST API 类型接口）。

以上为 Keystone 的基本组件，接下来对 Keystone 的认证流程进行介绍，假设用户 Alice 想要创建一个虚拟机实例，其执行过程如图 6-6 所示。

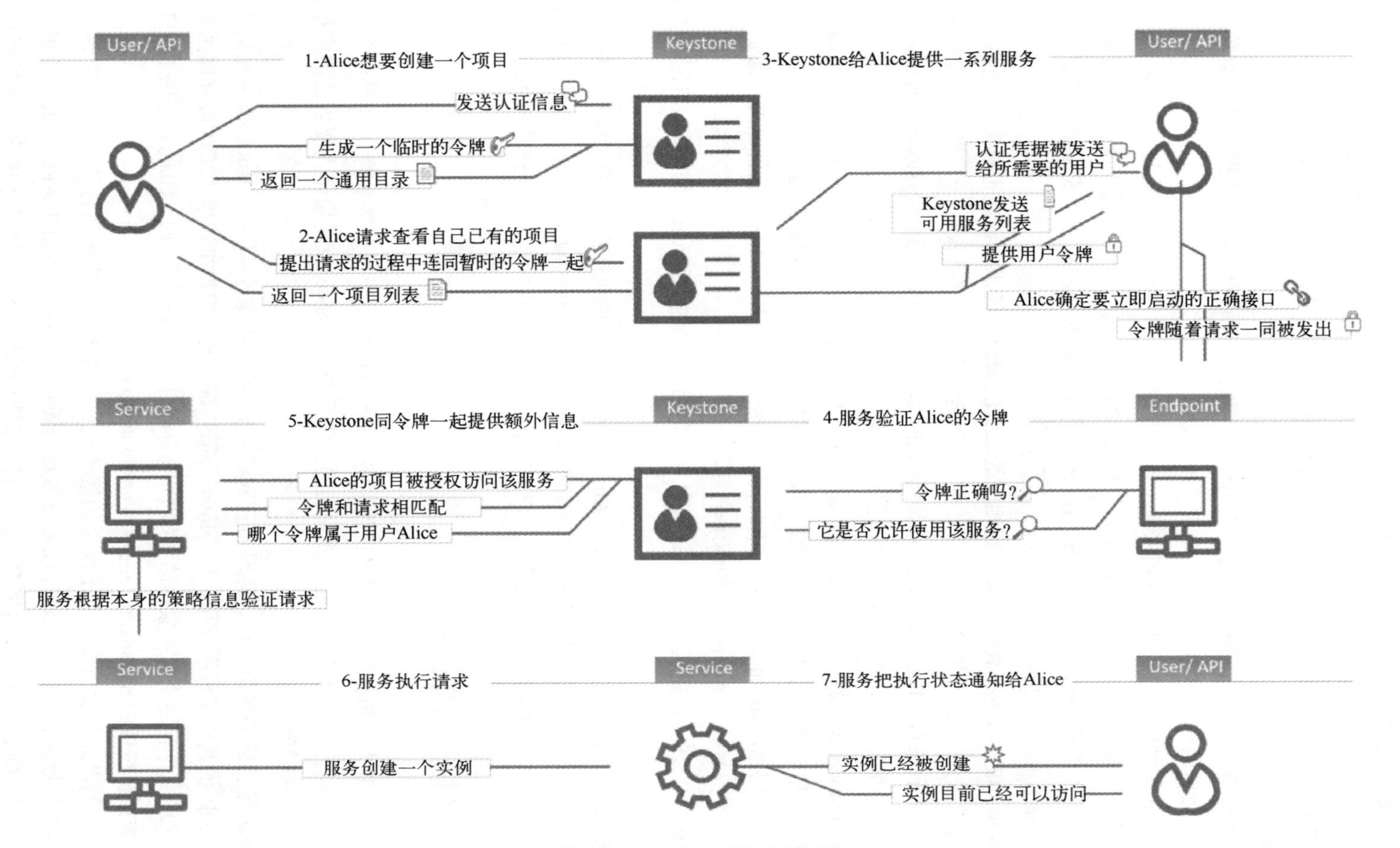

图6-6　Keystone 的认证流程

1）Alice 将自己的认证信息（credentials）发送到 Keystone 服务。认证成功后，Keystone 根据认证信息生成一个临时 Token（令牌），并将此 Token 与其他一些常用数据（如版本号，过期时间，重新申请时间等）形成一个访问服务的 Endpoint 一起返回给用户（Alice）。注意，Token 不是永久的。

2）Alice 拿到 Token 后，发起到 Keystone 请求，查看自己目前所拥有的所有项目列表。Keystone 随后返回与用户相关的项目列表（Project）。

3）Alice 提供自己的认证信息到 Keystone，并请求具体想要访问的项目。Keystone 在认证通过后会生成与请求项目相关联的 Token（此 Token 的可用时长一般来说会比较长），并返回给用户此项目当前可用的服务列表与创建好的 Token。需要注意的是，服务列表里就已经包含了可以请求访问的 Endpoint 相关信息。

4）Alice 根据服务列表信息发起到相应的服务的请求，请求创建虚拟机实例。同时，将自己在步骤 3 获得的 Token 一并发送到相应服务（假设服务为 A）的 Endpoint。当服务 A 的 API 接口（Endpoint）收到来自 Alice 的请求后，则将收到的 Token 信息发送到 Keystone 进行验证，验证收到的 Token 是否正确，是否在服务 A 中可以使用等。

5）KeyStone 服务验证通过后，将验证通过后的信息返回给服务 A，并将与此 Token 相关联的用户的信息也一并发送到服务 A。如 Alice 的项目在此服务中已经进行过授权，Token 信息也能匹配上请求信息，Token 信息属于 Alice 等。服务 A 收到 Keystone 的验证通过信息后，根据服务本身的策略信息验证 Alice 发起的请求信息。

6）服务 A 在验证完成所有的认证与自身策略后，开始执行 Alice 的请求，创建一个新的虚拟机实例。

7）服务 A 在执行完成后，发送通知 Alice 所请求的操作的执行状态信息。这些状态包括但不限于：正在创建，创建成功，创建失败等状态。操作完成后，同时还会返回给用户当前创建的虚拟机实例的其他信息，如可访问的 IP 地址等。用户可以根据 IP 地址访问最新创建出来的虚拟机实例。

6.7 镜像模块 Glance

Glance 主要为虚拟机的创建提供镜像服务。OpenStack 用于构建基本的 IaaS 平台并对外提供虚拟机，而虚拟机在创建时必须选择要安装的操作系统，Glance 就是用于为要创建的虚拟机提供不同的操作系统镜像。

Glance 镜像服务包括发现、注册与获取虚拟机 VM 镜像等功能。Glance 模块提供的镜像能被 OpenStack 的其他组件所使用，如 Nova。通过 Glance，虚拟机镜像也可以被存储到多种存储上，如简单的文件存储或者对象存储（如 OpenStack 中的 Swift 项目）。Glance 提供 REST API，可以查询虚拟机镜像的 metadata，并且可以获得该镜像。

Glance 的设计与实现遵循基于组件的架构设计（便于快速增加新特性）、高可用性（支持大负载）、容错性设计、可恢复性设计以及开放标准设计（对社区驱动的 API 提供参考实现）的原则。Glance 与 OpenStack 其他很多模块一样，采用的是 C/S 框架设计模式，对外提供了一个 REST API 给用户进行连接与通信。

Glance 的域控制器管理着它的内部服务操作，并对其进行了层次化区分。特定的任务都会在相应的层次中进行实现，Glance 的框架结构如图 6-7 所示。

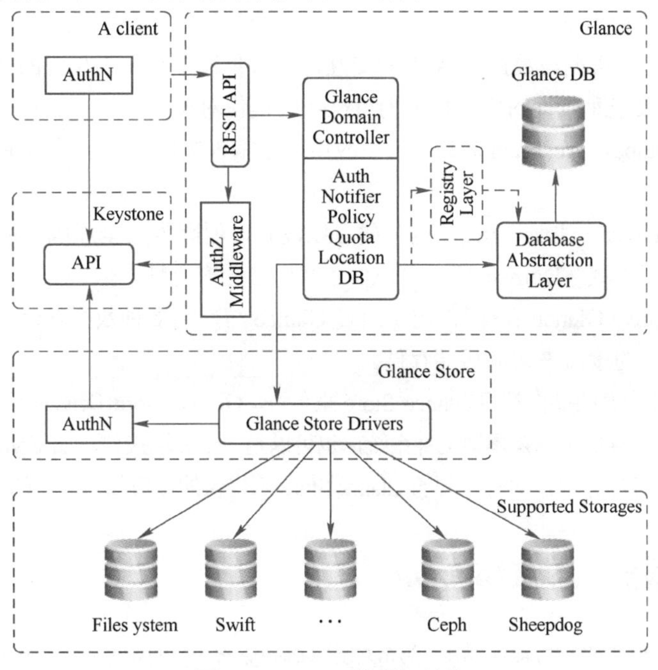

图 6-7　Glance 的框架结构

Glance 使用中心数据库（Glance DB）来与系统中其他所有组件共享信息，默认情况是基于 SQL 的共享。

（1）A client：用户，任何使用 Glance 连接的用户，用户可能仅仅是一个应用程序。

（2）REST API：Glance 提供的 REST API。

（3）Glance：即 Glance Domain Controller（Glance 域控制器），是一个中间件，相当于调度员，作用是将 Glance 内部服务的操作分发到各层（Auth 认证，Notifier，Policy 策略，Quota，Location 和 DB 数据库连接 6 层），每层完成不同的具体任务。Glance 域控制器实现了 Glance 的主要功能，如认证、授权、通知消息、规则、数据库连接等功能。

Glance 域控制器 6 层的各自作用如下。

- Auth（认证），验证镜像自己或者它的属性是否可以被修改，只有管理员和镜像的拥有者才可以执行修改操作，否则保存。
- Notifier（通知），把所有镜像修改的通知和在使用过程中发生的所有的异常和警告信息添加到 queue 队列中。
- Policy（策略），定义操作镜像的访问规则 rules，这些规则都定义在/etc/policy.json 文件中，同时监控 rules 的执行。
- Quota（配额），用来检测用户上传是否超出配额限制。如果没有超出配额限制，那么添加镜像的操作成功；如果超出了配额限制，那么添加镜像的操作失败并且报错。如果针对一个用户，管理员规定好该用户能够上传的所有镜像的大小配额。
- Location（位置），完成与 Glance Store 的交互，如上传下载等。由于 Glance Store 可以有

多个存储后端，不同的镜像存放的位置都由该组件管理，具体为：当一个新的镜像位置被添加时，检测该 URI 是否正确。当一个镜像位置被改变时，负责从存储中删除该镜像。阻止镜像位置的重复。

- DB（数据库），实现与数据库 API 的交互，同时将镜像转换为相应的格式以记录在数据库中。并且从数据库接收的信息转换为可操作的镜像对象。

（4）DAL（Database Abstraction Layer）：应用程序编程接口，用于数据库与 Glance 之间的通信接口。

（5）Registry Layer（注册表层）：这一层可以没有，但因为安全原因，所以添加了这一层。通过隔离服务，保证“域（Domain）”与 DAL 之间通信的安全性。

（6）Glance Store（Glance 存储）：用于负责 Glance 与后端多种数据存储器（存储类型）的通信，提供了一个统一的接口来访问后端存储。

对所有文件（镜像）的操作都由 Glance Store 来负责，Glance Store Drivers 负责与外部的存储接口进行交互。此处的外部存储可以是本地文件系统，也可以是一个后端接口，如 Swift 提供的接口等。不管后端采用的是哪种存储方式，对外看到的 Glance Store 所提供的接口都是统一的。

6.8 仪表盘服务模块 Horizon

OpenStack 中，仪表盘（Dashboard）服务模块 Horizon 给用户提供了一个可以基于网页的可视化管理页面，用户可以更加方便地对 OpenStack 的项目进行管理，实现对 OpenStack 平台运行的情况更加直观地监控，通过 Horizon，用户不再需要去记住那一大堆的命令，用户可以很容易地判断当前网络的拓扑、运行情况、CPU 使用、内存使用、磁盘使用等信息。如图 6-8 与图 6-9 所示是 Dashboard

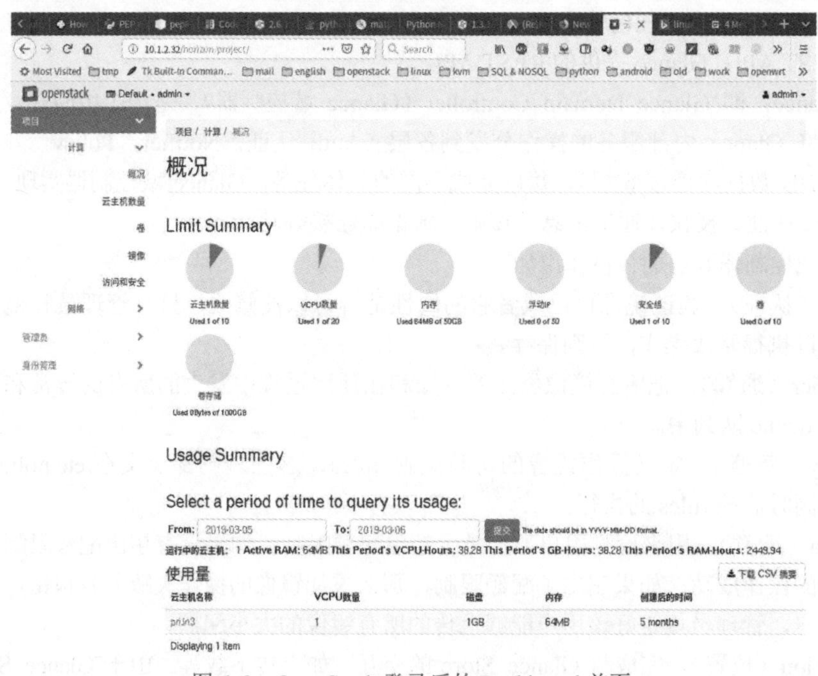

图 6-8　OpenStack 登录后的 Dashboard 首页

运行中的状态。图 6-8 是 OpenStack 登录后首页，从图中可看到用户所使用的云平台资源使用情况，如当前云主机数量、VCPU（Virtual CPU）数量、内存等。图 6-9 是 OpenStack 网络拓扑示例，从图中可看到用户在平台中的网络部署情况。如图 6-9 所示，用户 demo 的网络连接了一个路由器，它的网络为 net.demo，子网为 172.16.10.0/24，目前已经分配了两个 IP 地址为云主机，网关为 172.16.10.1。路由器连接的外网则是 net.ex，网络为 10.1.2.0/24。

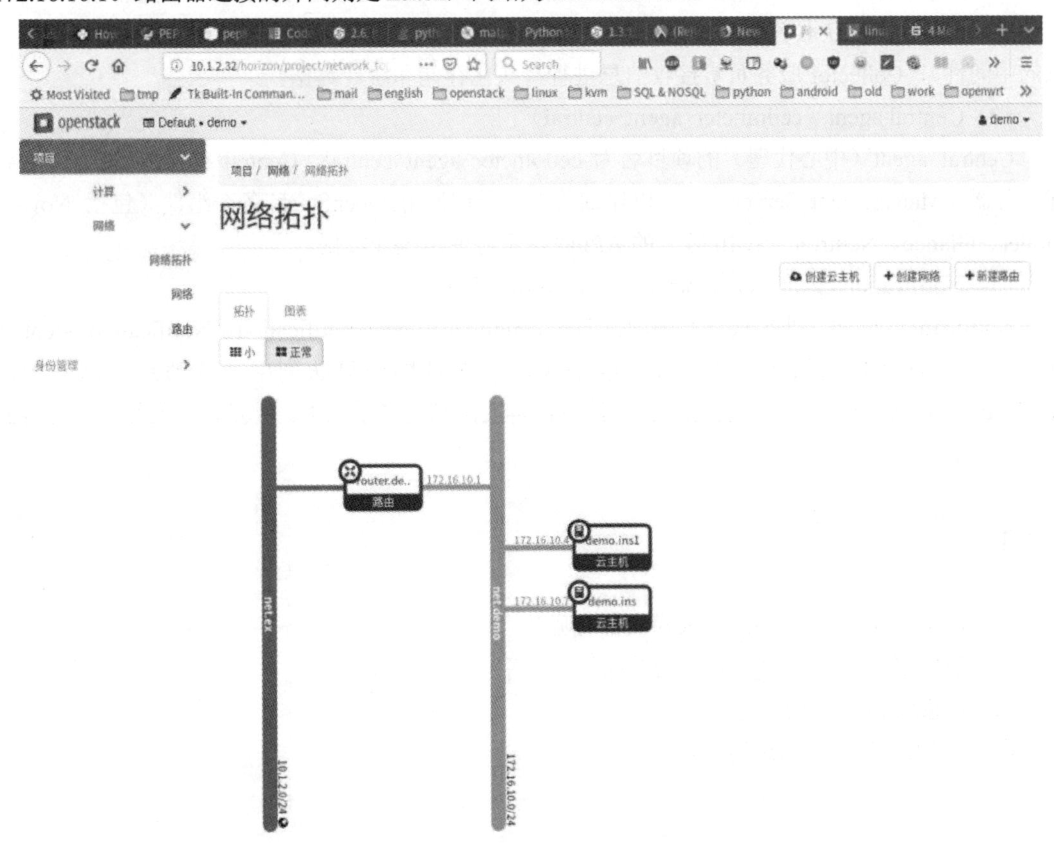

图 6-9　OpenStack 网络拓扑示例

6.9　监控计量服务模块 Ceilometer

在 OpenStack 中，Ceilometer 像漏斗一样，把 OpenStack 内部发生的几乎所有的事件都收集起来，然后为计费、监控以及其他服务提供数据支持。Ceilometer 也可以获取操作执行时所产生的信息，并触发消息。Ceilometer 随着服务运行时长的增加，它所收集到的数据量也在不断增加，当平台出现异常时则发出警告消息通知用户或管理员。

Ceilometer 项目开始于 2012 年，最初设计它的主要目的是提供一个基础设施用于收集 OpenStack 平台所产生的所有信息，即实现一个能为计费系统采集数据的框架。但随着项目的进展，需要收集的信息越来越多，因此，OpenStack 社区更新了他们的目标，新目标是希望 Ceilometer 成为 OpenStack 里数据采集（监控数据、计费数据）的唯一基础设施，采集到的数据提供给监控、计费、面板等项目使用，收集到的数据可以根据需要组织成任何想要的格式，因此形成了现在的 Ceilometer 监控计量服务模块。构成 Ceilometer 的组件如下。

（1）Compute agent（ceilometer-agent-compute）

Compute agent（计算代理）的项目名为 ceilometer-agent-compute。Compute agent 运行在每个计算节点上，Ceilometer 通过监控在计算节点上的 Compute 服务，轮询其计算节点上的该时刻的信息（instance），获取各个节点的 CPU、网络、磁盘等监控信息，发送到 RabbitMQ（面向消息的中间件），Collector 服务负责接收信息进行持久化存储和统计数据。

（2）Central agent（ceilometer-agent-central）

Central agent（中心代理）的项目名为 ceilometer-agent-central。Central agent 运行在中心管理服务器（Management Server）上，以轮询的方式通过调用 OpenStack 各个组件（包括 Nova、Cinder、Glance、Neutron、Swift 等）的 API 收集资源使用统计数据。

（3）Notification agent（ceilometer-agent-notification）

Notification agent（通知代理）的项目名为 ceilometer-agent-notification。Notificaiton agent 运行在中心管理或控制服务器中，从 OpenStack 各组件的消息队列中获取消息，队列中的 notification 消息会被它处理并转化为计量消息，再发回到消息系统中。计量消息会被直接保存到存储系统中。

习题

1．简述 OpenStack 主要的组成模块都有哪些。
2．简述网络服务模块 Neutron 的功能。
3．简述 Nova 模块的功能。
4．简述 Swift 与 Cinder 的区别。

第7章 Docker——用途广泛的容器技术

在本书第3章中对云计算基础——虚拟化技术进行了初步讲解，介绍了多种虚拟化技术解决方案。其中将以 Docker 为代表的容器技术划分为虚拟化大类下的一个技术方向。从技术发展轨迹来看，容器技术与虚拟化技术既存在相似之处，又在虚拟化技术上进一步发展。虚拟化技术通过中间层将一台或多台独立的机器虚拟运行于物理硬件之上，而容器则是直接运行于操作系统内核之上的用户空间。此章将系统介绍以 Docker 为代表的、实用化的容器技术，了解其在实际应用中所发挥的巨大作用。

7.1 Docker 概述

Docker 中有三大核心概念，即镜像（Image）、容器（Container）、仓库（Repository）。其中容器由镜像支撑，镜像从仓库分发，最终通过预先设定的命令构建成人们所见到的快速部署的、多样的应用。

7.1.1 Docker 安装

Docker 官方支持 Windows、Linux、macOS 多平台安装，且在 Windows 平台下支持可视化视框客户端安装方式，极大地简化了安装操作。

因此，一方面是为进一步贴近实际工作环境，另一方面也是对在命令行状态下安装和使用 Docker 有更多的了解，本文仅讲解 Linux CentOS 下 Docker 的安装方式，其他系统请读者自行查阅官方文档。以下为 Docker 安装的具体步骤。

1）Linux 系统中通常默认安装有 Docker，但版本过低，因此需首先卸载旧版 Docker。卸载命令如下。

```
$ sudo yum remove docker \
docker-client \
docker-client-latest \
docker-common \
docker-latest \
docker-latest-logrotate \
docker-logrotate \
docker-selinux \
docker-engine-selinux \
docker-engine
```

2）执行以下命令安装依赖包，并添加国内源、安装 docker-ce。

```
$sudo yum install -y yum-utils
```

```
$sudo yum-config-manager \
    --add-repo \
    https://mirrors.aliyun.com/docker-ce/linux/centos/docker-ce.repo

$sudo sed -i 's/download.docker.com/mirrors.aliyun.com\/docker-ce/g' /etc/yum.repos.d/docker-ce.repo

$ sudo yum install docker-ce docker-ce-cli containerd.io
```

3）启动 Docker。

```
$ sudosystemctl enable docker
$ sudosystemctl start docker
```

4）测试 Docker 是否安装正确，若能正确显示以下信息，则说明 Docker 安装成功。

```
$ docker run --rm hello-world

Hello from Docker!
This message shows that your installation appears to be working correctly.

To generate this message, Docker took the following steps:
 1. The Docker client contacted the Docker daemon.
 2. The Docker daemon pulled the "hello-world" image from the Docker Hub.
    (amd64)
 3. The Docker daemon created a new container from that image which runs the
    executable that produces the output you are currently reading.
 4. The Docker daemon streamed that output to the Docker client, which sent it
    to your terminal.

To try something more ambitious, you can run an Ubuntu container with:
 $ docker run -it ubuntu bash

Share images, automate workflows, and more with a free Docker ID:
 https://hub.docker.com/

For more examples and ideas, visit:
 https://docs.docker.com/get-started/
```

此时已经成功安装并成功启动了 Docker，运行由 Docker 公共仓库提供的 hello-world 容器。此容器打印了 Docker 部分的操作指南，从中可以了解以下要点。

- Docker 服务分为客户端和服务端两端。
- 当直接运行一个镜像时，首先从本地仓库查找，若无则从 Docker Hub 公共仓库查找。
- 此容器运行仅为显示，若要进行交互式的访问容器则通过 docker run -it ubuntu bash 实现。

7.1.2 运行第一个容器

在运行 hello-world 后即可对 Docker 的运行有了一个直观的印象，其中通过--rm 参数使得所运行容器执行后立即销毁，而在日常的使用中，交互式运行是常见的方式。通过以下命令实现：

```
docker run –i–t  centos /bin/bash
```

此命令的输出结果非常丰富，下面来逐条解析。

首先，告诉 Docker 执行 docker run 命令，并指定了-i 和-t 两个命令行参数。-i 参数开启容器中的标准输入，-t 参数则是告诉 Docker 为要创建的容器分配一个伪 tty 终端。这样，新创建的容器才能提供一个交互式 shell。若要在命令行下创建一个我们能与之进行交互的容器，则这两个参数是必需的。

接下来，告诉 Docker 基于什么镜像来创建容器，示例中使用的是 CentOS 镜像。它由 Docker 公司提供，保存在 Docker Hub 仓库上。可以以 centOS 基础镜像（以及类似的 Linux 镜像）为基础，构建自己的镜像。到目前为止，我们基于此基础镜像启动了一个容器，并且没有对容器进行任何修改。

那么在此条命令下，Docker 守护进程做了什么？Docker 守护进程用这个镜像创建了一个新容器。该容器拥有自己的网络、IP 地址，以及一个用来和宿主机进行通信的桥接网络接口。如以下代码所示。

```
[root@4b81bc62ac18 /]#
```

然后告诉 Docker 在新容器中要运行什么命令，在本例中我们在容器中运行/bin/bash 命令启动了一个 Bash shell。通过执行此命令，打开一个伪 tty 终端链接到容器内部，并以 root 用户登录到了容器中，容器的 ID 为 4b81bc62ac18。在此容器中可进行与一般 Linux 系统无异的操作。

用户可以在容器中做任何自己想做的事情。当所有工作都结束时，输入 exit，就可以返回到宿主机的命令行提示符了。

此时容器已经停止运行了，但容器仍然是存在的，可以用 docker ps -a 命令查看当前系统中容器的列表。如下列代码所示。

```
[root@iZbp11i8w8iqclmzdvhnocZ ~]# docker ps  –a
CONTAINER ID  IMAGE COMMAND  CREATED      STATUS      PORTS     NAMES
4b81bc62ac18 centos  "/bin/bash" 16 minutes ago   Exited (127) 3 minutes ago
upbeat_robinson
```

默认情况下，当执行 docker ps 命令时，只能看到正在运行的容器。如果指定-a 标志的话，那么 docker ps 命令会列出所有容器，包括正在运行的和已经停止的。

从该命令的输出结果中我们可以看到关于这个容器的很多有用信息：ID、用于创建该容器的镜像、容器最后执行的命令、创建时间以及容器的退出状态。

Docker 默认会为每个容器自动生成一个名称，此实例中的名称为：upbeat_robinson。若要指定名称则通过--name 参数来实现。在很多 Docker 命令中，都可以用容器的名称来替代容器 ID，容器名称有助于分辨容器的功能特性。

现在，upbeat_robinson 容器已经停止，可以使用 docker start upbeat_robinson 命令再次启动此容器，也可通过 docker start 4b81bc62ac18 命令重新启动此容器。

7.1.3 Docker 基本命令

上一小节对启动一个 Docker 容器做了详细描述，此处对 Docker 的基本命令做总结。

1）Docker 创建一个容器的命令如下所示。

```
Usage: docker run [OPTIONS] IMAGE [COMMAND] [ARG...]
  -d, --detach=false              指定容器运行于前台还是后台，默认为 false
  -i, --interactive=false         打开 STDIN，用于控制台交互
  -t, --tty=false                 分配 tty 设备，可以支持终端登录，默认为 false
  -u, --user=""                   指定容器的用户
  -a, --attach=[]                 标准输入输出流和错误信息（必须是以非 docker run -d
                                  启动的容器）
  -w, --workdir=""                指定容器的工作目录
  -c, --cpu-shares=0              设置容器 CPU 权重，在 CPU 共享场景使用
  -e, --env=[]                    指定环境变量，容器中可以使用该环境变量
  -m, --memory=""                 指定容器的内存上限
  -P, --publish-all=false         指定容器暴露的端口
  -p, --publish=[]                指定容器暴露的端口
  -h, --hostname=""               指定容器的主机名
  -v, --volume=[]                 给容器挂载存储卷，挂载到容器的某个目录
  --volumes-from=[]               给容器挂载其他容器上的卷，挂载到容器的某个目录
  --cap-add=[]                    添加权限
  --cap-drop=[]                   删除权限
  --cidfile=""                    运行容器后，在指定文件中写入容器 PID 值
  --cpuset=""                     设置容器可以使用哪些 CPU，此参数可以用来容器独占 CPU
  --device=[]                     添加主机设备给容器，相当于设备直通
  --env-file=[]                   指定环境变量文件，文件格式为每行一个环境变量
  ---expose=[]                    指定容器暴露的端口，即修改镜像的暴露端口
  --link=[]                       指定容器间的关联，使用其他容器的 IP、env 等信息
  --name=""                       指定容器名字，后续可以通过名字进行容器管理
  --net="bridge"                  容器网络设置
  --restart="no"                  指定容器停止后的重启策略
  --rm=false                      指定容器停止后自动删除容器(不支持以 docker run -d
                                  启动的容器)
```

2）查看 Docker 容器的命令如下所示。

```
docker ps 查看运行中容器
dockerps  -a 查看所有容器
```

3）启动、停止、重启、删除 Docker 容器的命令如下所示。

```
#启动容器
docker start <ContainerId(或者 name)>
```

```
#停止容器
docker stop <ContainerId(或者 name)>
#重启容器
docker restart <ContainerId(或者 name)>
#删除容器
docker rm <ContainerId(或者 name)>
#删除所有容器
docker rm $(docker ps -a -q)
```

更多命令及其使用方式操作请参考 https://docs.docker.com/reference/。

7.2 Docker 镜像与仓库

在启动了第一个 Docker 容器后，对于容器的启用和运行已经有了一个基本了解，接下来介绍容器运行的原理。

7.2.1 什么是 Docker 镜像

要想更深入地了解 Docker，首先要了解镜像的原理，而这其中最重要的概念就是镜像层。镜像层依赖文件系统（File Systems）、写时复制（Copy-on-Write）、联合挂载（Union Mounts）等一系列的底层技术，对技术细节此处不再赘述，有兴趣的读者可参考 Linux 系统相关书籍。

Docker 镜像是由文件系统叠加而成的。类似虚拟机中的镜像，但不同点在于其通过分层结构使得用户的写操作仅针对为用户单独生成的读写层。Docker 将这样的文件系统称为镜像。当用户要构建一个容器时，守护进程生成镜像栈，并根据用户指定的镜像从仓库中拉取，并分层推入镜像栈中，位于下面的镜像称为父镜像，其中最底部的镜像称为基础镜像。最后，当所有公共镜像入栈完成后，守护进程生成一个读写层入栈供用户操作。在此镜像栈中，用户仅与读写层发生交互，其下的镜像层均为只读状态。图 7-1 展示了上述结构。

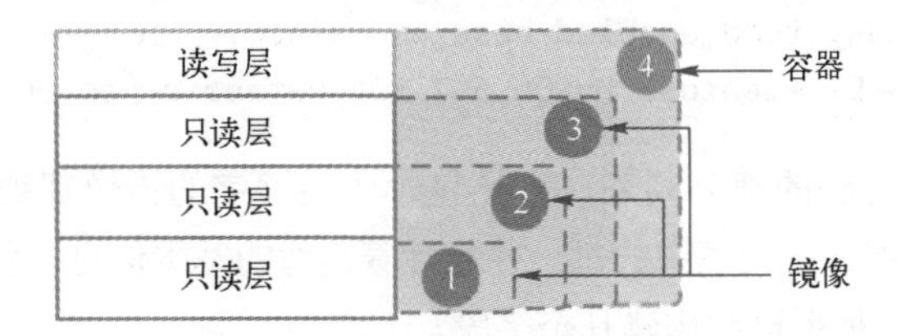

图 7-1 容器结构

当 Docker 第一次启动一个容器时，初始的读写层是空的。当文件系统发生变化时，这些变化都会应用到这一层上。例如，如果想修改一个文件，这个文件首先会从该读写层下面的只读层复制到该读写层。该文件的只读版本不会产生变化，但是已经被读写层中的该文件副本所隐藏，这种机制被称为写时复制。每个只读镜像层都是只读的，并且以后永远不会变化。这个读写层再加上其下面的镜像层以及一些配置数据，就构成了一个容器。

7.2.2 发布和获取 Docker 镜像

构建镜像中很重要的一环就是如何发布和获取镜像。可以通过将镜像推送到 Docker Hub 或者用户自己的私有仓库中来实现。Docker Hub 是一个基于云的仓库，致力于构建应用和维护容器。它提供了一个为容器镜像的检索、发布和变更管理、用户和团队、开发流程的自动化的集中式的资源库。要使用公共仓库首先要注册 Docker Hub 账号 https://hub.docker.com/，然后通过命令可使此账号链接到公共仓库 Docker Hub 当中。

执行 docker login 命令，输入用户名及密码，在命令行界面登录 Docker Hub，使用 dockerlogout 退出登录。

```
# docker login
Login with your Docker ID to push and pull images from Docker Hub. If you don't have a Docker ID, head over to https://hub.docker.com to create one.
Username:xxxxxxx
Password:
WARNING! Your password will be stored unencrypted in /root/.docker/config.json.
Configure a credential helper to remove this warning. See
https://docs.docker.com/engine/reference/commandline/login/#credentials－store

Login Succeeded
```

可以通过 docker search 命令查找官方仓库中的镜像，并利用 docker pull 命令将其下载到本地。例如以 centos 作为关键词搜索，如下所示。

```
docker search centos
NAME        DESCRIPTION   STARS     OFFICIAL   AUTOMATED
centos    The official build of CentOS.     6695       [OK]
ansible/centos7－ansible   Ansible on Centos7      134          [OK]
consol/centos－xfce－vnc  Centos container…129                [OK]
jdeathe/centos－ssh      OpenSSH…  119                        [OK]
centos/systemdsystemd enabled base container.   101          [OK]
centos/mysql－57－centos7 MySQL 5.7 SQL database server 91
```

此处展示了搜索后得到的部分列表，可见包含此关键字的镜像都被搜索出来，并默认按照 stars 即知名度来进行排序。在列表中的每一行包含着镜像的基本信息，包括镜像名字、描述、知名度、是否为官方创建、是否自动构建几个字段。

其中以是否官方构建的维度来看，一种镜像为 centos 这种由 docker 公司创建、验证、支持的镜像，此种镜像有唯一的镜像名称。另一种镜像如 centos/systemd，此种镜像由 Docker Hub 用户创建并维护，通常通过“/”添加限定名称。

当需要搜索特定镜像时，可通过--filter 来指定参数，其中 stars 限定镜像的受欢迎度，automated 和 official 两个参数用于确定镜像是否为自动构建和官方维护。

```
－－filter is－automated=true －－filter stars=3 －－filter is－official=false
```

此外 search 还有以下参数可用。

1）–format：用于制定搜索列表显示的字段，示例如下。

```
docker search --format "{{.Name}}: {{.StarCount}}" centos
```

2）-limit：最多显示条数。

3）--no-trunc：将描述字段完整输出。

在了解如何查找 Docker Hub 上的镜像后，接下来要考虑的是如何将其中需要的镜像拉取到本地用于构建容器。当我们直接使用命令行运行一个容器时，docker 后台会在本地仓库查找是否存在镜像，若无此镜像则从远程仓库（公共或私有仓库中拉取），此种方式虽然方便，但每一次的 run 命令都将启动一个容器，效率较低。若仅是想将镜像拉取到本地可使用 docker pull 命令。Docker pull 命令的格式如下。

```
docker pull [OPTIONS] NAME[:TAG|@DIGEST]
```

Docker 镜像的名称由"唯一镜像名:版本号"组成。而在上一节构建基于 centos 镜像的容器时，命令行仅输入 centos 此唯一镜像名，此种写法意味着所拉取的镜像默认为最新版本，实际上与 docker pull centos:latest 所获取的镜像相同。当需要特定版本镜像时命令应当如下所示。

```
Docker pull centos:7.6
```

在可选参数方面，由于使用的机会较少，在此不再一一介绍，有兴趣读者可参考官方文档。

7.2.3 镜像操作

在拉取镜像到本地后，可以通过 docker imgage ls 命令来展示本地镜像列表，具体代码如下所示。

```
# docker image ls
REPOSITORY    TAG          IMAGE ID        CREATED         SIZE
httpd        alpine3.14   feb558a43c19    7 days ago      54.8MB
hello-world    latest     d1165f221234    5 months ago    13.3kB
centos         latest     300e315adb2f    8 months ago    209MB
```

其中：

- REPOSITORY：镜像在仓库中的名称。
- TAG：镜像版本/标签。
- IMAGE ID：镜像 ID。
- CREATED：镜像的创建日期（不是获取该镜像的日期）。
- SIZE：镜像大小。

在镜像的拉取过程中，是分层下载多个镜像的，在上述查看的镜像列表中只显示了最终组成的顶层镜像。除此之外，在镜像列表中可能看到一种特殊的镜像表示方式，如下所示。

```
<none><none>          44a113458bad    7 days ago   2GB
```

形成此种镜像的原因有两种。一种是镜像原有名称与标签，但维护方使用同一标签推送了不同的更改，此时此名称与标签转移至新镜像使用，本地保存的原镜像则成为虚悬挂镜像。另一种情况则是当某一镜像需要使用到已有顶级镜像做中间层时，若使用 docker image ls -a 查看所有镜像则发现多出类似虚悬镜像形式的条目，这是因为 docker 为节省空间直接在原有镜像基础上做叠加。这两种不同原因形成的镜像，虽然在表示方式上一致，但第一种属于无用镜像可直接删除，第二种则是必要的存在，不可单独删除。

通过 docker rmi 或 docker image rm 命令可删除不再需要的镜像，具体代码如下所示。

```
# docker rmi nginx
Untagged: nginx:latest
Untagged: nginx@sha256:8f335768880da6baf72b70c701002b45f4932acae8d574dedfdda-
f967fc3ac90
Deleted: sha256:08b152afcfae220e9709f00767054b824361c742ea03a9fe936271ba520a0a4b
Deleted: sha256:97386f823dd75e356afac10af0def601f2cd86908e3f163fb59780a057198e1b
Deleted: sha256:316cd969204ae854302bc55c610698829c9f23fa6fcd4e0f69afa6f29fedfd68
Deleted: sha256:dcec23d16cb7cdbd725dc0024f38b39fd326066fc59784df92b40fc05ba3728f
Deleted: sha256:1e294000374b3a304c2bfcfe51460aa599237149ed42e3423ac2c3f155f9b4a5
Deleted: sha256:c0d318592b21711dc370e180acd66ad5d42f173d5b58ed315d08b9b09babb84a
Deleted: sha256:814bff7343242acfd20a2c841e041dd57c50f0cf844d4abd2329f78b992197f4
```

可以看到，在删除镜像后，有 Untagged 和 Deleted 两种输出。这是因为对于镜像来说唯一标识来自于其 ID 与摘要，一个镜像是可以有多个标签的。当我们删除镜像时，首先做到就是将所有满足要求的标签镜像全都取消，若取消此标签后，仍有其他标签指向镜像则后续的删除行为便不会发生。因此并非所有的删除都将删除镜像文件，还要考虑到是否存在其他标签。

镜像是多层存储结构，因此在删除的时候也是由顶至下依次进行判断删除。镜像的多层结构让镜像复用变得非常容易，因此很有可能某个其他镜像正依赖于当前镜像的某一层。这种情况下，依旧不会触发删除该层的行为。直到没有任何层依赖当前层时，才会真实的删除当前层。除了镜像对镜像依赖以外，容器对镜像也存在依赖。如果有用这个镜像启动的容器存在（即使容器没有运行），那么同样不可以删除这个镜像。

7.2.4 构建私有仓库

尽管 Docker Hub 提供了一个内容丰富的公共仓库，但在实际使用中，一是面临网络速率过低的问题，二是公共仓库面向所有人开放，对一些有保密要求的镜像不适合存放于此。因此学习如何构建和使用私有仓库是很有必要的。

Docker 官方提供了用户构建私有仓库的工具 Docker Registry，其使用方式与镜像运行方式相似，具体命令如下。

```
docker run -d -p 5000:5000 --name registry registry:2
```

此时 docker 以容器形式创建了一个名称为 registry 的本地仓库，并将此仓库的 5000 端口绑定到宿主机的 5000 端口上以便访问。为了测试此私有仓库的可用性，我们将从公共仓库获取的 centos 镜像推送到此仓库中。

在推送此镜像前，首先应当为其分配独立的标签以便与官方维护的镜像区分开来，具体命令如下。

```
docker image tag centoslocalhost:5000/mycentos
```

然后就可以尝试推送和拉取私有仓库中的centos镜像了，具体命令如下。

```
# docker push localhost:5000/mycentos
Using default tag: latest
The push refers to repository [localhost:5000/mycentos]
2653d992f4ef: Pushed
latest: digest: sha256:dbbacecc49b088458781c16f3775f2a2ec7521079034a7ba499c8-
b0bb7f86875 size: 529
```

可见此时Docker推送镜像到了私人仓库。除独自构建的私人仓库外，docker公司官方也提供了付费版本的私有仓库。具体使用可参考docker官方相关说明。

7.3 Dockerfile定制镜像

在前两个小节中对Docker的容器、镜像、仓库三大核心概念做了初步介绍，在实际应用中，一方面，由各个公司提供的通用镜像虽然很大程度上为软件开发部署提供了便利，但为了通用性，通常对一些特殊的需要做不到很好的适配；另一方面，当一些学术研究机构有了新的成果后，也需要编制新的Docker镜像来推广使用，因此如何制作高度定制化的、功能更丰富的镜像便至关重要。通过Dockerfile可以个人定制镜像以满足上述需求。

7.3.1 Dockerfile介绍

如前所述，镜像是分层存储的，每一层都是在上一层的基础上渐进式的修改，当部署为容器时，通过命令为其增加新的功能和特性，后台守护进程收到命令后添加空的读写层并执行命令，其后启动容器进行操作。以此来看，若将容器的部署转换为镜像的定制过程，前序步骤是相对一致的，只是在给容器的命令方式上由运行变为构建而已。

构建一个多层镜像比较复杂，因此以文件形式提供构建命令是合理且高效的。Docker为规范构建镜像，使用名为Dockerfile的构建文件，并提供一系列构建命令用于操作多层镜像堆叠。

Dockerfile由一行行命令语句组成，并且支持以 # 开头的注释行。Dockerfile通常分为四部分：基础镜像信息、维护者信息、镜像操作命令和容器启动时执行命令，如下所示。

```
FROM centos
MAINTAINER mymy@email.com
RUN yum —yinstallnginx
RUN echo '<h1>Hello, Docker!</h1>' > /usr/share/nginx/html/index.html
CMD nginx
```

此Dockerfile文件相当简单，仅有两条命令，在centos的基础上首先调用yum包管理安装nginx软件，其后将nginx的测试页面改为指定文字。这样一个简单的定制nginx则完成了。之后通过docker build命令完成构建，构建完成的镜像将存储在本地镜像库中。

7.3.2 Dockerfile 命令详解

上一节例子中使用了 FROM、MAINTAINER、RUN、CMD 四条命令，分别对应了指定基础镜像、维护者、镜像操作命令、和启动执行命令，以下我们分别以此四个方面来讨论镜像构建命令。

要制作定制镜像，大部分情况下都需要以某一个镜像为基础，这符合 Docker 多层构建的思想。FROM 命令指定了基础镜像，因此一个 Dockerfile 中 FROM 是必备的命令且必须是第一条命令。在 Docker Hub 有着大量的官方和非官方维护镜像，其中部分是可以直接应用于服务的镜像，如 nginx、mysql 等等。若此类基础服务镜像中无符合要求的，也可选择类似 JDK、Python 等基于开发语言和辅助工具库的镜像进行更加灵活的构建；最后，若需进行开创性、前瞻性的开发，可以基于官方提供的更为基础的操作系统镜像，操作系统镜像为构建定制镜像提供了更广阔的空间。除此之外，Docker 存在着一个特殊的镜像 scratch。这个镜像是一个虚拟的，仅为符合 Dockerfile 的构建语法，使用此镜像为基础镜像意味着不以任何镜像为基础，接下来的命令将构建第一层镜像。

MAINTAINER 命令说明了维护者信息。

在有了基础镜像之后，通过 RUN 命令对基础镜像作进一步操作。每运行一条 RUN 命令后，镜像随之添加一层。RUN 命令作为定制镜像最常用的命令之一，其有两种使用格式。

1）shell 格式：RUN <命令>，此格式等同于 shell 下命令格式。

2）exec 格式：RUN [“执行文件”、“参数 1” …]，此种方式相较 shell 格式拥有更多灵活性。

在此需要明确一个重要要求，即尽量将多条 RUN 命令以单条形式发布，并且添加必要的文件和环境。前文提到，每一条 RUN 命令将提交一层镜像，若以多条命令形式执行构建将增加大量无意义的镜像中间层，如此多的中间层一方面增加了构建的时间与体积，另一方面也更容易产生错误。在构建的文件最后，CMD 命令指定了对启动容器执行执行何命令，CMD 支持三种书写格式：

1）CMD ["executable","param1","param2"]　推荐此种方式。

2）CMD <命令>。

3）CMD ["param1","param2"] 。

在启动容器后，若用户指定了执行的命令则将覆盖预定义的命令，且在文件中预定义命令仅执行一条，换句话说若定义多条命令仅最后一条命令生效。

7.3.3 构建定制镜像

除以上四条基本的、常用的命令外，Docker 提供了更丰富的命令用于构建多样化的镜像。

1）EXPOSE，格式为 EXPOSE <port> [<port>...]，该命令告诉 Docker 服务端容器暴露的端口号，供互联系统使用。在启动容器时需要通过添加 -P 参数，Docker 主机会自动分配一个端口转发到指定的端口。此处也要提醒读者，EXPOSE 命令只是声明了容器应该打开的端口并没有实际上将它打开，如果不用-p 或者-P 参数指定要映射的端口，容器是不会映射端口出去的。

2）ENV，格式为 ENV <key><value>，该命令用于指定一个环境变量，这个环境变量会被后续的 RUN 命令使用，并在容器运行时保持。

3）ADD，格式为 ADD <src><dest>，该命令将复制指定的<src> 到容器中的 <dest>。其中 <src> 可以是 Dockerfile 所在目录的一个相对路径；也可以是一个 URL；还可以是一个 tar 文件（自动解压为目录）。

4）COPY，格式为 COPY <src><dest>，该命令将复制本地主机的<src>（为 Dockerfile 所在目录的相对路径）到容器中的 <dest>。当使用本地目录为源目录时，推荐使用 COPY 命令。

5）VOLUME，格式为 VOLUME ["/data"]，该命令用于创建一个可以从本地主机或其他容器挂载的挂载点，此挂载点使得容器内外目录得以链接，一般用来存放数据库和需要保持的数据等。

6）WORKDIR，格式为 WORKDIR /path/to/workdir，该命令为后续的 RUN、CMD、ENTRYPOINT 命令配置工作目录。

7）ENTRYPOINT，该命令用于配置容器启动后执行的命令，并且不可被 docker run 提供的参数覆盖。

以上所述命令基本囊括了构建定制镜像所需的常用命令，在按需完成文件编写工作后，即可调用 docker build 命令进行定制镜像的构建。docker build 命令的必要参数为构建指定文件上下文。在执行 docker build 命令时，对于 RUN 之类在基础镜像上进行操作的命令并不需与宿主机环境发生交互，是无须基于宿主机的上下文环境的。但当需要使用类似 COPY 或 ADD 命令时必须与宿主机环境发生交互。当构建镜像时，Docker 程序会将指定的上下文打包上传给 Docker 引擎。任何在 Dockerfile 文件中涉及的文件操作都是在上下文环境中进行的。在进行镜像构建时一般都应在新建的空目录中进行，以减少不必要的文件传输操作。

除直接编写 Dockerfile 文件进行镜像的构建外，还可以使用多种方式如通过网络读取 Dockerfile、将给定的压缩包直接解压等方式构建镜像，这极大地提高了容器迁移部署的灵活性。

7.4 Kubernetes 容器编排技术

Docker 是应用最为广泛的容器技术之一，通过打包镜像，启动容器来创建一个服务。但是随着应用越来越复杂，容器的数量也越来越多，产生了容器管理和运维的问题，而且随着云计算的发展，云端巨量的容器管理给开发运维工作带来挑战。由此，基于 Kubernetes 的容器编排技术应运而生，提出了一套全新的基于容器技术的分布式架构方案，在整个容器技术领域的发展是一个重大突破与创新。

7.4.1 Kubernetes 简介

Kubernetes，又称为 k8s，最初由 Google 的工程师开发和设计，是一种可自动实施 Linux 容器操作的开源平台。Kubernetes 拥有一个庞大且快速增长的生态系统，它可以帮助用户省去应用容器化过程的许多手动部署和扩展操作。Kubernetes 可以将运行 Linux 容器的多组主机聚集在一起，从而轻松高效地管理这些集群。而且，这些集群可跨公共云、私有云或混合云部署主机。因此，对于要求快速扩展的云原生应用而言，Kubernetes 是理想的托管平台。

Kubernetes 是一个便捷有效的平台，可以在物理机和虚拟机集群上调度和运行容器。

Kubernetes 提供了以下功能。

1）服务发现和负载均衡，Kubernetes 可使用 IP 地址公开容器，如果进入容器的流量很大，它将进行负载均衡分配网络流量。

2）存储编排，其允许自动挂载所选择的存储系统，不论是本地存储或云端存储。

3）有效管控应用部署和更新，并实现自动化操作，快速、按需扩展容器化应用及其资源。

7.4.2 部署 Kubernetes

实际进行部署安装是学习使用 Kubernetes 的前提。在安装 Kubernetes 之前，首先应保证拥有至少两台双核 CPU 主频 4GHz 以上的服务器或虚拟机，以配置多节点 Kubernetes。所有安装 Kubernetes 的机器都需要安装 Docker，命令如下。

```
    # 安装 docker 所需的工具
    yum install -y yum-utils device-mapper-persistent-data lvm2
    # 配置阿里云的 docker 源
    yum-config-manager --add-repo http://mirrors.aliyun.com/docker-ce/linux/
centos/docker-ce.repo
    # 指定安装这个版本的 docker-ce
    yum install -y docker-ce-18.09.9-3.el7
    # 启动 docker
    systemctl enable docker &&systemctl start docker
```

在完成 Docker 安装后，对系统各项参数进行一定调整，命令如下。

```
    # 关闭防火墙
    systemctl disable firewalld
    systemctl stop firewalld
    # 关闭 selinux
    # 临时禁用 selinux
    setenforce 0
    # 永久关闭 修改/etc/sysconfig/selinux 文件设置
    sed -i 's/SELINUX=permissive/SELINUX=disabled/' /etc/sysconfig/selinux
    sed -i "s/SELINUX=enforcing/SELINUX=disabled/g" /etc/selinux/config
    # 禁用交换分区
    swapoff -a
    # 永久禁用，打开/etc/fstab 注释掉 swap 那一行。
    sed -i 's/.*swap.*/#&/' /etc/fstab
    # 修改内核参数
    cat <<EOF >  /etc/sysctl.d/k8s.conf
    net.bridge.bridge-nf-call-ip6tables = 1
    net.bridge.bridge-nf-call-iptables = 1
    EOF
    sysctl --system
```

完成环境的准备后，开始正式安装部署 Kubernetes，将分别安装三个组件 kubeadm、kubelet、kubectl，具体命令如下所示。

```
# 由于网络环境问题，此处执行配置 Kubernetes 阿里云源
cat <<EOF > /etc/yum.repos.d/kubernetes.repo
[kubernetes]
name=Kubernetes
baseurl=https://mirrors.aliyun.com/kubernetes/yum/repos/kubernetes-el7-x86_64/
enabled=1
gpgcheck=1
repo_gpgcheck=1
gpgkey=https://mirrors.aliyun.com/kubernetes/yum/doc/yum-key.gpg https://
mirrors. aliyun. com/kubernetes/yum/doc/rpm-package-key.gpg
EOF
# 安装 kubeadm、kubectl、kubelet
yum install -y kubectl-1.16.0-0 kubeadm-1.16.0-0 kubelet-1.16.0-0
# 启动 kubelet 服务
systemctl enable kubelet && systemctl start kubelet
```

完成 Kubernetes 三个组件安装后，输入如下命令配置节点。

```
mkdir -p $HOME/.kube
sudo cp -i /etc/kubernetes/admin.conf $HOME/.kube/config
sudo chown $(id -u):$(id -g) $HOME/.kube/config
```

在完成主节点配置的初始化成功后，将返回从节点加入集群所需的密钥。此密钥应当妥善保存，可通过命令在此查看返回密钥。

```
kubeadm token create --print-join-command
```

安装主节点完毕。可以使用 kubectl get nodes 查看节点运行情况，此时主节点处于 NotReady 状态。

……

接下来安装从节点，同样需要安装 kubeadm、kubelet、kubectl 三个组件，具体命令与安装主节点相同。在启动服务后，执行加入集群命令，如下所示。

```
# 加入集群
kubeadm join 192.168.10.104:6443 --token ncfrid.7ap0xiseuf97gikl
    --discovery-token-ca-cert-hash sha256:47783e9851a1a517647f1986225f-
104e81dbfd8fb256ae55ef6d68ce9334c6a2
```

加入集群成功后，可以在主节点上使用 kubectl get nodes 命令查看到加入的从节点，如下所示。

```
NAMESTATUSAGE
```

```
node1       Ready   1d
node2       Ready   1d
```

习题

1．请描述 Docker 容器是如何分层的？

2．Dockerfile 文件常用命令有哪些？

3．有了容器，为什么还需要 Kubernetes 呢？

第 8 章　Hadoop——分布式大数据开发平台

Hadoop 采用 Java 语言开发，是对 Google 的 MapReduce、GFS（Google File System）和 Bigtable 等核心技术的开源实现，由 Apache 软件基金会支持，是以 Hadoop 分布式文件系统（Hadoop Distributed File System，HDFS）和 MapReduce（Google MapReduce 的开源实现）为核心，以及一些支持 Hadoop 的其他子项目的通用工具组成的分布式大数据开发平台。主要用于海量数据（PB 级数据是大数据层次的临界点）高效的存储、管理和分析。本章主要讲解 Hadoop 的体系架构、各组件的功能、工作原理、基本组成，以及 Hadoop 的安装和简单使用。

8.1　Hadoop 简介

Hadoop 是 Apache 软件基金会旗下的一个开源计算框架，具有高可靠性和良好的扩展性，可以部署在大量成本低廉的硬件设备（PC）上，为分布式计算任务提供底层支持。本节主要介绍什么是 Hadoop，Hadoop 的体系架构及各组件的基本功能，并说明 Hadoop 分布式开发与一般的分布式开发模式的不同。

8.1.1　Hadoop 与分布式开发技术

如今，大多数计算机软件都运行在分布式系统中，其交互界面、应用的业务流程以及数据资源存储于松耦合的计算节点和分层的服务中，再由网络将它们连接起来。分布式开发技术已经成为建立应用框架（Application Framework）和软件构件（Software Component）的核心技术，在开发大型分布式应用系统中表现出强大的生命力，软件开发工程在分布式系统的概念上不断进化发展，近年来所盛行的微服务、服务网格等软件工程思想，本质上依然是对分布式开发所提倡的分治思想的进一步扩展。

不同的分布式系统或开发平台，其所在层次是不一样的，完成的功能也不一样。如分布式操作系统、分布式程序设计语言及其编译（解释）系统、分布式文件系统和分布式数据库系统等。要完成一个分布式系统有很多工作要做，所以说分布式开发就是根据用户的需要，选择特定的分布式软件系统或平台，然后基于这个系统或平台进一步开发，或者在这个系统上进行分布式应用的使用。

Hadoop 是分布式开发技术的一种，它实现了分布式文件系统和部分分布式数据库的功能。如一个只有 500GB 的单机节点无法一次性处理连续的 PB 级的数据，那么应如何解决这个问题？这就需要把大规模数据集分别存储在多个不同节点的系统中，实现一个跨网络的多个节点资源的文件系统，即分布式文件系统（Distributed File System，DFS）。Hadoop 是一个以分布式文件系统 HDFS 和 MapReduce 为核心的分布式系统基础架构，主要用于对海量数据进行高效的存储、管理和分析。Hadoop 中的分布式文件系统 HDFS 的高容错性、高伸缩性等优点让用户可以在价格低廉的硬件上部署Hadoop，形成分布式文件系统。Hadoop中的并行编程框架MapReduce让用户可以在不了解分布式底层细节的情况下，开发分布式并行程序，并可以充分利用集群的威力进行高速运算和存储，使得软件开发人员能够通过Hadoop进行相应的分布式并行软件开发。

要通过Hadoop进行分布式开发，需要先知道Hadoop的应用特点。Hadoop具备处理大规模分布式数据的能力，而且所有的数据处理作业都是批处理的，所有要处理的数据都要求在本地，任务的处理是高延迟的。MapReduce的处理过程虽然是基于流式的，但是处理的数据不是实时数据，也就是说Hadoop在实时数据处理上不占优势。

Hadoop最早起源于Nutch。Nutch是基于Java实现的开源搜索引擎，2002年由Doug Cutting领衔的Yahoo！团队开发。2003年，Google在SOSP（操作系统原理会议）上发表了有关GFS（Google File System，Google文件系统）分布式存储文件系统的论文；2004年，Google在OSDI（操作系统设计与实现会议）上发表了有关MapReduce分布式处理技术的论文。Cutting意识到，GFS可以解决在网络抓取和索引过程中产生的超大文件存储需求的问题，MapReduce框架可用于处理海量网页的索引问题。但是，Google仅仅提供了思想，并没有开源代码，于是，在2004年，Nutch项目组将这两个系统复制重建，形成了Hadoop，成为真正可扩展应用于Web数据处理的技术。图8-1所示是Hadoop的Logo。

图8-1　Hadoop的Logo

8.1.2　Hadoop的体系架构

Hadoop实现了一个对大数据进行分布式并行处理的系统框架，是一种数据并行的处理方法。由实现数据分析的MapReduce计算框架和实现数据存储的分布式文件系统HDFS有机结合组成，它自动把应用程序分割成许多小的工作单元，并把这些单元放到集群中的相应节点上执行，而分布式文件系统HDFS负责各个节点上数据的存储，实现高吞吐率的数据读写。Hadoop的基础架构如图8-2所示。

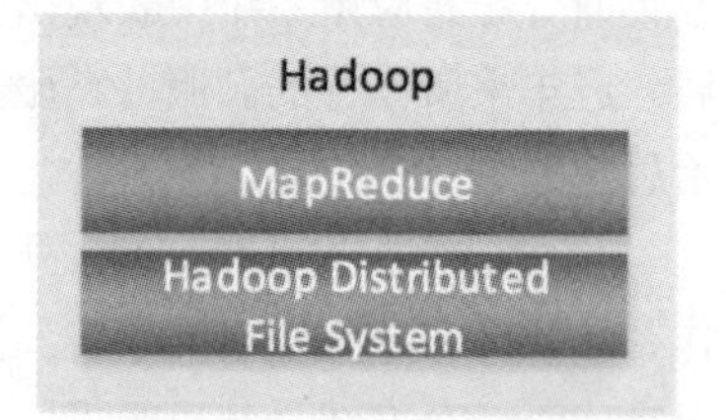

图8-2　Hadoop基础架构

HDFS是Hadoop的分布式文件存储系统。从用户角度看，HDFS和其他分布式文件系统没有什么区别，都具有创建文件、删除文件、移动文件和重命名文件等功能。但HDFS是用来存储大数据的，并且是分布式存储，所以所有特点都与大数据和分布式有关。为了满足大数据的处理需求，Hadoop对超大文件的访问、读操作比例远超过写操作、集群中的节点极易发生故障造成节点失效等问题从技术上进行了优化。

MapReduce是一个分布式计算框架，是Hadoop的一个基础组件。分为Map过程和Reduce过程，是一种将大任务细分处理再汇总结果的一种方法。MapReduce是一种编程模型，支持使用廉价的计算机集群对规模达到PB级的数据集进行分布式并行计算。MapReduce由Map函数和Reduce函数构成，分别完成任务的分解与结果的汇总。MapReduce的用途是进行批量处理，不是进行实时查询，即特别不适用于交互式应用。它极大地方便了编程人员在不会分布式并行编程的情况下，将自己的程序运行在分布式系统上。

值得注意的是，自 2011 年 Hadoop 以 1.0 版本正式发布以来，经过多年的发展其基本架构固定。在 2012 年所发布的 2.0 版本中 Hadoop 对原有的技术架构做了大幅度更新，增加了 HDFS Federation 和 Yarn 两个增强系统。2017 年发布的 3.0 版本则对其进行进一步优化，更好地提升其可用性。在后续对 HDFS 和 MapReduce 的介绍中也将结合其新增的特性进行讲解。

目前，Hadoop 已经发展成为包含很多项目的集合，形成了一个以 Hadoop 为中心的生态系统（Hadoop Ecosystem），如图 8-3 所示。此生态系统提供了互补性服务或在核心层上提供了更高层的服务，使 Hadoop 的应用更加方便快捷。

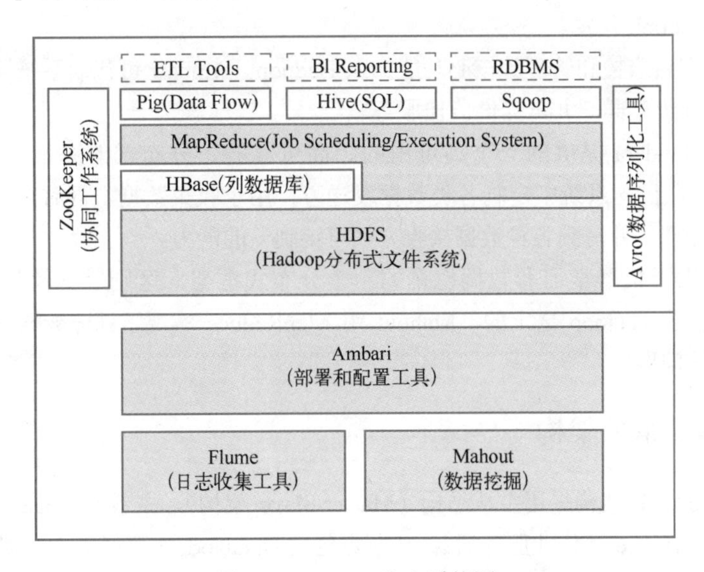

图 8-3　Hadoop 生态系统图

以下为 Hadoop 生态系统的介绍。

- Yarn 是 Hadoop 集群的资源管理系统。Hadoop2.0 对 MapReduce 框架做了彻底的设计重构，我们称 Hadoop2.0 中的 MapReduce 为 MRv2 或者 Yarn。
- ETL Tools 是构建数据仓库的重要环节，由一系列数据仓库采集工具构成。
- BI Reporting（Business Intelligence Reporting，商业智能报表）能提供综合报告、数据分析和数据集成等功能。
- RDBMS 是关系型数据库管理系统。RDBMS 中的数据存储在被称为表（Table）的数据库中。表是相关记录的集合，它由行和列组成，是一种二维关系表。
- Pig 数据分析语言提供相应的数据流（Data Flow）语言和运行环境，实现数据转换（使用管道）和实验性研究（如快速原型）。适用于数据准备阶段，Pig 运行在由 Hadoop 基本架构构建的集群上。
- Hive 分布式数据仓库擅长于数据展示，由 Facebook 开发。Hive 管理存储在 HDFS 中的数据，提供了基于 SQL 的查询语言查询数据。Hive 和 Pig 都建立在 Hadoop 基本架构之上，可以用来从数据库中提取信息，交给 Hadoop 处理。

- Sqoop 是数据格式转化工具，是完成 HDFS 和关系型数据库中的数据相互转移的工具。
- HBase 是类似于 Google BigTable 的分布式列数据库。HBase 支持 MapReduce 的并行计算和点查询（即随机读取）。HBase 是基于 Java 的产品，与其对应的基于 C++的开源项目是 Hypertable，也是 Apache 的项目。
- Avro 是一种新的数据序列化（Serialization）格式和传输工具，主要用来取代 Hadoop 基本架构中原有的 IPC（Inter-Process Communication，进程间通信）机制。
- Zookeeper 是协同工作系统，用于构建分布式应用，是一种分布式锁设施，提供类似 Google Chubby（主要用于解决分布式一致性问题）的功能，它是基于 HBase 和 HDFS 的，由 Facebook 开发。
- Ambari 旨在将监控和管理等核心功能加入 Hadoop。Ambari 可帮助系统管理员部署和配置 Hadoop、升级集群，并可提供监控服务。
- Flume 是 Cloudera 提供的一个高可用的、高可靠的、分布式的海量日志收集工具，即 Flume 支持在日志系统中定制各类数据发送方，用于收集数据；同时，Flume 提供对数据进行简单处理，并写到各种数据接收方（可定制）的能力。
- Mahout 是用于机器学习和数据挖掘的一个分布式框架，区别于其他的开源数据挖掘软件，它是基于 Hadoop 之上的。Mahout 用 MapReduce 实现了部分数据挖掘算法，解决了并行挖掘的问题。

8.1.3 Hadoop 集群的架构

Hadoop 集群的逻辑架构采用主从结构（Master/Slave 架构）。主节点 Master 包括 NameNode（管理节点）和 JobTracker（作业服务器）；从节点包括 DataNode（数据节点）和 TaskTracker（任务服务器），一个 Hadoop 集群包含多个 DataNode 和 TaskTracker。Hadoop 集群的逻辑架构如图 8-4 所示。

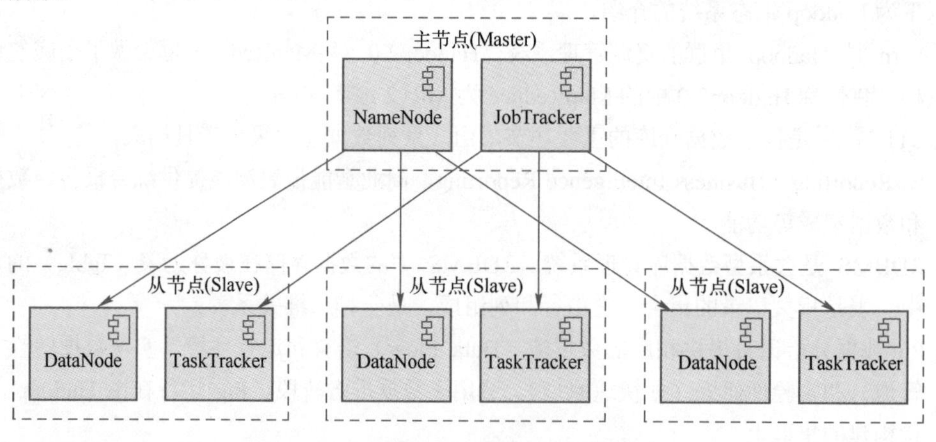

图 8-4　Hadoop 集群的逻辑架构图

主从结构的 NameNode 和 DataNodes 结合，完成 HDFS 功能。NameNode 负责接收用户操作请求（如创建文件夹、删除、移动、遍历等），维护文件系统的目录结构，管理文件与 Block 之间的关系及 Block 与 DataNode 之间的关系。DataNode 负责存储文件，文件被分成 Block 存储在磁盘上（为保证数据安全，文件会有多个副本）。

主从结构的 JobTracker 和 TaskTracker 结合，完成 MapReduce 功能。JobTracker 负责接收客户提交的计算任务，再把计算任务分给 TaskTracker 执行，监控 TaskTracker 的执行情况。TaskTracker 负责执行 JobTracker 分配的计算任务。

Hadoop 集群的物理分布如图 8-5 所示。客户端（Client）通过多个交换机（Switch，完成过滤、学习和转发过程的任务）与后台 Hadoop 集群进行信息交互，Hadoop 集群中至少包含一个 NameNode 和一个 JobTracker，多个 DataNode 和 TaskTracker。Hadoop 集群的物理分布可以由多个机架（Rack）组成，图 8-5 中所示集群是由两个机架组成。

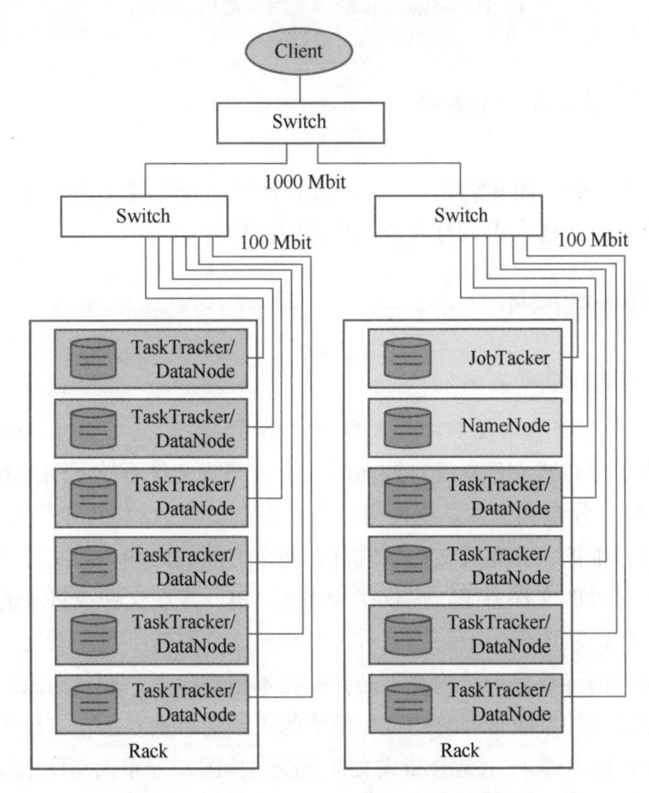

图 8-5　Hadoop 集群物理分布示意图

Master 节点运行的是 JobTracker 和 NameNode； Slave 节点运行的是 TaskTracker 和 DataNode。Hadoop 单节点物理结构如图 8-6 所示，Master 节点（Master Node）的物理结构从下到上依次是由服务器（Server）、Linux 操作系统（Operating System，OS）、Java 虚拟机（Java Virtual Machine，JVM）、Hadoop 公用程序（utility）、JobTracker、备用 NameNode（Secondary NameNode）、NameNode 和一个浏览器构成；Slave 节点（Slave Node）的物理结构从下到上依次是服务器、Linux OS、JVM、TaskTracker 和 DataNode 构成。

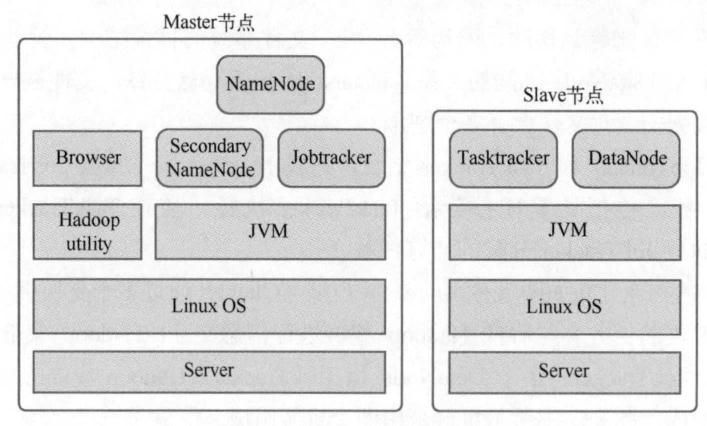

图 8-6 Hadoop 单节点物理结构示意图

8.2 分布式文件系统 HDFS

Hadoop 分布式文件系统 HDFS 是一个设计运行在普通硬件设备上的分布式文件系统，具有高容错性，提供高吞吐量，适合于具有大数据集的应用场合。

8.2.1 分布式文件系统概述

1. 分布式文件系统的概念

为了满足目前文件存储的新要求，即大容量、高可靠性、高可用性、高性能、动态可扩展性、易维护性而提出了分布式文件系统。顾名思义，分布式文件系统（Distributed File System）就是分布式+文件系统。分布式文件系统使得分布在多个节点上的文件如同位于网络上的同一个位置而便于动态扩展和维护。分布式文件系统具有两个方面的内涵，从文件系统的客户使用者角度来看，它就是一个标准的文件系统，提供了一系列 API，实现文件或目录的创建、移动、删除和对文件的读写等操作；从内部组织结构来看，分布式文件系统不再和普通文件系统一样负责管理本地磁盘，它的文件内容和目录结构都不是存储在本地磁盘上，而是通过网络传输到远端系统上。也就是说，分布式文件系统管理的物理存储资源不一定直接连接在本地节点上，而是通过计算机网络与节点相连。图 8-7 所示是分布式文件系统结构图，分布式文件系统结构包括客户端、应用服务器层和数据库服务层三部分。使用缓存（Cache）的客户端会监听客户端向应用服务器端发出的请求，并保存应用服务器端的回应——如 HTML 页面、图片等文件。典型的应用服务器层是 Web 服务器层，也将其统称为业务逻辑层。业务逻辑层主要是由满足企业业务需要的分布式构件组成，负责对输入/输出的数据按照业务逻辑进行加工处理，并实现对数据库服务器的访问，确保在更新数据库或将数据提供给用户之前数据是可靠的。

2. 最早的分布式文件系统

NFS（Network File System）是最早的分布式文件系统，采用的是 Master/Slave 架构，NFS 的最大功能是可以通过网络让不同的机器、不同的操作系统彼此共同分享和管理文件（Share

Files）——可以通过 NFS 挂载远程主机的目录，访问该目录就像访问本地目录一样，所以也可以简单地将它看作一个文件服务器（File Server）。图 8-8 所示是 NFS 文件系统的架构图及其工作流程。

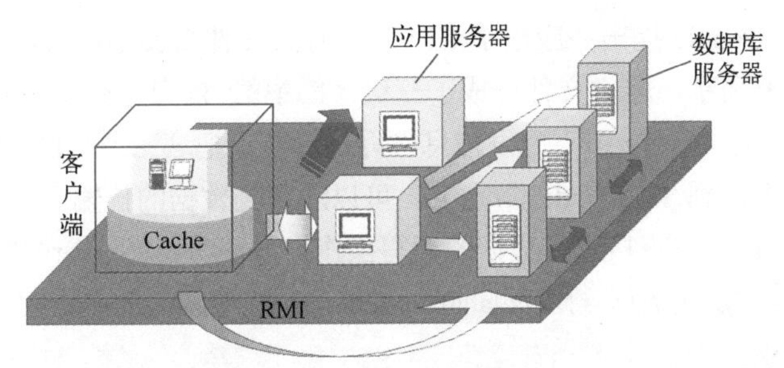

图 8-7　分布式文件系统结构图

NFS 文件系统的工作过程如下。

1）提供一个共享目录，如：/home/sharefile/。

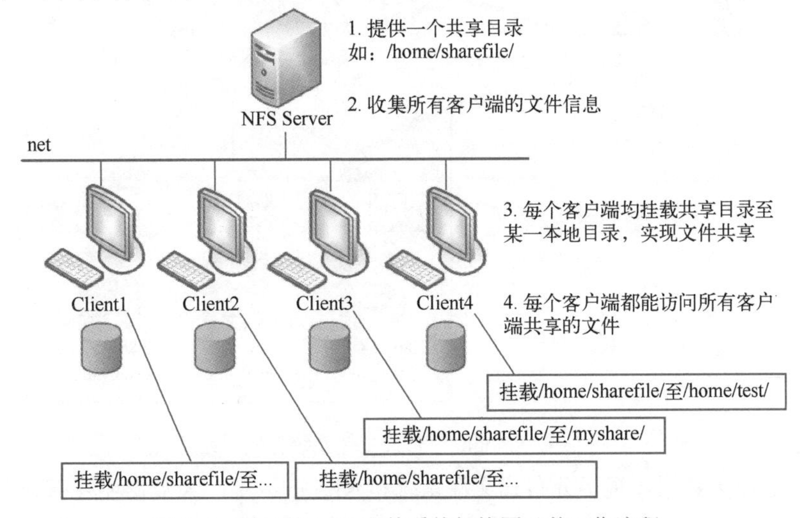

图 8-8　最早的 NFS 文件系统架构图及其工作流程

2）收集所有客户端的文件信息。

3）每个客户端均挂载共享目录至某一本地目录，实现文件共享。

4）每个客户端都能访问所有客户端共享的文件。

从以上工作过程可以看出，NFS 采用的是 Master/Slave 架构，实现了分布式文件存储，但每个节点之间的文件传输全部要通过主节点。

3．大数据环境下分布式文件系统优化思路

大数据时代，要求分布式文件系统能够存储并管理 PB 级数据，能够处理非结构化数据，注重数据处理的吞吐量，而且大数据的读操作比例远超于写操作。分布式文件系统架构在集群环境中，集群中节点失效是常态，即集群中的节点极易发生故障造成节点失效等问题，但分布式文件系统要实现任何一个节点失效都不影响文件系统对用户的服务，因此要从技术上对分布式文件系统进行优化。解决思路是首先将大文件分块，分别存储在不同的数据节点上；因数据存储在廉价的不可信节点集群架构上，所以数据副本数不能小于 2，单个数据节点故障时文件分块完整保存，后续保证充分复制；在读写数据时，不同的数据节点上实现并发读写，采用 write-once-read-many 存取模式。

这个思路最初由 Google 提出并应用于 GFS。当有大文件需要存储时，首先将文件按 64MB 的大小分块，如图 8-9 所示，将大文件分成了三块（图中的 1、2、3 即为数据块），然后发信息到集群中的 Server 节点，Server 节点回发信息告诉计算节点把这三个文件存储到什么位置，然后计算节点直接将数据存储到 DataNode 节点上。可以注意到数据的传输不再通过 Server 节点，而是计算节点和 DataNode 节点直接进行数据的读写操作，从而缓解 Server 节点数据传输瓶颈。其中 Server 节点中存放的是元数据（Metadata），Metadata 主要描述的是数据属性（property）的信息，是一种电子式目录。

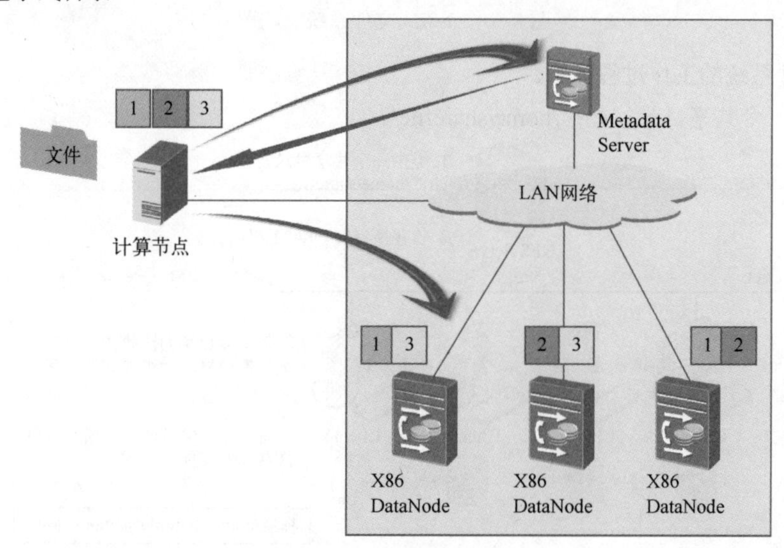

图 8-9　Google 分布式文件系统存储思路

以上可以看出大数据环境下分布式文件系统和 NFS 的区别：大数据环境下分布式文件系统数据传输不经过 NameNode，实现了文件分块和多重访问，提供计算功能。NFS 中数据传输需经过 NFS Server，文件不分块，提供了目的分享，但不提供计算功能。

8.2.2　HDFS 的架构及读写流程

1. HDFS 的架构

HDFS 是一个典型的主从（Master/Slave）架构。Master 主节点（NameNode）也叫元数据节点（MetadataNode），可以看作是分布式文件系统中的管理者，存储文件系统的 Metadata（元数据）。Metadata 包括文件系统的管理节点（NameNode），访问控制信息，块当前所在的位置，集群配置等信息。从节点也叫数据节点（DataNode），提供真实文件数据的物理支持。Hadoop 集群中包含大量的 DataNode，DataNode 响应客户端的读写请求，还响应 Metadata Node 对文件块的创建、删除、移动、复制等命令。HDFS 的系统架构如图 8-10 所示。

从图 8-10 中可看出，客户端可以通过元数据节点从多个数据节点中读取数据块，而这些文件元数据信息的收集是各个数据节点自发提交给元数据节点的，它存储了文件的基本信息。当数据节点的文件信息有变更时，就会把变更的文件信息传送给元数据节点，元数据节点对数据节点的读取操作都是通过这些元数据信息来查找的。这种重要的信息一般会有备份，存储在次级元数据节点（Secondary MetadataNode）上。写文件操作也是需要知道各个节点的元数据信息、哪些块有空闲、空闲块位置、离哪个数据节点最近、备份多少次等，然后再写入。在有至少两个机架（Rack）的情况下，一般除了写入本机架中的几个节点外还会写入到另外一个机架节点中，这就是所谓的“机架感知”。如图 8-10 中的 Rack1 和 Rack2 就是指两个机架。

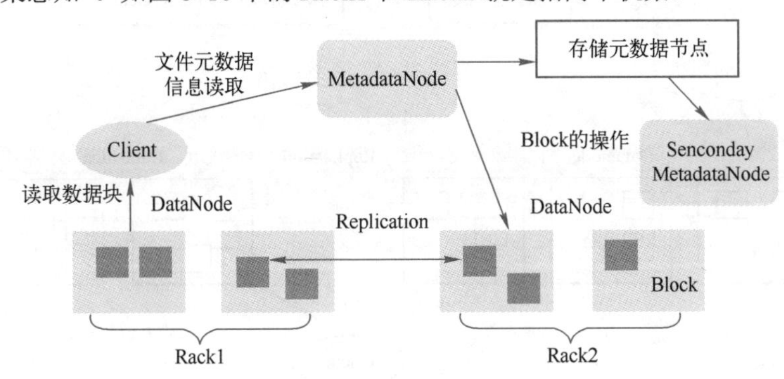

图 8-10　HDFS 系统架构图

在 HDFS 中，DataNode 把存储的文件块信息报告给 MetadataNode，而这种报文信息采用的心跳机制，每隔一定时间向 NameNode 报告块映射状态和元数据信息，如果报告在一定时间内没有送达 MetadataNode，MetadataNode 会认为该节点失联（Uncommunicate），长时间没有得到心跳消息直接标识该节点死亡（Dead），也就不会再继续监听这个节点，除非该节点恢复后手动联系 NameNode，这个过程也叫作 Block 的操作。

在 HDFS 上的文件被划分成多个 64MB 的块（Chunk）作为独立储存单元。不满一个块大小的数据不会占据整个块空间，也就是这个块空间还可以和其他数据共享。分布式文件中的块抽象是很好的一种设计，这种设计带来很多好处。如 HDFS 中可以存储一个超过该集群中任一个磁盘容量的大文件，因为它是分块存储的。

通过按块备份可以提高文件系统的容错能力和可靠性，将块冗余备份到其他几个节点上（系统默认共 3 个），当某个块损坏时就可以从其他节点中读取副本，并且重新冗余备份到其他节点上去，而这个过程也是 HDFS 自动完成的，对用户来说是透明的。

HDFS 不适合存储小文件，如果文件比较小，不建议使用 HDFS；当有大量的随机读操作时，也不建议使用 HDFS；同时还要注意，HDFS 不支持对文件的修改。

2. HDFS 的读写流程

Master 主节点（NameNode）管理文件系统所有的元数据，为所有文件和目录提供一个树状结构的元数据信息；实现客户端文件的操作控制和存储任务的管理分配，即它也决定着数据块到 DataNode 的映射。Client 是需要获取分布式文件系统的应用程序。

（1）文件读取

HDFS 文件读取操作如图 8-11 所示。Client 向 NameNode 发起文件读取的请求；NameNode

返回文件存储的 DataNode 的信息；Client 从 DataNode 直接读取文件信息。

（2）文件写入

HDFS 文件写入操作如图 8-11 所示。Client 向 NameNode 发起文件写入的请求；NameNode 根据文件大小和文件块配置情况，返回给 Client 它所管理部分 DataNode 的信息；Client 将文件划分为多个文件块，根据 DataNode 的地址信息，按顺序直接写入到每一个 DataNode 块中，不再通过 NameNode。

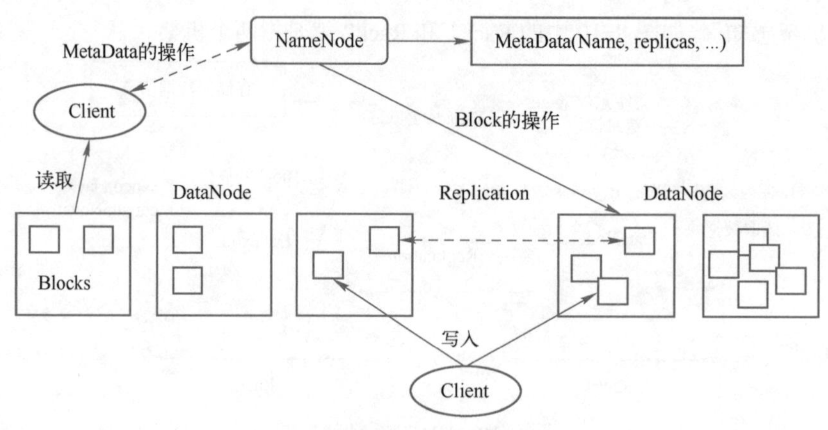

图 8-11 HDFS 文件读取操作图

（3）问题与发展

随着互联网的快速发展，Hadoop 所需处理的数据量呈现几何形式增长，虽然这个架构可以很好地处理海量的大数据存储，但是当文件比较多时，这种架构的 NameNode 就会产生很严重的问题。这是因为集群中数据的元数据全部都是由 NameNode 节点维护，为了达到高效的访问。而 HDFS 中的每一个文件、目录以及数据块，在 NameNode 内存都会有记录，每个数据块的信息大约占用 150 字节的内存空间，巨量的单点数据成为 Hadoop 稳定性和扩展性的瓶颈。

为了解决 HDFS 的水平扩展性问题，社区从 Apache Hadoop 0.23.0 版本开始引入了 HDFS federation。HDFS Federation 是 HDFS 集群可同时存在多个 NameNode/Namespace，每个 Namespace 之间是互相独立的；单独的一个 Namespace 里面包含多个 NameNode，其中一个是主，剩余的是备。这些 Namespace 共同管理整个集群的数据，每个 Namespace 只管理一部分数据，之间互不影响。集群中的 DataNode 向所有的 NameNode 注册，并定期向这些 NameNode 发送心跳和块信息，同时 DataNode 也会执行 NameNode 发送过来的命令。集群中的 NameNodes 共享所有 DataNode 的存储资源。

不过在使用 HDFS federation 解决水平扩展问题时，也出现了新的问题。现在集群中存在多个 Namespace，每个 Namespace 管理一部分数据，那客户端如何知道要查询的数据在哪个 Namespace 上呢？在 2.0 版本，为了解决这个问题，社区引入了视图文件系统（View File System）来尝试解决，但此方案将解决点放在客户端上，对于由 1.0 版本升级而来的用户有较大的迁移成本，为此，社区从 Hadoop 2.9.0 和 Hadoop 3.0.0 版本开始引入了一种基于路由的 Federation 方案（Router-Based Federation）解决此问题。此处因篇幅原因便不再展开讨论，有兴趣的读者可自行参考 HDFS 官方文档。

8.3 分布式计算框架 MapReduce

MapReduce 是一种用于在大型商用硬件集群中（成千上万的节点）对海量数据（多个兆字节数据集）实施可靠的、高容错的分布式计算的框架，也是一种经典的并行计算模型。MapReduce 的基本原理是将一个复杂的问题（数据集）分成若干个简单的子问题（数据块）进行解决（Map 函数）；然后对子问题的结果进行合并（Reduce 函数），得到原有问题的解（结果），如图 8-12 所示。同时 MapReduce 模型适合于大文件的处理，对很多小文件的处理效率不是很高，这一点和 HDFS 一样。

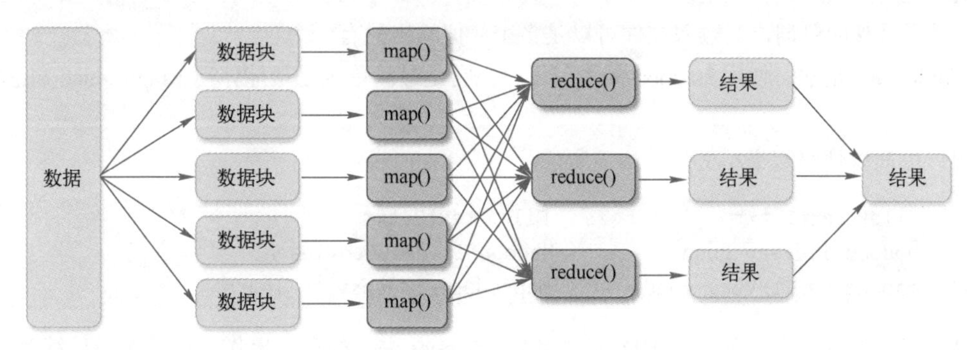

图 8-12　MapReduce 基本原理图

8.3.1 MapReduce 编程模型

1. MapReduce 编程模型简介

MapReduce 是一种思想或是一种编程模型。对 Hadoop 来说，MapReduce 是一个分布式计算框架，是它的一个基础组件。当配置好 Hadoop 集群时，MapReduce 已包含在内。

MapReduce 编程模型主要由两个抽象类构成，即 Mapper 类和 Reducer 类，Mapper 用以对切分过的原始数据进行处理，Reducer 则对 Mapper 的结果进行汇总，得到最后的输出结果。对软件开发人员而言，只需要分别实现 Map 函数和 Reduce 函数即可以编写 MapReduce 程序，这一点和编写过程函数一样简单。

在数据格式上，Mapper 接受<key, value>格式的数据流，并产生一系列同样是<key, value>形式的输出，这些输出经过相应处理，形成<key, {value list}>的形式的中间结果；之后，由 Mapper 产生的中间结果再传给 Reducer 作为输入，把相同 key 值的{value list}做相应处理，最终生成<key, value>形式的结果数据，再写入 HDFS 中。根据其工作原理，可将 MapReduce 编程模型分为两类：MapReduce 简单模型和 MapReduce 复杂模型。

（1）MapReduce 简单模型

对于某些任务来说，可能并不一定需要 Reduce 过程，如只需要对文本的每一行数据作简单的格式转换即可，那么只需要由 Mapper 处理后就可以了。所以 MapReduce 也有简单的编程模型，该模型只有 Mapper 过程，由 Mapper 产生的数据直接写入 HDFS。

（2）MapReduce 复杂模型

对于大部分的任务来说，都是需要 Reduce 过程，并且由于任务繁重，会启动多个 Reducer（默认为 1，根据任务量可由用户自己设定合适的 Reducer 数量）来进行汇总。如果只用一个 Reducer 计算所有 Mapper 的结果，会导致单个 Reducer 负载过于繁重，成为性能的瓶颈，大大增加任务的运行周期。

2．MapReduce 编程实例

为了比较好地理解 MapReduce 编程模型，本文以经典案例 WordCount 为例来讲解 MapReduce 的应用。WordCount 按英文意思为“词频统计”，这个程序的作用是统计文本文件中各单词出现的次数。其特点是以“空字符”为分隔符将文本内容切分成一个个单词，并不检测这些单词是不是真的单词，其输入文件可以是多个，但输出只有一个。

WordCount 是学习使用 Hadoop 的入门程序。它是最简单也是最能体现 MapReduce 思想的程序之一。

可以先简单地写两个小文件，如下所示。

```
File：text1.txt                  File：text2.txt
hadoop is very good             hadoop is easy to learn
mapreduce is very good          mapreduce is easy to learn
```

然后可以把这两个文件存入 HDFS 并用 WordCount 进行处理（操作过程请参考后续章节），最终结果会存储在指定的输出目录中，打开结果文件可以看到如下内容。

```
easy        2
good        2
hadoop      2
is          4
learn       2
mapreduce   2
to          2
very        2
```

从上述结果可以看出，每一行有两个值，之间以一个 Tab 制表位相隔，第一个值就是 key，也就是 WordCount 找到的单词；第二个值为 value，为各个单词出现的次数。细心的读者可能会发现，整体结果是按 key 进行升序排列的，这其实也是 MapReduce 过程中进行了排序的一种体现。

实现 WordCount 的伪代码如下。

```
mapper(String key, String value)                //key：偏移量    value:字符串内容
{
        words = SplitInTokens(value);           //切分字符串
        for each word w in words                //对字符串中的每一个 word
             Emit(w, 1);                        //输出 word, 1
}
reducer(string key, value_list)                 //key：单词：value_list：值列表
```

```
    {
        int sum = 0;
        for each value in value_list          //对列表中的每一个值
            sum += value;                     //加到变量 sum 中
        Emit(key, sum);                       //输出 key, sum
    }
```

上述伪代码显示了 WordCount 的 Mapper 和 Reducer 处理过程，在实际处理中，根据输入的具体情况，一般会有多个 Mapper 实例和 Reducer 实例，并且运行在不同的节点上。首先，各 Mapper 对自己的输入进行切词，以<word, 1>的形式输出中间结果，并把结果存储在各自节点的本地磁盘上；之后，Reducer 对这些结果进行汇总，不同的 Reducer 汇总分配给各自的部分，计算每一个单词出现的总次数，最后以<word, counts>的形式输出最终结果并写入 HDFS 中。

从上例可以发现，能使用 MapReduce 编程模型处理的问题其实是有限制的。MapReduce 适用于大问题分解而成的小问题彼此之间没有依赖关系的情形，就如本例中，计算 text1 中各单词出现的次数对计算 text2 而言没有任何影响，反过来也是如此。

8.3.2 MapReduce 数据流

从 MapReduce 的编程模型中可以发现，数据以不同的形式在不同节点之间流动，即经过本节点的分析处理，以另外一种形式进入下一个节点，从而得出最终结果。因此了解数据在各个节点之间的流入和流出形式对我们开发系统很重要。

Mapper 处理的是<key, value>形式的数据，即不能直接处理文件流，那么它的数据源是怎么来的呢？由多个 Mapper 产生的数据是如何分配给多个 Reducer 的呢？这些操作都是由 Hadoop 提供的基本 API（InputFormat、Partioner、OutputFormat）实现的，这些 API 类似于 Mapper 和 Reducer，它们属于同一层次，不过完成的是不同的任务，并且它们本身已实现了很多默认的操作，这些默认的实现已经可以完成用户的大部分需求；当然，如果默认实现并不能完成用户的要求，用户也可以继承覆盖这些基本类实现特殊的处理。

我们依旧以 WordCount 为例来讲解 MapReduce 数据流，整个处理过程如图 8-13 所示。

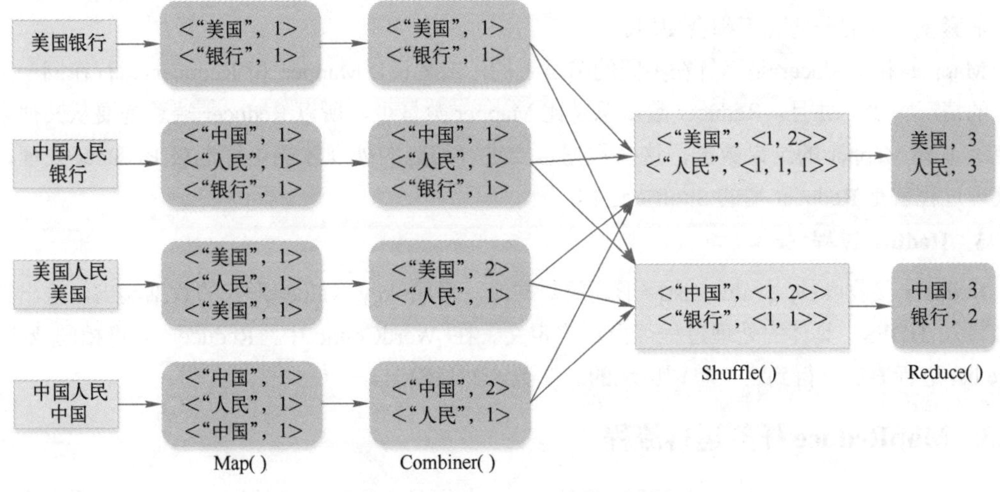

图 8-13 WordCount 的处理过程

1. 分片、格式化数据源（InputFormat）

InputFormat 主要有两个任务，一个是对源文件进行分片，并确定 Mapper 的数量；另一个是对各分片进行格式化，处理成<key, value>形式的数据流并传给 Mapper。图中先对源文件进行分片，该图中分成了 4 片，并确定 Mapper 的数量（4 个），然后对各分片进行格式化，处理成<key, value>形式的数据流并传给 Map()。

2. Map 过程

Mapper 接收<key, value>形式的数据，并处理成<key, value>形式的数据，具体的处理过程可由用户定义。在 WordCount 中，Mapper 会解析传过来的 key 值，以“空字符”为标识符，如果碰到“空字符”，就会把之前累计的字符串作为输出的 key 值，并以 1 作为当前 key 的 value 值，形成<word, 1>的形式。

3. Combiner 过程

每一个 map()都可能会产生大量的本地输出，Combiner()的作用就是对 map()端的输出先做一次合并，以减少在 Map 和 Reduce 节点之间的数据传输量，提高网络 I/O 性能，是 MapReduce 的一种优化手段之一。如在 WordCount 中，map()在传递给 Combiner()前，map 端的输出会先做一次合并。

4. Shuffle 过程

Shuffle 过程是指从 Mapper 产生的直接输出结果，经过一系列的处理，成为最终的 Reducer 直接输入数据为止的整个过程，这一过程也是 MapReduce 的核心过程。

整个 Shuffle 过程可以分为两个阶段，Mapper 端的 Shuffle 和 Reducer 端的 Shuffle。由 Mapper 产生的数据并不会直接写入磁盘，而是先存储在内存中，当内存中的数据达到设定阈值时，再把数据写到本地磁盘，并同时进行 sort（排序）、combine（合并）、partition（分片）等操作。sort 操作是把 Mapper 产生的结果按 key 值进行排序；combine 操作是把 key 值相同的相邻记录进行合并；partition 操作涉及如何把数据均衡地分配给多个 Reducer，它直接关系到 Reducer 的负载均衡。其中 combine 操作不一定会有，因为在某些场景不适用，但为了使 Mapper 的输出结果更加紧凑，大部分情况下都会使用。

Mapper 和 Reducer 是运行在不同的节点上的，或者说，Mapper 和 Reducer 运行在同一个节点上的情况很少，并且，Reducer 数量总是比 Mapper 数量少，所以 Reducer 端总是要从其他多个节点上下载 Mapper 的结果数据，这些数据也要进行相应的处理才能更好地被 Reducer 处理，这些处理过程就是 Reducer 端的 Shuffle 过程。

5. Reduce 过程

Reducer 接收<key, {value list}>形式的数据流，形成<key, value>形式的数据输出，输出数据直接写入 HDFS，具体的处理过程可由用户定义。在 WordCount 中，Reducer 会将相同 key 的 value list 进行累加，得到这个单词出现的总次数，然后输出。

8.3.3 MapReduce 任务运行流程

从 MapReduce 的编程模型中可以发现，程序并不是像我们以前的编程模式——程序执行的位置是固定的，通过调用数据库中的数据完成某一任务。在 MapReduce 的编程模型中，程序在各个节点之间也发生了流动。为了不与大家以前学习的程序概念相混淆，我们将完成某一功能的程序叫作任务。MapReduce 的任务流程是从客户端提交任务开始，直到任务运行结束的一系列流程。MRv2 是 Hadoop2 中的 MapReduce 任务运行流程。在 MRv2 中，MapReduce 运行时环境由 Yarn 提供，所以需要 MapReduce 相关服务和 Yarn 相关服务进行协同工作，下面先讲述 MRv2 和 Yarn 的基本组成，再简述 MapReduce 任务的执行流程。

1. MRv2 基本组成

MRv2 舍弃了 MRv1（是 Hadoop1 中的 MapReduce 任务运行流程）中的 JobTrack 和 TaskTrack，而采用一种新的 MRAppMaster 进行单一任务管理，并与 Yarn 中的 Resource Manager 和 NodeManage 协同调度与控制任务，避免了由单一服务（MRv1 中的 JobTrack）管理和调度所有任务而产生的负载过重的问题。MRv2 基本组成如下。

1）客户端（client）：客户端用于向 Yarn 集群提交任务，是 MapReduce 用户和 Yarn 集群通信的唯一途径，它通过 ApplicationClientProtocol 协议（RPC 协议的一个实现）与 Yarn 的 ResourceManager 通信，通过客户端，还可以对任务状态进行查询或杀死任务等。客户端还可以通过 MRClientProtocol 协议（RPC 协议的一个实现）与 MRAppMaster（请看下一条）进行通信，从而直接监控和控制作业，以减轻 ResourceManager 的负担。

2）MRAppMaster：MRAppMaster 为 ApplicationMaster 的一个实现，它监控和调度一整套 MR 任务流程，每个 MR 任务只产生一个 MRAppMaster。MRAppMaster 只负责任务管理，并不负责资源的调配。

3）Map Task 和 Reduce Task：用户定义的 Map 函数和 Reduce 函数的实例化，在 MRv2 中，它们只能在 Yarn 给定的资源限制下运行，由 MRAppMaster 和 NodeManage 协同管理和调度。

2. Yarn 基本组成

Yarn 是一个资源管理平台，它监控和调度整个集群资源，并负责管理集群所有任务的运行和任务资源的分配，它的基本组成如下。

1）Resource Manager（RM）：运行于 NameNode，为整个集群的资源调度器，它主要包括两个组件：Resource Schedule（资源调度器）和 Applications Manager（应用程序管理器）。

- Resource Schedule：当有应用程序已经注册需要运行时，ApplicationMaster 会向它申请资源，而它会根据当时的资源和限制进行资源分配，它会产生一个 container 资源描述（第 4 点）。
- Applications Manager：它负责管理整个集群运行的所有任务，包括应用程序的提交，和 Resource Schedule 协商启动和监控 ApplicationMaster，并在 ApplicationMaster 任务失败时在其他节点重启它。

2）NodeManager：运行于 DataNode，监控并管理单个节点的计算资源，并定时向 RM 汇报节点的资源使用情况，在节点上有任务时，还负责对 container 进行创建、运行状态的监控及最终销毁。

3）ApplicationMaster（AM）：负责对一个任务流程的调度、管理，包括任务注册、资源申请，以及与 NodeManage 通信以开启和终止任务等。

4）container：Yarn 架构下对运算资源的一种描述，它封装了某个节点的多维度资源，包括CPU、RAM、Disk、Network 等。当 AM 向 RM 申请资源时，RM 分配的资源就是以 container 表示的，Map Task 和 Reduce Task 只能在所分配的 container 描述限制中运行。

3．任务流程

在 Yarn 中，资源管理由 ResourceManage 和 NodeManager 共同完成，其中，Resource-Manager 中的调度器负责资源的分配，NodeManager 负责资源的供给和隔离。Resource-Manager 将某个 NodeManager 上资源分配给任务（所谓的“资源调度”）后，NodeManager 需按照要求为任务提供相应的资源，并保证这些资源具有独占性，为任务运行提供基础的保证（所谓的资源隔离）。

Yarn 架构中的 MapReduce 任务运行流程主要可以分为两个部分：一是客户端向 Resource-Manager 提交任务，ResourceManager 通知相应的 NodeManager 启动 MRAppMaster；二是 MRAppMaster 启动成功后，则由它调度整个任务的运行，直到任务完成，其详细步骤如图 8-14 所示。

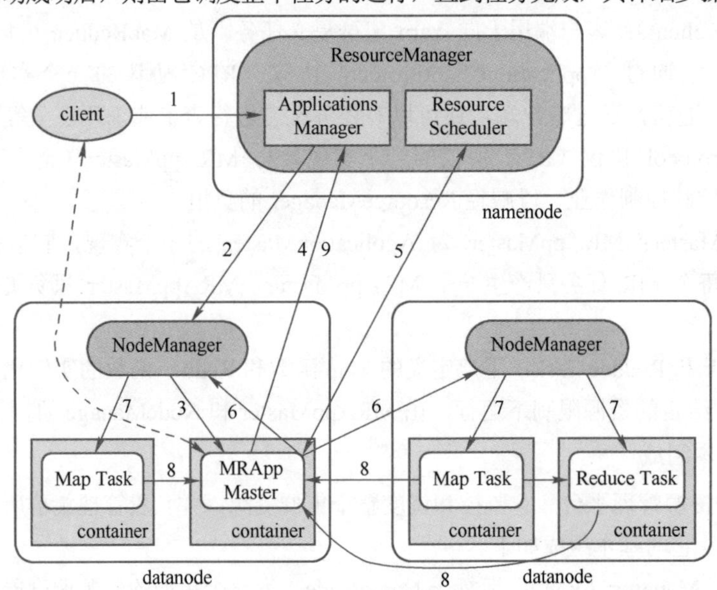

图 8-14　Yarn 中 MapReduce 的任务运行流程

1）client 向 ResourceManager 提交任务。

2）ResourceManager 分配该任务的第一个 container，并通知相应的 NodeManager 启动 MRAppMaster。

3）NodeManager 接收命令后，开辟一个 container 资源空间，并在 container 中启动相应的 MRAppMaster。

4）MRAppMaster 启动之后，第一步会向 ResourceManager 注册，这样用户可以直接通过 MRAppMaster 监控任务的运行状态。之后则直接由 MRAppMaster 调度任务运行，重复 5）～8），直到任务结束。

5）MRAppMaster 以轮询的方式向 ResourceManager 申请任务运行所需的资源。

6）一旦 ResourceManager 配给了资源，MRAppMaster 便会与相应的 NodeManager 通信，让它划分 Container 并启动相应的任务（Map Task 或 Reduce Task）。

7）NodeManager 准备好运行环境，启动任务。

8）各任务运行，并定时通过 RPC 协议向 MRAppMaster 汇报自己的运行状态和进度。MRAppMaster 也会实时地监控任务的运行，当发现某个 Task 假死或失败时，便杀死它重新启动任务。

9）任务完成，MRAppMaster 向 ResourceManager 通信，注销并关闭自己。

8.4 列式数据库 HBase

HBase 是一个高可靠、高性能、面向列、可伸缩、实时读写的分布式数据库系统，具有接近硬盘极限的写入性能及出色的读取表现，适合数据量大但操作简单的任务场景。HBase 可以用 HDFS 作为其文件存储系统，并支持使用 MapReduce 分布式模型处理 HBase 中的海量数据，利用 Zookeeper 进行协同管理数据。

本节主要介绍 HBase 的表视图（概念视图和物理视图）及物理存储模型。概念视图相当于逻辑视图，可以看到整张表的结构；而物理视图则是表基本存储结构，可以看出 HBase 的表记录是存储在不同的单元中，这也是 HBase 和关系型数据库最大区别。HBase 物理存储模型主要介绍 HBase 的基本服务、数据处理流程和底层数据结构。通过本节学习，读者可以了解 HBase 的基本原理，HBase 的表结构（逻辑和物理）以及一些底层相关细节。

8.4.1 HBase 列式数据库介绍

HBase 采用了 Google BigTable 稀疏的面向列的数据库实现方式的原理，建立在 Hadoop 的 HDFS 上，一方面用了 HDFS 的高可靠性和可伸缩性，另外一方面用了 BigTable 的高效数据组织形式。可以说 HBase 为海量数据的 real-time 相应提供了很好的一个开源解决方案。

HBase 提供了一个类似于 MySQL 等关系型数据库的 Shell。通过该 Shell 可以对 HBase 的相关表以及列族进行控制和处理。HBase Shell 的 help 命令比较详细地列出了 HBase 所支持的命令，具体使用方法可以参见其文档。

实质上，HBase 称为 Map 的数据结构，相当于 PHP 中的数组，Python 中的字典，Ruby 中的 Hash 或者 Javascript 中的 Object，所以每一行是一个 Map，这个 Map 中还可以有多个 Map（基于列组）。获取一个数据就像从 Map 中获取数据一样，给定一个行名（即从这个 Map 中获取数据），然后给定一个 key（列组名+限定词）来取得数据。即 Map 就是“由 key 和 Value 组成的数据结构，其中每一个 key 和一个 Value 相关联。”

HBase 是一个类似 BigTable 的分布式数据库，大部分特性和 BigTable 一样，是一个稀疏的、长期存储的、多维度的、排序的映射表。这张表的索引是行关键字、列关键字和时间戳。每个值是一个不解释的字符数组，数据都是字符串，无类型。用户在表格中存储数据，每一行都有一个可排序的主键和任意多的列。由于是稀疏存储的，所以同一张表里面的每一行数据都可以有截然不同的列。列名字的格式是“<family>：<label>”，都是由字符串组成，每一张表有一个 family 集合，这个集合是固定不变的，相当于表的结构，只能通过改变表结构来改变。但是 label 值相对于每一行来说都是可以改变的。

HBase 把同一个 family 里面的数据存储在同一个目录下，而 HBase 的写操作是锁行的，每一行都是一个原子元素，都可以加锁。

HBase 的所有数据库的更新都有一个时间戳标记，每个更新都是一个新的版本，而 HBase 会保留一定数量的版本，这个值是可以设定的。客户端可以选择获取距离某个时间最近的版本，或者一次获取所有版本。

HBase 可以用 HDFS 作为其文件存储系统，并支持使用 MapReduce 分布式模型处理 HBase 中的海量数据，利用 Zookeeper 进行协同管理数据。

8.4.2 理解 HBase 的表结构

1. HBase 表概念视图

HBase 不同于一般的关系型数据库，在一般的关系型数据库里，采用二维表进行数据存储，一般只有行和列，其中列的属性必须在使用前就定义好，而行可以动态扩展。而 HBase 中的表，一般由行键（Row Key）、时间戳（Time Stamp）、列族（Column）、行（Row）组成。如表 8-1 所示。

表 8-1 HBase 表的构成

行　键	时 间 戳	列族 contents	列族 anchor	列族 mime
“com.cnn.www”	t9		anchor:cnnsi.com= “CNN”	
	t8		anchor:my.look.ca= “CNN.com”	
	t5	contents:html= “…”		mime:type= “text/html”
	t4	contents:html= “…”		
	t2	contents:html= “…”		

HBase 表可以想象成一个大的映射关系，通过行键，或者行键+时间戳，可以定位一行数据，由于是稀疏数据，所以某些列可以是空白的。就列族来说，必须在使用前预先定义；和二维表中的列类似，但是列族中的列、时间戳和行都能在使用时进行动态扩展，从这方面来说，HBase 和一般的关系型数据库有很大的区别。HBase 的概念视图如表 8-2 所示。

表 8-2 HBase 表的概念视图

Row Key	Time Stamp	Column *"contents:"*	Column *"anchor:"*		Column *"mime:"*
"com.cnn.www"	t9		"anchor:cnnsi.com"	"CNN"	
	t8		"anchor:my.look.ca"	"CNN.com"	
	t6	"<html>..."			"text/html"
	t5	"<html>..."			
	t3	"<html>..."			

（1）行键（Row Key）

行键是用来检索的主键，在 HBase 中，每一行只能有一个行键。即 HBase 中的表只能用行键进行索引。在表 8-2 中，com.cnn.www 就是一个行键。

行键可以是任意的字符串，最大长度为 64KB。在 HBase 中，行键以字节数组进行存放，它没有特定的类型，所以在存储排序时也不会考虑数据类型。应该注意的是，数值的存储并不会按照人们的理解进行排序，如 1～20 排序如下：1,10,11…19,2,20,3,4,5…9，所以在设计含数值的行键时，应用 0 进行左填充，如：01,02,03…19,20。

（2）时间戳（Timestamp）

时间戳是数据添加的时间标记，该标记可以反映数据的新旧版本，每一个由行键和列限定的数据在添加时都会指定一个时间戳。时间戳主要是为了标识同一数据的不同版本，在表 8-2 中由行键 com.cnn.www 和列 contents:html 限定的数据有 3 个版本，分别在 t6、t5、t3 时刻插入。为了让新版本的数据能更快地被找到，各版本的数据在存储时会根据时间戳倒序排列，那么在读取存储文件时，最新的数据会最先被找到。

时间戳一般会在数据写入时由 HBase 自动获取系统时间进行赋值，也可以由用户在存储数据时显示指定。时间戳的数据类型为 64 位的整型，可以获取系统时间，精确到毫秒。

数据存储时，进行多版本存储有其优点，但是过多的版本也会给管理造成负担，所以 HBase 提供了两种回收机制，一是只存储一定数量版本的数据，超过这个数量，就会对最旧的数据进行回收；另一种是只保存一定时间范围内的数据版本，超过这个时间范围的数据都会被舍弃。

（3）列族（Column Family）

列族是由某些列构成的集合，一般一类数据被设计在一个列族里面，由不同的列进行存储。在 HBase 中，可以有多个列族，但列族在使用前必须事先定义。从列族层面看，HBase 是结构化的，列族就如同关系型数据库中的列一样，属于表的一部分。列族不能随意修改和删除，必须使所属表离线才能进行相应操作。

存储上，HBase 以列族作为一个存储单元，即每个列族都会单独存储，HBase 是面向列的数据库也是由此而来。

（4）列（Column）

列并不是真实存在的，而是由列族名、冒号、限定符组合成的虚拟列，在表 8-2 中的 anchor:cnnsi.com、mine:type 均是相应列族中的一个列；在同一个列族中，由于修饰符的不同，则可以看成是列族中含有多个列，在表 8-2 中的 anchor:cnnsi.com、anchor:my.look.ca 就是列族 anchor 中的两个列。所以列在使用时不需要预先定义，在插入数据时直接指定修饰符即可。从列的层面看，HBase 是非结构化的，因为列如同行一样，可以随意动态扩展。

（5）表格单元（Cell）

Cell 是由行键、列限定的唯一表格单元，包含一个值及能反应该值版本的时间戳（版本），Cell 的内容是不可分割的字节数组，Cell 是 HBase 表中的最小操作单元。如表 8-2 中，列族下面的每一个格子和相应的时间戳的组合都可以看成是一个单元，可以发现，表格中有很多空单元，这些空单元并不占用存储空间，因为在实际存储中，空单元并不会当成一个数据进行存储，这也造成 HBase 表在逻辑上具有稀疏的特性。

（6）行（Row）

HBase 表中的行一般由一个行键和一个或多个具有关联值的列组成，存储时根据行键按字典序进行排列。考虑到排序特性，为了使相似的数据存储在相近的位置，在设计行键时就应该特别注意，如当行键为网站域名时，应该使用倒序法存储 org.apache.www、org.apache. mail、org.apache.jira，这样，所有 Apache 相关的网页在一个表中的存储位置就是临近的，而不会由于域名首单词（www、mail、jira）差异太大而分散在不同的地方。

为了更好地理解行、列族等概念，如图 8-15 所示是 HBase 存储 Web 网页的范例列表片断。行名是一个反向 URL｛即 com.cnn.www｝。contents 列族存放网页内容，anchor 列族存放引用该网页的锚链接文本。CNN 的主页被 Sports Illustrater｛即所谓 SI，CNN 的王牌体育节目｝和 MY-look 的主页引用，因此该行包含了名叫“anchor:cnnsi.com”和“anchhor:my. look.ca”的列。每个锚链接只有一个版本｛由时间戳标识，如 t9，t8｝；而 contents 列则有三个版本，分别由时间戳 t2、t4 和 t5 标识。

2. HBase 表物理视图

HBase 表在概念视图上是由稀疏的行组成的集合，很多行都没有完整的列族，但是在物理存储中是以列族为单元进行存储的，一行数据被分散在多个物理存储单元中，空单元全部丢弃。在表 8-2 中的表有 3 个列族，那么在进行物理存储时就会有 3 个存储单元，每个单元对应一个列族，其映射为物理视图如表 8-3 所示。按列族进行存储的好处是可以在任何时刻添加一个列到列族中，而不用事先进行声明；即使新增一个列族，也不用对已存储的物理单元进行任何修改；所以这种存储模式使得 HBase 非常适合进行 key-value 的查询。

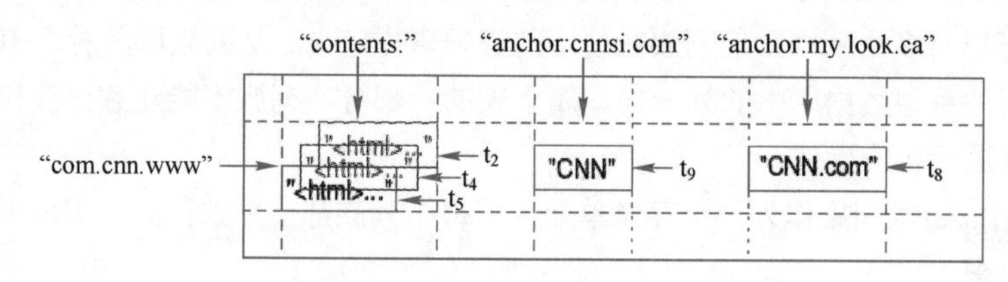

图 8-15　HBase 储存 Web 网页实例

表 8-3　HBase 表物理视图

行　键	时　间　戳	列族 contents
“com.cnn.www”	t5	contents:html=“…”
“com.cnn.www”	t4	contents:html=“…”
“com.cnn.www”	t2	contents:html=“…”
行　键	时　间　戳	列族 anchors
“com.cnn.www”	t9	anchor:cnnsi.com=“CNN”
“com.cnn.www”	t8	anchor:my.look.ca=“CNN.com”
行　键	时　间　戳	列族 mime
“com.cnn.www”	t5	mine:type=“text/html”

由表 8-3 可以看出，在概念视图上显示的空单元完全没有进行存储，那么在数据查询中，如

果请求获取 contents:html 在 t8 时间戳的数据，则不会有返回值，类似的请求均不会有返回值；但是如果在请求数据时并没有指定时间戳，则会返回列中最新版本的数据。如果连列也没有指定，那么查询时会返回各个列中的最新值。如果请求为获取行键 com.cnn.www 的值，返回值为 t5 下的 contents:html、t9 下的 anchor:cnnsi.com、t8 下的 anchor:my.look.ca 以及 t5 下的 mine:type 所对应的值。

由上述内容可知，在概念视图上面有些列是空白的，这样的列实际上并不会被存储，从物理视图中可以看出，当请求这些空白的单元格的时候，会返回 null 值。如果在查询的时候不提供时间戳，那么会返回距离现在最近的那一个版本的数据。因为在存储的时候，数据会按照时间戳排序。

8.5 搭建 Hadoop 开发环境

本节使用 4 个 Linux 虚拟机来构建一个 Hadoop 集群环境，其中一个虚拟机作为 NameNode（Master 节点），另外三个虚拟机作为 DataNode（Slave 节点）。在 4 个节点下 4 个虚拟机的机器名和 IP 地址信息如下。

- 虚拟机 1：主机名为 vm1，IP 为 192.168.122.101，作为 NameNode 使用；
- 虚拟机 2：主机名为 vm2，IP 为 192.168.122.102，作为 DataNode 使用；
- 虚拟机 3：主机名为 vm3，IP 为 192.168.122.103，作为 DataNode 使用；
- 虚拟机 4：主机名为 vm4，IP 为 192.168.122.104，作为 DataNode 使用。

Hadoop 是基于 Java 的工程项目，因此需要 JDK 支持。在 Hadoop 集群中，每个节点的安装和配置是相同的，因此，可以先在一台虚拟机上安装和配置 Hadoop，然后将其复制到其他节点中，这样，Hadoop 开发环境就安装完成了。本节将讲解 Hadoop 开发环境的搭建，并在 Hadoop 系统上运行测试程序 WordCount，通过实践增进大家对 Hadoop 的理解。

8.5.1 相关准备工作

搭建 Hadoop 开发环境前的相关准备工作如下。

1）准备虚拟机的操作系统。首先准备 4 个安装了操作系统的虚拟机，本节使用的虚拟机上安装的操作系统均为 CentOS 6.5（64 位），先安装一个虚拟机，然后克隆生成另外三个虚拟机。

2）下载 Hadoop。本节使用 Hadoop 的稳定版本 2.4.1。下载地址为：https://hadoop.apache.org/。

3）下载 JDK。JDK 的版本为 1.7.0_45（64 位）。在 oracle 官方网站下载 JDK 软件包 jdk-7u45-linux-x64.tar.gz。JDK 的版本为 1.7.0_45（64 位）。下载地址为：http://www.oracle.com/technetwork/java/javase/downloads/java-archive-downloads-javase7-521261.html。

4）新建用户“hadoop”。在每个节点上使用 useradd 指令新建一个名为 hadoop 的用户，并设置密码。

```
useradd hadoop
passwd hadoop
```

5）永久关闭每个节点的防火墙（root 权限）。在每个节点上执行以下指令，这样将永久性地关闭每个节点的防火墙。

```
chkconfig iptables off  //永久性生效，重启后不会复原
```

6）配置 ssh 实现 Hadoop 节点间用户的无密码访问。SSH（Secure Shell 的缩写）是建立在应用层和传输层基础上的安全协议，专为远程登录会话和其他网络服务提供安全性，即利用 SSH 协议可以有效防止远程管理过程中的信息泄露问题，SSH 协议的工作原理如图 8-16 所示。

8.5.2 JDK 的安装配置

1）在 4 台虚拟机中的任意一台上新建目录/usr/java，然后将下载的 JDK 包解压至该目录下。具体命令行如下所示。其中参数 z 代表调用 gzip 压缩程序的功能，v 代表显示详细解压过程，x 代表解压文件参数指令，f 参数后跟解压的文件名。

```
mkdir /usr/java
tar -zxvf jdk-7u45-linux-x64.tar.gz -C /usr/java
```

2）配置 Java 环境变量，具体语句如下。

```
#set java environment
export JAVA_HOME=/usr/java/jdk1.7.0_45
```

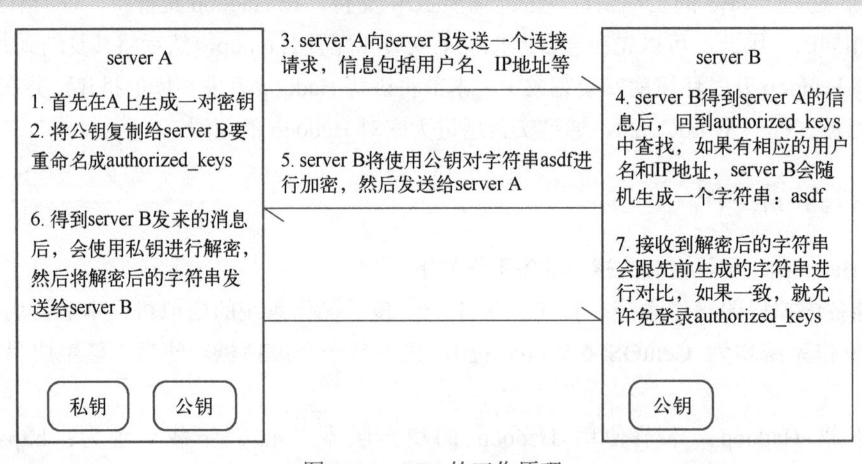

图 8-16　SSH 的工作原理

```
export JRE_HOME=/usr/java/jdk1.7.0_45/jre
export CLASSPATH=.:$JAVA_HOME/lib:$JRE_HOME/lib:$CLASSPATH
export PATH=$JAVA_HOME/bin:$JRE_HOME/bin:$PATH
```

3）保存了 Java 环境变量之后，在命令行中键入如下命令，使环境变量立即生效。

```
source  /etc/profile                    //使环境变量设置生效
```

4）通过 which 命令测试 JDK 的安装是否成功。

```
which java
```

系统显示如下信息。

```
/usr/java/jdk1.7.0_45/bin/java
```

说明 JDK 配置成功。

8.5.3 安装 Hadoop 并配置 Hadoop 环境变量

Hadoop 集群中每个节点的安装、配置都是相同的，可以先在一台虚拟机上进行安装、配置，然后将其复制到其他节点的相应目录下即可。

将 hadoop-2.4.1.tar.gz 放置在 vm1 的/home/hadoop 目录中，并对其进行解压缩，具体命令如下。

```
cd /home/hadoop
tar -zxvf hadoop-2.4.1.tar.gz
```

把 Hadoop 的安装路径添加到“/etc/profile”中，在文件的末尾添下面的代码，每个节点均需要进行此步配置。

```
#set hadoop environment
export HADOOP_HOME=/home/hadoop/hadoop-2.4.1
export PATH=$PATH:$HADOOP_HOME/bin
```

保存了 Hadoop 环境变量之后，在命令行中键入如下命令，使环境变量生效。

```
source  /etc/profile                    //使环境变量设置生效
```

8.5.4 修改 Hadoop 配置文件

Hadoop 的配置文件存于 conf 文件夹中，需要对该文件夹中的以下文件 hadoop-env.sh、core-site.xml、hdfs-site.xml、mapred-site.xml、masters、slaves 进行修改。

1．修改 hadoop-env.sh

Hadoop 的 Java 环境变量在 hadoop-env.sh 中进行设置。使用 vim 打开 hadoop-env.sh 文件，找到 Java 环境变量的设置位置，将其改为 JDK 的安装地址，保存并退出。具体命令如下。

```
export JAVA_HOME=/usr/java/jdk1.7.0_45
```

2．修改 core-site.xml

core-site.xml 用于设置 Hadoop 集群的 HDFS 的地址和端口号，以及用于保存 HDFS 信息的 tmp 文件夹，对 HDFS 进行重新格式化的时候先行删除 tmp 中的文件。

使用 vim 打开 core-site.xml 文件，在<configuration> </configuration>之间添加以下代码。

```
<property>
        <name>hadoop.tmp.dir</name>
        <value>/home/hadoop/hadoop－2.4.1/tmp</value>
</property>
<property>
        <name>fs.defaultFS</name>
        <value>hdfs://192.168.122.101/:9000</value>
</property>
```

其中的 IP 地址需配置为集群的 NameNode（Master）节点的 IP，这里是“192.168.122.101”。

3．修改 hdfs-site.xml

指定 HDFS 保存数据副本的数量。具体命令如下。

```
<property>
<name>dfs.replication</name>
<value>1</value>
</property>
```

4．修改 mapred-site.xml

配置 JobTracker 的主机名和端口。具体命令如下。

```
<property>
        <name>mapreduce.jobtracker.address</name>
        <value>http://192.168.122.101:9001</value>
        <description>NameNode</description>
</property>
```

5．修改 masters 文件

使用 vim 打开 masters 文件，写入 NameNode（Master）节点的主机名，这里为 vm1，保存并退出。

```
vm1
```

6．修改 slaves 文件

使用 vim 打开 slaves 文件，写入 DataNode（Slaver）节点的主机名，这里为 vm2、vm3、vm4，保存并退出。

```
vm2
vm3
vm4
```

8.5.5 将配置好的 Hadoop 文件复制到其他节点并格式化

此时，已经安装并配置了一个 Hadoop 节点，Hadoop 集群中每个节点的安装、配置是相同的，这里需要执行以下指令，将 vm1 上的 Hadoop 文件夹整体复制到其他节点。

```
scp -r /home/hadoop/hadoop-2.4.1 hadoop@vm2:/home/hadoop/
scp -r /home/hadoop/hadoop-2.4.1 hadoop@vm3:/home/hadoop/
scp -r /home/hadoop/hadoop-2.4.1 hadoop@vm4:/home/hadoop/
```

在正式启动 Hadoop 之前，需要执行以下指令，对 Hadoop 的分布式文件系统进行格式化。

```
hadoop namenode -format
```

成功执行此格式化指令后，会显示如下信息。

```
18/03/28 21:21:20 INFO common.Storage: Storage directory /home/hadoop/
hadoop-2.4.1/tmp/dfs/name has been successfully formatted.
```

8.5.6 启动、停止 Hadoop

进入/home/hadoop/hadoop-2.4.1/sbin/，可以看到文件夹中有很多的启动脚本。

```
distribute-exclude.sh mr-jobhistory-daemon.sh start-dfs.cmd stop-all.sh stop-yarn.sh
hadoop-daemon.sh    refresh-namenodes.sh start-dfs.sh stop-balancer.sh yarn-daemon.sh
hadoop-daemons.sh   slaves.sh          start-secure-dns.sh stop-dfs.cmd    yarn-daemons.sh
hdfs-config.cmd      start-all.cmd        start-yarn.cmd      stop-dfs.sh
hdfs-config.sh       start-all.sh         start-yarn.sh       stop-secure-dns.sh
httpfs.sh            start-balancer.sh    stop-all.cmd        stop-yarn.cmd
```

执行 start-all.sh 脚本，启动 Hadoop。

```
cd /home/hadoop/hadoop-2.4.1/sbin/
./start-all.sh
```

在 NameNode(192.168.122.101) 上输入 jps 命令查看启动进程情况。

```
[root@host name local ~ ] # jps
11850 SecondaryNameNode
11650 NameNode
11949 JobTracker
12132 Jps
```

在 DataNode(192.168.122.102)、DataNode(192.168.122.103)、DataNode(192.168.122.104)上输入 jps 命令查看启动进程情况。

```
[root@host name local ~ ] # jps
8727 DataNode
8819 TaskTracker
8958 Jps
```

至此，Hadoop 已经配置成功（不同的 Hadoop 版本配置方法可能会有所不同）。

Hadoop 的停止命令如下。

```
cd /home/hadoop/hadoop-2.4.1/sbin/
./stop-all.sh
```

8.5.7 运行测试程序 WordCount

1）先在 hadoop 用户当前目录下新建文件夹 WordCount，在其中建立两个测试文件 file1.txt，file2.txt。自行在两个文件中填写内容。

file1.txt 文件内容为。

```
This is the first hadoop test program!
```

file2.txt 文件内容为。

```
This program is not very difficult, but this program is a common hadoop program!
```

2）在 Hadoop 文件系统 HDFS 中新建文件夹“input”，并查看其中的内容。具体命令如下。

```
hadoop fs -mkdir /input
hadoop fs -ls /
```

3）将 WordCount 文件夹中 file1.txt、file2.txt 文件上传到刚刚创建的“input”文件夹。具体命令如下。

```
hadoop fs -put /home/hadoop/WordCount/*.txt  /input
```

4）运行 Hadoop 的示例程序 WordCount，运行命令如下。

```
hadoop jar hadoop-mapreduce-examples-2.4.1.jar wordcount intput output
```

5）查看输出结果的文件目录信息和 WordCount 的结果。

使用如下命令查看输出结果的文件目录信息。

```
hadoop fs -ls /output
```

使用如下命令查看 WordCount 的结果。

```
hadoop fs -cat /output/part-r-00000
```

输出结果如下所示。

```
This    2
a       1
common  1
difficult,but   1
first   1
hadoop  2
is      3
```

```
not     1
program 2
program!        2
test    1
the     1
this    1
very    1
```

以上输出结果为每个单词出现的次数。

习题

1. HDFS 上默认的一个数据块（Block）大小是多少？
2. 画出 HDFS 的基础架构图并简单概述其原理。
3. 简要概述 MapReduce 编程模型。
4. 列式数据库 HBase 有哪些特征？
5. 搭建 Hadoop 开发环境，并实现。

第 9 章　Storm——基于拓扑的流数据实时计算框架

批处理和流处理是大数据处理的两种模式。在上一章所讨论的 Hapdoop 是一个标准的批处理框架，对于批处理而言数据应当首先被采集保存到某种存储位置上，如数据库等，然后对数据进行分析处理。一般来说批处理用于对大数据集合进行复杂分析上具有优势且由于数据量大、处理过程复杂，得到结果也有着相对较大的延迟。流处理模式相对于批处理模式来讲是一种截然不同的处理模式，其处理过程更加简单，并且处理延迟更低，更适用于实时计算。Storm 是一个实时数据处理框架，是非常有效的开源实时计算工具，本章将对 Storm 进行系统介绍。

9.1　Storm 简介

Storm 是一个开源的、实时的计算平台，最初由社交媒体数据分析公司 Backtype 的工程师 Nathan Marz 编写，后来被 Twitter 收购并贡献给 Apache 软件基金会，目前已升级为 Apache 顶级项目，Storm 的 Logo 如图 9-1 所示。

图 9-1　Storm 的 Logo

实现 Storm 的语言是 Clojure，Clojure 是一种高级的、动态的函数式编程语言，它是基于 LISP 编程语言设计的，并且具有编译器，可以在 Java 和.Net 环境上运行。Clojure 的实现与 LISP 非常相似，LISP 是一种以表达性和功能强大著称的编程语言，并支持函数式风格编程。

Storm 是非常有发展潜力的流处理系统，出现不久便在许多公司中得到使用，这些公司包括淘宝、百度、Twitter、Groupon（Groupon 是电子商务、Web 2.0、互联网广告以及线下模式的结合体）等重量级公司。Storm 简化了传统方法对无边界流式数据的处理过程，被广泛应用于实时分析、在线机器学习、持续计算、分布式远程调用等领域。如携程的网站性能监控系统就应用了 Storm。该系统实时监控携程网的网站性能，利用 HTML5 提供的 Performance 标准获得性能指标，并记录日志，利用 Storm 集群实时分析日志和入库，使用分布式远程过程调用（Distributed Remote Procedure Call，DRPC）聚合成报表，通过历史数据对比等判断规则，触发预警事件；百度作为最大的搜索引擎之一，将 Storm 广泛用于处理搜索日志及实时分析。以下内容对

Storm 的基本知识及特性进行介绍。

1．Storm 的核心概念

Storm 中有一些非常重要的核心概念（组件）需要首先了解，包括 Topology、Nimbus、Supervisor、Worker、Executor、Task、Spout、Bolt、Tuple、Stream、Stream 分组等，如表 9-1 所示。

表 9-1　Storm 的核心概念（组件）

组　件	概　念
Topology	一个实时计算应用程序逻辑上被封装在 Topology 对象中，类似于 Hadoop 中的作业。与作业不同的是，Topology 会一直运行到该进程结束
Nimbus	负责资源分配和任务调度，类似于 Hadoop 中的 JobTracker
Supervisor	负责接收 Nimbus 分配的任务，启动和停止管理的 Worker 进程，类似 Hadoop 中的 TaskTracker
Worker	具体的逻辑处理组件
Executor	Storm 0.8 之后，Executor 是 Worker 进程中的具体物理进程，同一个 Spout/Bolt 的 Task 可能会共享一个物理进程，一个 Executor 中只能运行隶属于同一个 Spout/Bolt 的 Task
Task	每一个 Spout/Bolt 具体要做的工作内容，同时也是各个节点之间进行分组的单位
Spout	在 Topology 中产生数据源的组件。通常 Spout 获取数据源的数据，再调用 nextTuple 函数，发送数据供 Bolt 消费
Bolt	在 Topology 中接收 Spout 的数据，再执行处理的组件。Bolt 可以执行过滤、函数操作、合并、写数据库等操作。Bolt 接收到消息后调用 execute 函数，用户可以在其中执行相应的操作
Tuple	消息传递的基本单元
Stream	源源不断传递的 Tuple 组成了 Stream，也就是数据流
Stream 分组	消息的分组方法。Storm 中提供若干实用的分组方式，包括了 Shuffle、Fields、All、Global、None、Direct 和 Local or Shuffle 等

2．Storm 数据流

如上所述，Storm 处理的数据被称为数据流（Stream），数据流在 Storm 内各组件之间的传输形式是一系列元组（Tuple）序列，其传输过程如图 9-2 所示。每个 Tuple 内可以包含不同类型的数据，如 int、string 等类型，但不同 Tuple 间对应位置上数据的类型必须一致，这是因为 Tuple 中数据的类型由各组件在处理前事先定义明确的。

Storm 集群中每个节点每秒可以处理成百上千个 Tuple，数据流在各个组件成分间类似于水流一样源源不断地从前一个组件流向后一个组件，而 Tuple 类似于承载数据流的管道。

3．Storm 的可靠性

Storm 可以保证每个 Tuple 会被 Topology 完整处理，Storm 会追踪每个从 Spout 发送出的 Tuple 在后续处理过程中产生的消息树（Bolt 接收到的消息完成处理后又可以产生 0 个或多个消息，这样反复进行下去，就会形成一棵消息树），Storm 会确保这棵消息树被成功地执行。Storm 对每个 Tuple 都设置了一个超时时间，如果在设定的时间内，Storm 没有检测到从某个 Spout 发送的 Tuple 是否执行成功，Storm 会假设该 Tuple 执行失败，因此会重新发送该

Tuple，这样就保证了用户每一条消息单元在一个指定的时间内被完整处理。

4．Storm 的特性

Storm 是一个开源的分布式实时计算系统，可以简单、可靠地处理大量的数据流。Storm 支持水平扩展，具有高容错性，保证每个消息都会得到处理，而且处理速度很快（在一个小集群中，每个节点每秒可以处理数以百万计的消息）。Storm 的部署和运维都很便捷，而且更为重要的是，可以使用任意编程语言来开发基于 Storm 的应用，这使得 Storm 成为当前大数据环境下非常流行的流数据实时计算系统。以下是 Storm 的特性。

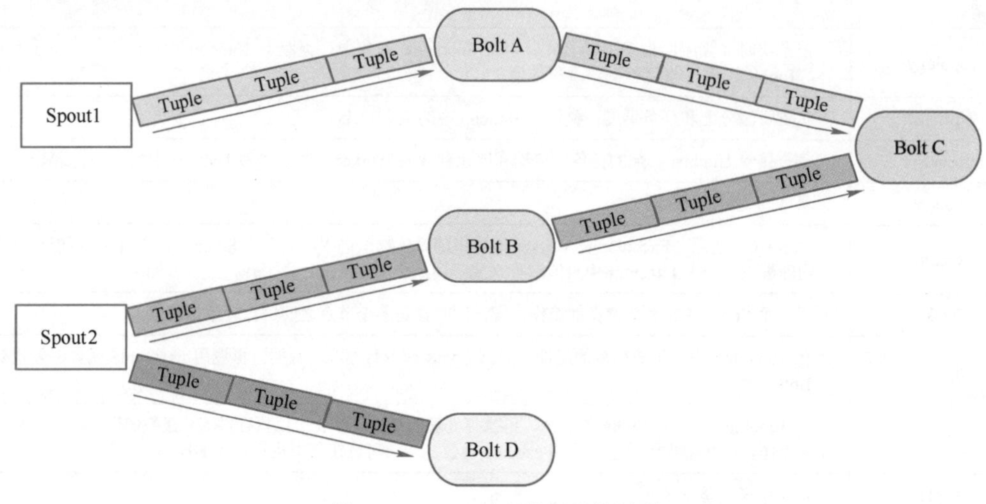

图 9-2　Storm 处理数据流的过程

1）完整性：Storm 采用了 Acker 机制，保证数据不丢失；同时采用事务机制，保证数据的精确性。

2）容错性：Storm 的容错能力具有一定的适应性。由于 Storm 的守护进程（Nimbus、Supervisor）都是无状态和快速恢复的，用户可以根据情况进行重启。当工作进程（Worker）失败或机器发生故障时，Storm 可自动分配新的 Worker 替换原来的 Worker，而且不会产生额外的影响。

3）扩展性：由于 Topology 具有并行性，便可以跨机器或集群执行操作，在 Topology 中的组件可以灵活设置并行度，这保证了 Storm 进程数据处理时的高吞吐量和低延迟。

4）易用性：Storm 只需少量的安装及配置工作便可以进行部署和启动，并且进行开发时非常迅速，用户也容易上手。

5）免费和开源：Storm 是免费的开源项目，用户无须付费便可直接使用，但需遵循 EPL 协议（Eclipse Public License，Eclipse 公共许可证，是一种开源软件发布许可证）。同时，EPL 协议也是一个相对自由的开源协议，准许用户有权对自己的 Storm 应用开源或封闭。

6）支持多种语言：Storm 使用 Clojure 语言开发，接口基本上都是由 Java 提供，但 Storm 可以使用多种编程语言。并且 Storm 为多种编程语言实现了该协议的适配器，包括 Ruby、Python、PHP、Perl 等。

5. Storm 的应用场景

Storm 用来实时计算源源不断产生的海量数据，如同生产流水线，其主要用于：

1）日志分析：从海量日志中分析出特定的数据，并将分析的结果存入外部存储器为企业的决策提供相关分析的数据支撑。

2）管道系统：将数据从一个系统传输到另外一个系统。

3）消息转换器：将接收到的消息按照某种格式进行转化，存储到另外一个系统如消息中间件中。

9.2 Storm 原理及其体系架构

9.2.1 Storm 编程模型原理

模型是对事物共性的抽象，编程模型就是对编程共性的抽象。最重要的编程共性是：程序设计时，代码的抽象方式、组织方式或复用方式。编程模型不考虑最小的操作单元，这是由于有的语言最小可操作到比特一级，与机器指令的抽象级别是一个层次。此外，编程模型处于方法或思想性的层面，在很多情况下，也可称为编程方法、编程方式、编程模式或编程技术。

Storm 采用的编程模型类似于日常生活中的并行处理任务方式——流水线作业方式。数据流（Stream）是 Storm 中对数据进行的抽象，它是时间上无界的 Tuple 序列。在 Topology 中，Spout 是 Stream 的源头，负责为 Topology 从特定数据源发射 Stream；Bolt 可以接收任意多个 Stream 作为输入，然后进行数据的加工处理过程，如果需要，Bolt 还可以发射出新的 Stream 给下级 Bolt 进行处理。图 9-3 所示是 Storm 实现一个任务的完整拓扑图。

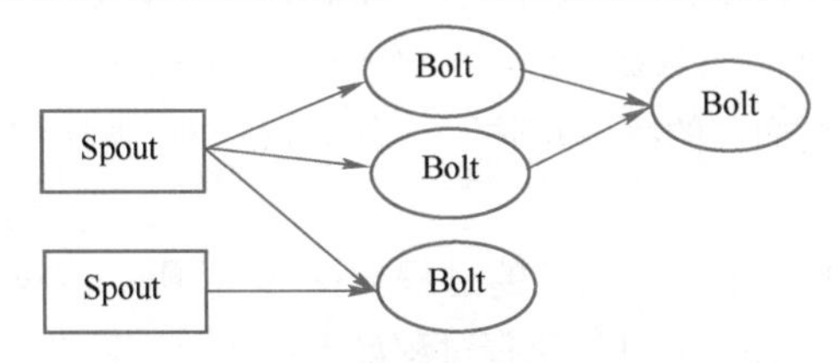

图 9-3 Storm 编程模型 Topology

Topology 中每一个计算组件（Spout 和 Bolt）都有一个并行执行度，在创建 Topology 时可以进行指定，Storm 会在集群内分配对应并行度个数的线程来同时执行这一组件。这里有一个疑问，既然对于一个 Spout 或 Bolt，都会有多个 Task 线程来运行，那么如何在两个组件 Spout 和 Bolt 之间发送 Tuple 呢？Storm 提供了若干种数据流分组（Stream Grouping）方式来解决这一问题。在 Topology 定义时，需要为每个 Bolt 指定接收什么样的 Stream 作为其输入（Spout 并不需要接收 Stream，只会发送 Stream），在 Storm 中有如下 7 种数据流分组方式。

1）Shuffle 分组：Task 中数据随机分配，这样可以保证同一级 Bolt 上的每个 Task 处理的 Tuple 的数量一致，如图 9-4 所示。

2）Fields 分组：依据 Tuple 中的某一个 Field 或多个 Field 的值划分。如 Stream 依据 user-id

的值分组，具有相同 user-id 值的 Tuple 将分配到相同的 Task 中，如图 9-5 所示。

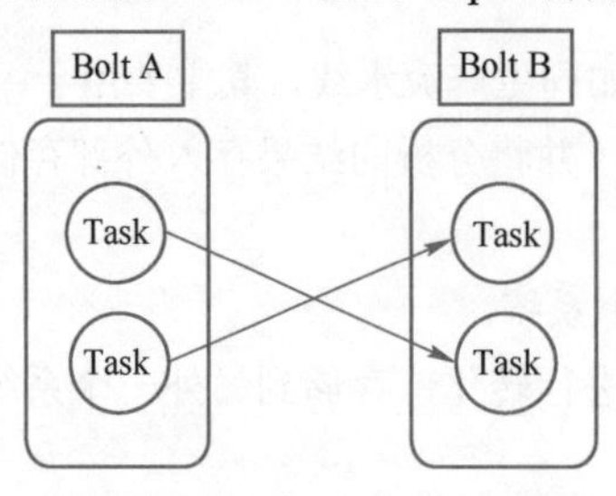

图 9-4　Shuffle 分组随机分配模式

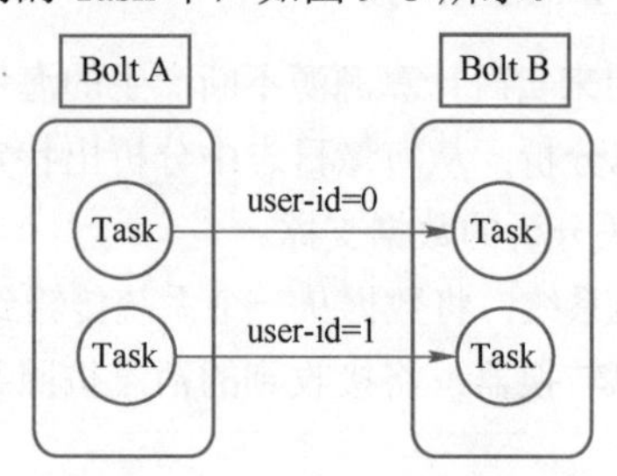

图 9-5　Fields 分组模式

3）All 分组：所有的 Tuple 分发到 Task 中，如图 9-6 所示。

4）Global 分组：Stream 将选择一个 Task 作为分发目的地，通常是选择最新 ID 的 Task，如图 9-7 所示。

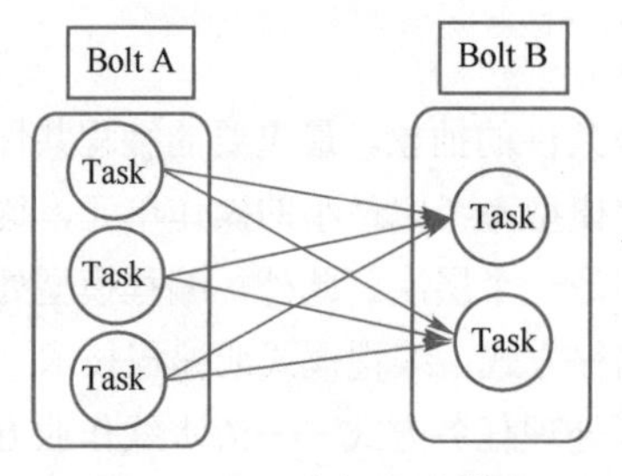

图 9-6　All 分组发送模式

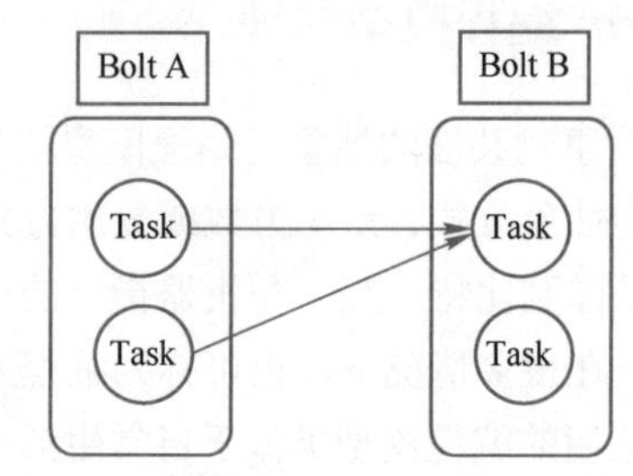

图 9-7　Global 分组单选发送模式

5）None 分组：目前等同于 Shuffle 分组。

6）Direct 分组：产生数据的 Spout/Bolt 可以确定这个 Tuple 被 Bolt 的哪些 Task 所消费。若使用 Direct 分组，则需要使用 OutputCollector 的 emitDirect 分发实现。

7）Local or Shuffle 分组：若目标 Bolt 中一个或多个 Task 与当前产生数据的 Task 处于同一个 Worker 进程中，则就通过内部的线程间通信，将 Tuple 直接发送到当前 Worker 进程中的目的 Task。

例如使用 Storm 完成单词统计的任务的过程如图 9-8 所示，WordCount Topology 由一个 Spout 紧接着三个 Bolt 组成，任务的具体执行过程如下所述。

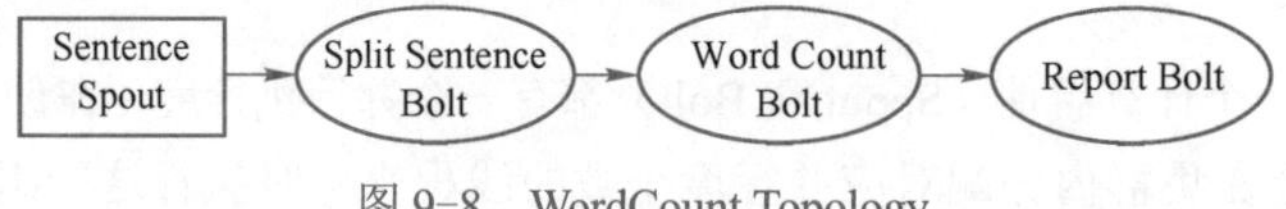

图 9-8　WordCount Topology

1）Sentence Spout 类只会发出一连串的单值元组，名字为“sentence”和一个字符串值。比如以下的代码：

```
{"sentence":my cat has fleas"}
```

为简单起见，此处数据的来源将是一个不变的句子列表，Sentence Spout 遍历这些句子，发送出每个句子的元组。在真实的应用程序中，一个 Spout 通常连接到一个动态数据源，如从 Twitter API 查询得到的推文。

2）Split Sentence Bolt 将订阅 Sentence Spout 的元组流，对收到的每个元组，它将查找“句子”对象的值，然后分割成单词，每个单词发送出一个元组。

3）Word Count Spout 订阅 Split Sentence Bolt 的输出，持续对它收到的特定词记数。每当它收到元组，它将增加与单词相关联的计数器，并发出当前这个词和当前记数。

4）Report Bolt 订阅 Word Count Bolt 的输出并维护一个包含所有单词和相应数量的表，就像 Word Count Bolt 一样。当 Report Bolt 收到一个元组后，它就更新表并将内容打印输出到控制台。

9.2.2 Storm 体系架构

Storm 采用的是主从架构模式（Master/Slave），主节点为 Nimbus，从节点为 Supervisor，其体系结构如图 9-9 所示。在传统的 Master/Slave 架构中，都是 Master 节点负责任务的接收、分配、监控等管理任务，从节点负责任务的执行。总的来说，Storm 中的主从架构基本上也符合这个规则。

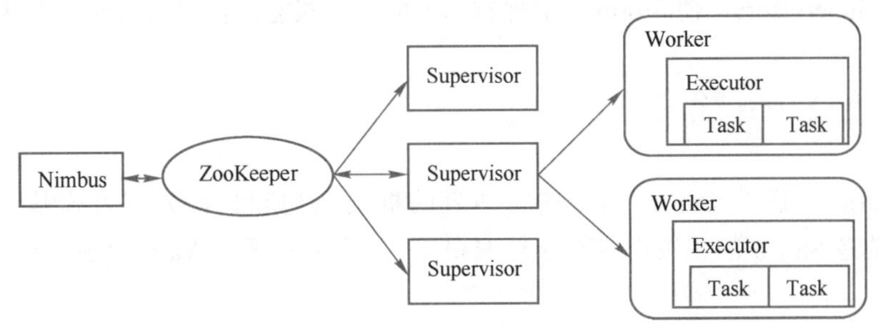

图 9-9 Storm 体系结构

主节点 Nimbus 负责在集群分发任务（Topology）的代码以及监控等。在接收一个任务后，从节点 Supervisor 会启动一个或多个进程（称之为 Worker），来处理任务。所以实际上，任务最终都是分配到了 Worker 上。

Nimbus 节点和 Supervisor 都能从失败中快速恢复，而且都是无状态的。在每个 Supervisor 节点中，可以启动很多的 Worker，再在每个 Worker 中，可以启动很多的 Executor 执行器，每个执行器内部又会划分出许多的 Task，Task 是系统允许的最小单位。Storm 采用 Zookeeper 来存储 Nimbus、Supervisor 以及 Storm 内部的各个 Worker 之间的元数据，所以可以进行异常恢复。

表面上看，Storm 集群与 Hadoop 集群非常相像，它们的不同之处是在 Hadoop 上运行的是 MapReduce 的作业（Job），在 Storm 上运行的是 Topology（是 Storm 对任务的抽象，是 Storm 的核心组件）。此外，Storm 与 Hadoop 一个显著区别是 Hadoop 的 MapReduce 作业最终会结束，而 Storm 的 Topology 将一直运行。

通过与 Hadoop 的对比可以发现，Nimbus 的作用类似于 Hadoop 中的 JobTracker，Nimbus 负责在集群中分发代码，再分配工作给其他工作节点，并且会监控工作节点的状态。每个工作节点上运行一个 Supervisor 进程，Supervisor 将监听 Nimbus 分配给那些节点的工作，根据实时需要启动或关闭具体的 Worker 进程。每个 Worker 进程执行一个具体 Topology，Worker 进程中的执行进程称为 Executor，在每个 Executor 中又可以包含一个或多个 Task。Task 是 Storm 中最小的处理单元。Storm 与 Hadoop 组件的对比如表 9-2 所示。

表 9-2　Storm 与 Hadoop 组件对比

	Storm	Hadoop
系统角色	Nimbus	JobTracker
	Supervisor	TaskTracker
	Worker	Child
应用名称	Topology	Job
组件接口	Spout/Bolt	Mapper/Reducer

Storm 集群中的 Nimbus 和 Supervisor 都是无状态的，两者之间的所有协调操作是由 ZooKeeper 集群完成的。守护进程 Nimbus 和 Supervisor 的状态信息保存在 ZooKeeper 集群中，或保存在相应守护进程所在节点的本地磁盘中，这就使得 Storm 集群在运行过程中非常稳定。如执行命令 kill -9 <pid of num>杀死 Nimbus 或 Supervisors 进程，则 ZooKeeper 会立即启动备份 Nimbus 或 Supervisors，使 Storm 集群保持当前的运行状态，再重启后便可以继续工作。

9.3　Storm-Yarn 简介

Storm-Yarn 是基于 Storm 实现的，两者的框架结构和数据处理方式基本一致，只是 Storm-Yarn 是将 Storm 的相关组成部分与 Hadoop 的资源管理器 Yarn 中各个功能部分相关联起来。

9.3.1　Storm-Yarn 的产生背景

Storm 进行数据实时处理的能力很强，其整体架构借鉴了 Hadoop 的多节点分布式处理来解决单节点面临大量数据处理时出现的能力不足的瓶颈问题。同时，其分布式集群的管理方式也采用的是 Hadoop 的主从架构模式，从而具有一定的可扩展性和高容错性。

Hadoop 的起步较早，其底层的 HDFS 分布式文件系统和 Map Reduce 分布式处理框架已逐渐成熟和完善，并且支持的上层应用也是多种多样的，Hadoop 已逐步奠定了在其分布式处理技术领域的核心地位，亦是大数据技术领域的事实标准，所构建的分布式生态系统得到了 Google、阿里巴巴、Cloudera 等互联网巨头的大力支持。Hadoop 2.x 中重新定义的 Yarn 通用框架，为上层应用提供了底层系统资源的自动化管理，从而极大地简化了分布式应用资源的管理。

基于 Hadoop 分布式平台实现的 Storm-Yarn，将 Storm 实时处理技术整合到 Hadoop 生态系统中，使 Storm 可以访问 Hadoop 的存储资源（如 HDFS、HBase、Hive），从而充分利用集群计算资源进行更广泛的实时数据处理。

基于 Hadoop 实现的 Storm-Yarn 有如下优点。

1）系统具有较强的弹性。Storm 的实时处理特性，其处理负载因数据流的特征和数量往往具有不同差异，从而导致很难准确预测负载具体情况，即 Storm 集群的负载具有不可控性。若将 Storm 集群部署到 Hadoop 的 Yarn 框架上，则可以充分利用 Hadoop 的可扩展性进行弹性增加或释放系统资源，自动获取 Hadoop 上未使用的空闲资源，使用完成后进行释放，这便提高了整个集群资源的利用率。

2）实现数据共享、应用迁移的大数据技术处理需求。依据应用的实时处理需求，针对同一数据实现在实时处理和批处理应用范围的数据共享需求，如对用户实时产生的数据进行在线处理并立即获得处理结果则可以采用低延迟的 Storm 实时处理功能。若需对用户产生的数据进行后期的数据挖掘，便可将数据暂存起来，然后再采用 MapReduce 批处理功能进行线下处理，挖掘发现数据中有价值、有意义的信息。这样便实现了同一数据多方面利用的需求。

9.3.2 Storm-Yarn 的体系架构

Storm-Yarn 与 Storm 中的各个组件功能基本上是保持一致的，不同的是将 Storm 中的各组件进行了明确分离，以使其同 Yarn 进行有效结合。Storm-Yarn 的体系结构如图 9-10 所示。Storm Master 应用初始化时，将在同一个 Container 中启动 Storm Nimbus Server 和 Storm UI Server 两个服务，然后根据待启动的 Supervisor 数目向 Yarn Resource Manager 申请资源，在目前实现中，Storm Master 将请求一个节点上所有资源然后启动 Supervisor 服务，也就是说，当前 Supervisor 将独占节点而不会与其他服务共享节点资源，这种情况下可避免其他服务对 Storm 集群的干扰。

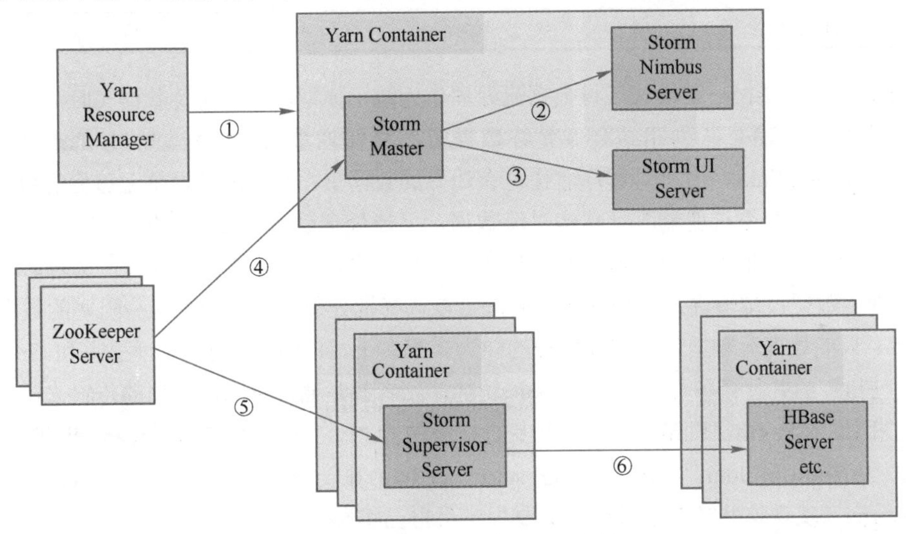

图 9-10 Storm-Yarn 的体系结构

Storm-Yarn 的运行流程如下。

1）Storm-Yarn 首先向 Yarn Resource Manager 发出请求启动一个 Storm Master 应用，如图 9-10 中第①步操作。

2）然后 Storm Master 在本地启动 Storm Nimbus Server 和 Storm UI Server，如图 9-10 中第②和第③步操作。

3）使用 Zookeeper Server 维护 Storm-Yarn 集群中 Nimbus 和 Supervisor 之间的主从关系，如图 9-10 中第④和第⑤步操作。其中 Nimbus 和 Supervisor 分别运行在 Yarn Resource Manager 为其分配的各个单独的资源容器中（Yarn Container）。

此外，Storm-Yarn 还可以操作或访问运行在 Hadoop 上的分布式数据库 HBase，如图 9-10 中第⑥步操作。

更多关于 Storm-Yarn 的最新进展可参考以下网址：https://github.com/yahoo/storm-yarn。

9.4 Flink 与 Storm

Apache Flink 是一个框架和分布式处理引擎，用于在无边界和有边界数据流上进行有状态的计算。Flink 能在所有常见集群环境中运行，并能以内存速度和任意规模进行计算。相对于 Strom 框架而言其创造性地提出了流批一体结合处理的模式。

下表 9-3 展示 Storm 和 Flink 在各项功能上的对比。

表 9-3　storm 和 Flink 的功能对比

	Storm	Flink
处理模型	流处理	流批一体
状态管理	无状态	有状态
消息投递	At Least Once（最少一次）	Exactly Once（精确一次）
容错方式	ACK 机制	检查点机制

Apache Flink 遵循一种模式，将数据流处理作为统一模型，同时支持数据实时流处理和批处理。并且它与持久消息队列相结合，允许数据流的准任意重放(如 Apache Kafka 或 Amazon Kinesis)。Apache Flink 将批处理程序看作是有边界的数据集，实时流数据是无边界的数据集。使用者只需要使用一个系统就能既处理实时流数据，又能处理静态历史数据集。Flink 是一个统一的流处理与批处理的框架。由于流水线数据在并行任务之间进行传输，Flink 在运行时支持流处理与批处理。数据被传输进入待处理队列后，可以选择批处理任务来处理这些阻塞的数据。

Storm 只能处理流数据，没有批处理的能力。事实上，Flink 的流式处理引擎和 Storm 很相似，比如 Flink 的并行任务和 Storm 的 bolt 功能，二者都是通过流水线数据的传输来降低数据延时。不过相比于 Storm，Flink 提供了更多的高级的 API，Flink 的 DataStream 提供了 Map、GroupBy、Window 和 Join 等 API 来代替 storm 的 bolt 在一个或多个 readers 和 collectors 的功能，而 Storm 在实现这些功能的时候都需要程序员自己实现。

在消息投递和容错问题上，Storm 提供了"at-least-once "而 Flink 提供了"exactly-once"。Storm 采用 ack 机制，Flink 采用检查点的方式。简言之，当数据源被周期性地注入标记，然后放入数据流中后，无论何时只要任务执行器接收到一个标记，执行器将检查它的内部状态。当一个标记的所有的数据输出被接收到，证明此标记被完整获取。万一有一个数据段没有接收到，所有的源操作器将重置他们的处理数据到最近一次确认提交的标记然后继续执行。这种检查标记点的方法比 ack 更加的轻量级。当然 Storm 在后续的发展中也提供了 exactly-once，此功能是在微批处理的基础上实现的。

Flink 出现后，其先进的理念迅速引起各大互联网公司和开源社区的注意。作为新一代大数据流处理框架，Flink 能够提供毫秒级别的延迟，同时保证了数据处理的低延迟、高吞吐和结果的正确性，还提供了丰富的时间类型和窗口计算、Exactly-once 语义支持，另外还可以进行状态管理，并提供了 CEP（复杂事件处理）的支持。Flink 在实时分析领域的优势，使得越来越多的公司开始将实时项目向 Flink 迁移，其社区也在快速发展壮大。目前，Flink 已经成为各大公司实时领域的重要平台。在学习 Strom 的基础上进一步的学习和了解 Flink 是很有必要的。

9.5 搭建 Storm 开发环境

Storm 拥有两种操作模式：本地模式以及远程模式。在本地模式中，完全可以在本地机器上的进程内开发和测试 Topology。在远程模式中，需要向集群提交 Topology。Storm 开发环境的搭建需要安装 Storm 系统所需的依赖包，这样才能在本地模式下开发测试 Storm Topology，打包 Topology 并部署在远程 Storm 集群上，然后再安装 Storm 系统工具包。本节内容将在 4 个节点构成的集群上搭建 Storm 的开发环境。

9.5.1 Storm 安装说明

1．环境说明

1）操作系统类型：CentOS 64 位。

2）集群配置：4 个节点。IP 地址：192.168.10.100～192.168.10.103，也可根据集群实际情况灵活设置。

2．软件安装说明

1）需要安装的相关软件：JDK、Python、gcc-c++、uuid*、libuuid、libtool、libuuid-devel。

2）安装 Storm 所需的工具包：ZooKeeper、ZeroMQ、JZMQ 及 Storm。

- ZooKeeper：ZooKeeper 是一个分布式的，开放源码的分布式应用程序协调服务，是 Google 的 Chubby 一个开源的实现，是 Hadoop 和 Hbase 的重要组件之一。它是一个为分布式应用提供一致性服务的软件，提供的功能包括：配置维护、域名服务、分布式同步、组服务等。ZooKeeper 的目的就是封装复杂易出错的关键服务，将简单易用的接口和性能高效及功能稳定的系统提供给用户。ZooKeeper 的下载地址为：https//:ZooKeeper.apache.org/。
- ZeroMQ：ZeroMQ 是一个为可伸缩的分布式或并发应用程序设计的高性能异步消息库。它提供一个消息队列，但与面向消息的中间件不同，ZeroMQ 的运行不需要专门的消息代理（message broker），该库设计成常见的套接字风格的 API。类库提供了一些套接字，每一个套接字可以代表一个端口之间的多对多连接。以消息的粒度进行操作，套接字需要使用一种消息模式（message pattern），然后专门为该模式进行了优化。ZeroMQ 的下载地址为：http://zeromq.org/。
- JZMQ：JZMQ 是 ZeroMQ 的 Java 版本，通过 JNI 实现以达到最高性能，即针对 ZeroMQ 的 Java binding。JZMQ 的下载地址为：http://zeromq.org//bindings:java/。
- Storm：即 Storm 系统的主程序，本节内容使用的 Storm 版本号是 0.8.1，下载地址为：http://Storm.apache.org/。

9.5.2 Storm 安装步骤

首先在集群中的一个节点上进行 Storm 的安装。在安装 Storm 之前，默认用户已配置好了CentOS 操作系统，并建立了 root 超级用户。本节简化了 CentOS 的安装与配置环节。

注意：以下的安装步骤均在 root 用户下完成，所需的工具包存放于压缩包 storm.tar.gz 中。

1. 准备安装

解压 storm.tar.gz 压缩包，具体命令如下所示。

```
tar  -zxvf storm.tar.gz
```

切换当前工作目录到解压后的 storm 目录，具体命令如下所示。

```
cd storm
```

2. 安装依赖包及软件

使用 yum 命令安装依赖包 g++、uuid*、libtool、libuuid、libuuid-devel，如下所示。

```
yum  -y install gcc-c++、uuid*、libtool、libuuid、libuuid-devel
```

注意：依赖工具安装命令使用的是 yum，不同的 Linux 分支使用不同的安装命令，如 Ubuntu 使用 apt-get。用户根据自己选用的操作系统来使用相应的操作命令，可能有些依赖工具在不同的 Linux 系统上对应的名称不太一致，但是总能找到对应的依赖包。

安装 JDK（此处用的是 rpm 方式），具体命令如下。

```
chmod 755 jdk-7u71-linux-x64.rpm
rpm  -ivh jdk-7u71-linux-x64.rpm
```

JDK 安装成功后，默认存放在/usr/java 文件目录中。

使用 vim 或 vi 编辑器打开文件/etc/profile，配置环境变量，具体命令如下所示。

```
#set java environment
JAVA_HOME=/usr/java/jdk1.7.0_71
JRE_HOME=/usr/java/jdk1.7.0_71/jre
PATH=$PATH:$JAVA_HOME/bin:$JRE_HOME/bin
CLASSPATH=.:$JAVA_HOME/lib/dt.jar:$JAVA_HOME/lib/tools.jar:$JRE_HOME/lib
export JAVA_HOME JRE_HOME PATH CLASSPATH
```

保存并退出，输入如下命令使环境变量立即生效。

```
source /etc/profile
```

使用命令 java –version 检查安装是否成功。如图 9-11 所示为 JDK 安装成功后的系统信息。

```
[root@storm ~]# java -version
java version "1.7.0_71"
Java(TM) SE Runtime Environment (build 1.7.0_71-b14)
Java HotSpot(TM) 64-Bit Server VM (build 24.71-b01, mixed mode)
[root@storm ~]#
```

图 9-11　JDK 安装成功后的系统信息

3. 安装 ZooKeeper

把 ZooKeeper 安装包移到系统目录，具体命令如下。

```
cp -R zookeeper-3.4.5 /usr/local
```

可为该文件夹添加一个符号链接，具体命令如下。

```
ln -s /usr/local/zookeeper3.4.5/ /usr/local/zookeeper
```

使用 vim 或 vi 打开 etc/profile，修改配置文件，具体命令如下。

```
export ZOOKEEPER_HOME="/path/to/zookeeper"
export PATH=$PATH:$ZOOKEEPER_HOME/bin
```

最后，可新建两个目录用于 ZooKeeper 工作时存放临时文件和日志文件，具体命令如下。

```
mkdir /tmp/zookeeper
mkdir /var/log/zookeeper
```

此时，ZooKeeper 已安装完成。

4. 安装 ZeroMQ

进入该软件包的目录，具体命令如下。

```
cd zeromq-2.1.7
```

配置环境并安装 ZeroMQ 软件包，具体命令如下。

```
./conf?igure
make
make install
```

其中./conf?igure 时会检查 JAVA_HOME 是否正确，不正确会报错并提示。
更新动态链接库的命令如下。

```
Ldconfig
```

至此，ZeroMQ 安装完成。

5. 安装 JZMQ

进入该软件包的目录，命令如下。

```
cd jzmq
```

配置环境并安装 JZMQ 软件包，命令如下。

```
./autogen.sh
./conf?igure
make
make install
```

此时，JZMQ 安装完成。

6. 安装 Storm

将 Storm 压缩包解压，命令如下。

```
unzip storm-0.8.1.zip
```

若系统中没有 unzip 命令，可用 yum 命令进行安装，如下所示。

```
yum -y install unzip
```

移动解压后的文件目录至系统安装目录中，具体命令如下。

```
mv storm-0.8.1 /usr/local
```

可为该目录添加一个符号链接，命令如下所示。

```
ln -s /usr/local/storm-0.8.1 /usr/local/storm
```

使用 vim 或 vi 打开 etc/profile，配置 Storm 的环境变量，具体命令如下所示。

```
#set storm environment
export STORM_HOME=/usr/local/storm-0.8.1
export PATH=$PATH:$STORM_HOME/bin
```

保存并退出，输入如下命令使环境变量立即生效。

```
source /etc/profile
```

此时，已完成 Storm 相关软件及工具包在一个节点的安装过程。

将以上步骤在另外 3 个节点上分别完整执行一次，完成各个节点 Storm 的安装。

9.5.3 Storm 设置

Storm 安装完毕后，对其进行设置的步骤如下。

1）设置 ZooKeeper 的配置文件。注意，若是单节点，则不需要做以下操作。

```
vim /usr/local/zookeeper/conf/zoo.cfg
```

在配置文件的最后添加以下内容。

```
server.1=192.168.10.100:2888:3888
server.2=192.168.10.101:2888:3888
```

保存退出，ZooKeeper 设置完成。

2）设置 Storm 的配置文件。其目的是由于默认的 storm.yaml 文件中有没有配置 IP 地址，所以要进行相应的配置，以进行 ZooKeeper 节点间的通信。注意，4 个节点均需做以下操作。

```
vim /usr/local/storm/conf/storm.yaml
```

将 storm.yaml 文件中的如下内容进行替换。

```
# storm.zookeeper.servers:
#     - "server1"
#     - "server2"
```

替换的内容如下。

```
storm.zookeeper.servers:
        - "192.168.10.100"
        - "192.168.10.101"
```

将如下内容进行替换。

```
# nimbus.host: "nimbus"
```

替换的内容如下。

```
nimbus.host: "192.168.10.100"
```

添加 Storm 的临时文件存放目录，具体命令如下所示。

```
storm.local.dir: "/tmp/storm"
```

此外，对于每个 Supervisor 工作节点，需要配置该工作节点可以运行的 Worker 数量。每个 Worker 占用一个单独的端口用于接收消息，该配置选项即用于定义哪些端口是可被 Worker 使用。默认情况下，每个节点上可运行 4 个 Worker，分别在 6700、6701、6702 和 6703 端口。在实际操作中，可根据节点性能情况添加更少或更多的端口号。

```
supervisor.slots.ports:
  - 6700
  - 6701
  - 6702
  - 6703 (#利用空格键跳行，不要使用 Tab 键)
```

这是一个节点上的 Storm 设置过程，剩余节点的配置过程与之相同。可以将该文件复制到其他节点的/usr/local/storm/conf 目录中，覆盖存在的 storm.yaml 文件即可。

9.5.4 Storm 的启动

在 Storm 配置完成后，可以启动 Storm 进程，具体步骤如下。

1）启动 Nimbus 进程：bin/storm nimbus。

2）启动 Supervisor 进程：bin/storm supervisor。

3）启动 UI 进程（UI 进程是一个 Storm 系统的 Web 图形管理进程，UI 进程启动后用户可通过浏览器查看 Storm 的系统状态）：bin/storm ui。

4）启动 Log Viewer 进程：bin/storm logviewer。在 Storm Nimbus 节点上需要运行的进程是 Nimbus、UI 和 Log Viewer，在 Storm Supervisor 节点上需要运行的进程是 Supervisor 和 Log Viewer。

9.5.5 Storm的常用操作命令

Storm 中有许多简单且易用的命令可以用来管理 Topology，它们可以提交、销毁、禁用、再平衡 Topology 任务。

（1）提交任务命令：Storm

命令格式为：storm jar【jar 路径】【Topology 包名.Topology 类名】【Topology 名称】。

示例如下。

```
    bin/storm jar examples/storm－starter/storm－starter－topologies－0.10.0.jar
storm.starter.WordCountTopology wordcount
```

（2）销毁任务命令：Storm kill

命令格式为：storm kill【Topology 名称】-w 10（注：执行 kill 命令时可以通过-w [等待秒数]指定 Topology 停用以后的等待时间）。

示例如下。

```
    storm kill topology－name  －w 10
```

（3）停用任务命令：Storm deactivate

命令格式为：storm deactivate【Topology 名称】。

示例如下。

```
    storm deactivate wordcount
```

此命令可以挂起或停用运行中的 Topology，当停用 Topology 时，所有已分发的元组都会得到处理，但是 spouts 的 nextTuple 方法不会被调用。销毁一个 Topology，可以使用 kill 命令，它会以一种安全的方式销毁一个 Topology——首先停用 Topology，在等待 Topology 消息的时间段内允许 Topology 完成当前的数据流。

（4）启用任务命令：Storm activate

命令格式为：storm activate【Topology 名称】。

示例如下。

```
    storm activate wordcount
```

（5）重新部署任务命令：Storm rebalance

命令格式为：storm rebalance【Topology 名称】。

示例如下。

```
    storm rebalance wordcount
```

此命令实现重分配集群任务，这是个很常用的命令，如当向一个运行中的集群增加了节点，再平衡命令将会停用 Topology，然后在相应超时时间段之后重分配 Worker 节点，并重启 Topology。

9.6 Storm 应用实践

本节将通过实例讲解 Storm 的使用方法。Storm 提供了一个示例工程 storm-starter，这是一个 Storm 工程中用来进行学习和使用 Storm 的模块，包含了多个 Topology 实例，该工程可以从 https://github.com/nathanmarz/storm-starter 上获取。此处介绍该示例工程中的 WordCount Topology 示例，WordCountTopology 是使用 Storm 来统计文件中的每个单词的出现次数的实例，本节将对该示例进行讲解。在介绍 WordCountTopology 之前，首先介绍 Maven 这一项目管理工具的使用。

9.6.1 使用 Maven 管理 storm-starter

1. Maven 概述

Maven 是一个项目管理及自动构建工具，由 Apache 软件基金会所提供，通过 pom.xml（Project Object Model，项目对象模型）来对项目进行配置，可以在 storm-starter 目录下通过 pom.xml 来查看运行该入门代码所需的各种 jar 包。Maven 除了以程序构建能力为特色之外，还提供高级项目管理工具。由于 Maven 的默认构建规则有较高的可重用性，所以常常用两三行 Maven 构建脚本就可以构建简单的项目。

Storm 中提交 Topology 需在主节点上进行，因而需在主节点上安装 Maven。

2. Maven 的安装

切换到主节点 192.168.10.100，同时使用用户 storm 进入到 storm 目录中，具体命令如下。

```
su - storm
cd storm
```

下载 Maven，具体命令如下。

```
wget http://mirrors.tuna.tsinghua.edu.cn/apache/maven/maven-3/3.5.0/binaries/apache-maven-3.5.0-bin. tar.gz
```

解压 Maven 包，具体命令如下。

```
tar -zxvf apache-maven-3.5.0-bin.tar.gz
```

将解压后的文件目录存放到系统目录中，具体命令如下。

```
cp apache-maven-3.5.0-bin /usr/local
```

为方便实际操作，将重命名为简短的目录名，具体命令如下。

```
mv /usr/local/apache-maven-3.5.0-bin /usr/local/maven
```

使用 vim 或 vi 打开 etc/profile，配置 maven 的环境变量，添加如下内容。

```
#maven
```

```
MAVEN_HOME=/usr/local/maven
PATH=$PATH:$MAVEN_HOME/bin
export MAVEN_HOME PATH
```

保存退出，使环境变量立即生效，具体命令如下。

```
source /etc/profile
```

测试 Maven 是否安装成功，具体命令如下。

```
mvn -version
```

至此，完成了 Maven 的安装。

3．使用 Maven 管理示例工程 storm-starter

进入 storm-starter 目录，具体命令如下。

```
cd storm-starter
```

执行编译命令将该项目打包成 JAR 文件，具体命令如下。

```
mvn -f m2-pom.xml package
```

完成执行后，会在 storm-starter/target 目录下会生成一个 storm-starter-0.8.1.jar 文件，如图 9-12 所示。

4．提交 storm-starter 中的 Topology

执行 storm 程序，storm 提交 Topology 命令格式如下。

```
storm jar all-my-code.jar backtype.storm.MyTopology arg
```

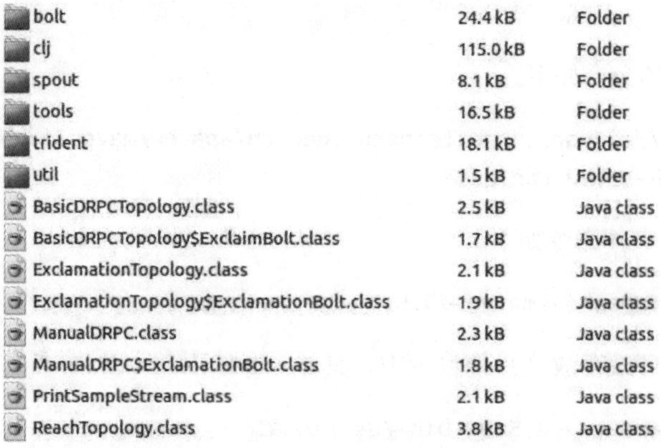

bolt	24.4 kB	Folder
clj	115.0 kB	Folder
spout	8.1 kB	Folder
tools	16.5 kB	Folder
trident	18.1 kB	Folder
util	1.5 kB	Folder
BasicDRPCTopology.class	2.5 kB	Java class
BasicDRPCTopology$ExclaimBolt.class	1.7 kB	Java class
ExclamationTopology.class	2.1 kB	Java class
ExclamationTopology$ExclamationBolt.class	1.9 kB	Java class
ManualDRPC.class	2.3 kB	Java class
ManualDRPC$ExclamationBolt.class	1.8 kB	Java class
PrintSampleStream.class	2.1 kB	Java class
ReachTopology.class	3.8 kB	Java class

图 9-12　storm-starter-0.8.1.jar 文件目录

all-my-code.jar 表示要提交的 JAR 包名，backtype.storm.MyTopology 表示要执行的该 JAR 包中的 Topology 名，arg 表示提交的 Topology 运行后的名字，如果为空，它会使用该 Topology 的默认名。

进入/target 目录，命令如下。

```
cd target
```

提交 WordCount 的 Topology 的命令如下。

```
    storm jar storm-starter-0.0.1-SNAPSHOT-jar-with-dependencies.jar storm.
starter.WordCountTopology wordcountTpy
```

运行结果如下所示。

```
    the     3
    cow     1
    jumped  1
    over    1
    moon    1
    an      1
    apple   1
    a       1
    day     1
    keeps   1
    doctor  1
    away    1
    four    1
    score   1
    and     2
    seven   2
    years   1
    ago     1
    snow    1
    white   1
    dwarfs  1
    i       1
    am      1
    at      1
    two     1
    with    1
    nature  1
```

5. Storm UI

程序通过 Maven 编译成 JAR 包，在 Nimbus 节点上提交应用即可在 Storm UI 上看到运行的相关信息。

Storm UI 包括了 Cluster Summary、Topology Summary、Supervisor Summary、Nimbus Configuration 四个部分，Storm UI 截图如图 9-13 所示。

1）Cluster Summary：介绍整个集群的相关信息，其中还列出了 Slot 的总数和使用情况，通过空闲的 Slot（Free slots）用户便可以预估 Storm 的容量以确定集群的扩容。

2）Topology Summary：介绍整个 Storm 集群上运行的 Topology 情况，用户选择每个具体的 Topology 时，可以了解到该 Topology 的所有 Spout、Bolt 及相关统计信息。

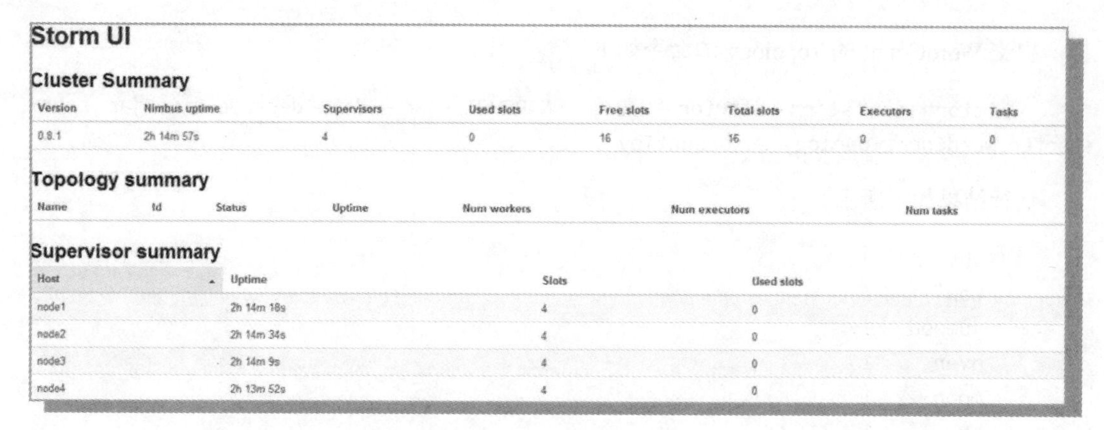

图 9-13 Storm UI 界面图

3）Supervisor Summary：介绍整个 Storm 集群中的 Supervisor 节点的状态，其中 Uptime 表示的是 Supervisor 进程启动后到当前的运行时间。

4）Nimbus Configuration：介绍整个 Storm 集群的相关配置信息，所有的节点都采用了相同的配置，则该配置实际上也就是整个 Storm 集群的配置，如图 9-14 所示。

Nimbus Configuration

Show 20 entries

Key	Value
dev.zookeeper.path	"/tmp/dev-storm-zookeeper"
drpc.authorizer.acl.filename	"drpc-auth-acl.yaml"
drpc.authorizer.acl.strict	false
drpc.childopts	"-Xmx768m "
drpc.http.creds.plugin	"backtype.storm.security.auth.DefaultHttpCredentialsPlugin"
drpc.http.port	3774

图 9-14 Storm 相关配置信息

9.6.2 WordCountTopology 源代码分析

WordCountTopology 是学习 Storm 的典型学习案例，WordCountTopology 的主要代码段如下。

```
        //创建一个 TopologyBuilder 对象 builder
        TopologyBuilder builder = new TopologyBuilder();
        //设置 Spout，5 表示的是该 spout 执行 5 个线程
        builder.setSpout("spout", new RandomSentenceSpout(), 5);
        //设置 Bolt 组件，用于对读取的句子进行切分，组件的并行数是 8
        builder.setBolt("split", new SplitSentence(), 8).shuffleGrouping("spout");
        //设置统计单词次数的 Bolt
        builder.setBolt("count", new WordCount(), 12).fieldsGrouping("split", new
Fields("word"));
```

本节内容将详细讲解该案例，从而可以加深对 Storm 的运行流程的理解，进而可以编写

Topology 程序。

Spout 是数据的源头，通过 TopologyBuilder 创建一个 Spout，用于模拟数据的源头。

```
        builder.setSpout("spout", new RandomSentenceSpout(), 5);
```

Spout 的业务处理模块是 RandomSentenceSpout，提供了一个 open()方法对 Spout 进行初始化，具体代码如下所示。

```
        @Override
        public void open(Map conf, TopologyContext context, SpoutOutputCollector
collector) {
         _collector = collector;
         _rand = new Random();
        }
```

当 nextTuple 被调用，Storm 被请求，Spout 会发送 Tuple 到 OutputCollecter，如果没有 Tuple 可发送，该方法就会返回 open()方法。nextTuple()、ack()、fail() 三个方法在 Spout 的任务中，必须是在一个线程中。如果没有 Tuple 可发送，该方法会休眠短暂的时间。具体代码如下所示。

```
        @Override
        public void nextTuple() {
        Utils.sleep(100);                            //睡眠 100 毫秒
         //模拟的数据源
         String[] sentences = new String[]{ "the cow jumped over the moon", "an
apple a day keeps the doctor away", "four score and seven years ago", "snow white and
the seven dwarfs", "i am at two with nature" };
        //随机的数据
         String sentence = sentences[_rand.nextInt(sentences.length)];
         _collector.emit(new Values(sentence));
        }
```

Bolt 中的 declareOutputFields()方法，用于声明当前 Bolt 发送的 Tuple 中包含的字段。

```
        @Override
        public void declareOutputFields(OutputFieldsDeclarer declarer) {
            declarer.declare(new Fields("word"));
        }
```

Prepare()方法和 Spout 中的 open()方法类似，为 Bolt 提供 OutputCollector，用于从 Bolt 中发送 Tuple，在 execute()方法执行。

```
        void prepare(Map stormConf, TopologyContext context, OutputCollector collector);
```

SplitSentence 类对 Spout 发送来的 Tuple 进行处理，拆分句子成单词。对 Tuple 的处理通过 Python 脚本实现。

```
    public static class SplitSentence extends ShellBolt implements IRichBolt {

        public SplitSentence() {
            super("python", "splitsentence.py");
       //使用父类构造函数，表明该方法使用 Python 实现的，实现文件名为：splitsentence.py
        }
        @Override
        public void declareOutputFields(OutputFieldsDeclarer declarer) {
          declarer.declare(new Fields("word"));
        }
        //用于声明针对当前组件的特殊的 Configuration 配置，没有返回 null
        @Override
        public Map<String, Object> getComponentConfiguration() {
          return null;
        }
    }
```

splitsentence.py 实现代码如下。

```
    import storm
    class SplitSentenceBolt(storm.BasicBolt):
        def process(self, tup):                   //定义一个将字符串且分为单词的函数
            words = tup.values[0].split(" ")      //以空格为划分切分字符串
            for word in words:                    //遍历存放单词的元组
              storm.emit([word])                  //将单词发送出去
    SplitSentenceBolt().run()
```

统计单词的数量 WordCount 类代码如下。

```
    public static class WordCount extends BaseBasicBolt {
        //用于统计每个单词的个数

        Map<String, Integer> counts = new HashMap<String, Integer>();

        @Override
            public void execute(Tuple tuple, BasicOutputCollector collector) {
            String word = tuple.getString(0);     //获取接收到的数据队列中的第一个单词
            Integer count = counts.get(word);     //从 counts 中获取该单词的 value 值
            if (count == null)            //最开始时 map 中没有该单词，设置 count 为 0
              count = 0;
            count++;                          //在原基础上加 1
            counts.put(word, count);          //更新 counts 变量
            collector.emit(new Values(word, count)); //将当前单词统计数据发送出去
          }
        @Override
        public void declareOutputFields(OutputFieldsDeclarer declarer) {
          //设置流的 fileds 以供下一个流程使用该 bolt 的数据
```

```
            declarer.declare(new Fields("word", "count"));
        }
    }
```

习题

1．Storm 采用的三进程架构包括什么？

2．Storm 中用户每实现一个任务，需要构造哪两类的拓扑组件？

3．简述如何搭建 Storm 的开发环境。

第 10 章　Spark——基于内存的大数据计算框架

本章将讲解 Spark 这一基于内存的大数据计算框架，包括 Spark 概述、Spark 的运行机制、Spark 的运行模式、Spark RDD、Spark 生态系统五部分内容。读者可以通过本章内容了解 Spark 的基本概念，Spark 的运行原理及任务流程；理解 Spark 的三种运行模式：Standalone 模式、Spark Yarn 模式、Spark Mesos 模式；了解弹性分布式数据集 RDD 这一 Spark 的编程模型；了解 Spark 生态系统的核心组件，包括：结构化数据处理工具 SparkSQL、实时处理工具 Spark Streaming、图计算框架 GraphX、机器学习组件 MLlib。

10.1　Spark 概述

Spark 是一种快速、通用、可扩展的大数据计算框架，是由 UC Berkeley AMP Lab（加州大学伯克利分校的 AMP 实验室）在 2009 年所开发的、类似于 Hadoop MapReduce 的通用并行框架，拥有 Hadoop MapReduce 所有的优点，与 MapReduce 不同的是，Spark 的中间输出结果保存在内存中，因此 Spark 也是基于内存的大数据计算框架，提高了在大数据环境下数据处理的实时性，同时保证了高容错性和高伸缩性，允许用户将 Spark 集群部署在廉价的硬件之上。Spark 的 Logo 如图 10-1 所示。

图 10-1　Spark 的 Logo

Spark 在 2010 年开源，2013 年 6 月成为 Apache 的孵化项目，2014 年 2 月被 Apache 确定为顶级项目。目前，Spark 的生态系统主要有 SparkSQL、Spark Streaming、GraphX、MLlib 等子项目。同时 Spark 得到了众多互联网公司的青睐，如 IBM、Cloudera、Hortonworks、百度、阿里、腾讯、京东、优酷等。百度将 Spark 应用在大数据搜索、直达号等业务；阿里利用 GraphX 构建了大规模的图计算和图挖掘系统，实现了很多应用系统的推荐算法；腾讯的 Spark 集群已经达到 8000 台，是世界上已知最大的 Spark 集群之一。

Spark 具有快速、易用、通用、兼容性好四个特点。与 Hadoop 中的 MapReduce 相对应，Spark 优化了 MapReduce，Spark 基于内存的运算要比 Hadoop 快 100 倍以上，基于磁盘的运算也要也要比 MapReduce 快 10 倍以上。Spark 实现了高效的有向无环图（Directed Acyclic Graph，DAG）执行引擎，支持通过内存计算高效处理数据流。可以使用 Java、Scala、Python、R 语言编写程序，提供了超过 80 个的高级算子，可以轻松构建并行应用程序。而且 Spark 支持交互式的 Python 和 Scala 的 Shell，可以非常方便地在这些 Shell 中使用 Spark 集群来验证解决问题的方法。Spark 提供了众多的库，如用于机器学习的 MLlib、图计算的 GraphX 和实时流处理的 Spark Streaming，这些库可以在同一个应用程序中实现无缝组合。Spark 可以使用 Hadoop 的 Yarn 和 Apache Mesos 作为资源管理和调度器，同时也实现了独立的集群模式（Standalone 模式）作为其内置的资源管理和调度框架，可以访问不同的数据源，如 HDFS、HBase、Cassandra、S3。

不同于 Hadoop 只包括 MapReduce 和 HDFS，Spark 的体系架构包括 Spark Core 以及在 Spark Core 基础上建立的应用框架 SparkSQL、Spark Streaming、MLlib、GraphX、Structured Streaming、SparkR。Spark Core 是 Spark 中最重要的部分，相当于 MapReduce，Spark Core 和 MapReduce 完成的都是离线数据分析。Core 库主要包括 Spark 的主要入口点，即编写 Spark 程序用到的第一个类，整个应用的上下文（SparkContext）、弹性分布式数据集（RDD）、调度器（Scheduler）、对无规则的数据进行重组排序（Shuffle）和序列化器（Seralizer）等。SparkSQL 提供通过 Hive 查询语言（HiveQL）与 Spark 进行交互的 API，将 SparkSQL 查询转换为 Spark 操作，并且每个数据库表都被当作一个 RDD。Spark Streaming 对实时数据流进行处理和控制，允许程序能够像普通 RDD 一样处理实时数据。MLlib 是 Spark 提供的机器学习算法库。GraphX 提供了控制图、并行图操作和计算的算法和工具。Spark 体系架构图如图 10-2 所示。

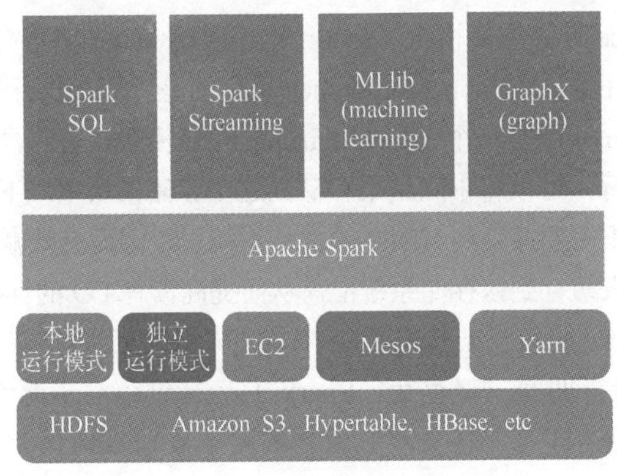

图 10-2　Spark 体系架构

10.2　Spark 的运行机制

1. Spark 的运行架构

Spark 的运行架构主要由四部分组成：集群资源管理器（Cluster Manager）、运行作业任务的工作节点（Worker Node）、每个应用的任务控制节点（Driver）和每个工作节点上负责具体任务的执行进程(Executor)。Spark 的运行架构如图 10-3 所示。

Driver 负责运行用户编写的 Spark 应用程序的 main 函数，并创建 SparkContext，准备应用程序的运行环境。SparkContext 负责与集群资源管理器通信，进行资源申请、任务的分配与监控，启动 Executor 进程并向 Executor 发送应用程序代码和文件，当 Executor 进程执行完后，Driver 将 SparkContext 关闭。Cluster Manager 可以是 Spark 自带的资源管理器（Standalone 模式），也可以是 Yarn 或 Mesos 等资源管理器。Worker Node 是指集群中任何可以运行应用程序代码的节点，在

Standalone 模式中指的是通过 Slave 文件配置的 Worker 节点，在 Spark Yarn 模式中指的是 NodeManager 节点，在 Spark Mesos 模式中指的是 Mesos Slave 节点。Executor 是运行在工作节点（Worker Node）上的一个进程，负责运行 Task（任务），并负责将数据存在内存或者磁盘上。

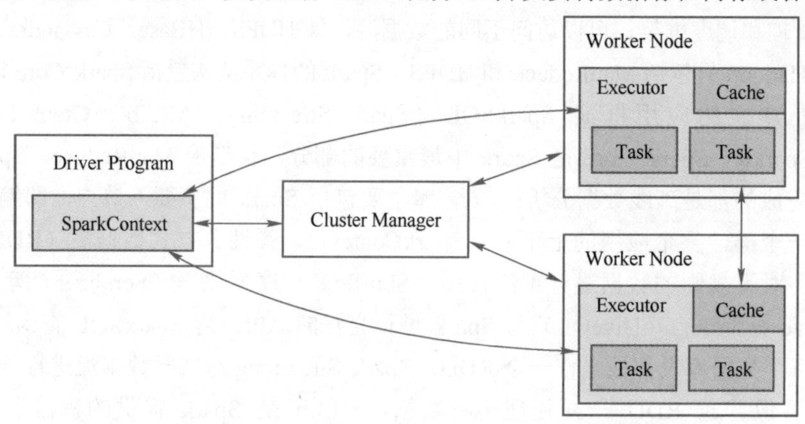

图 10-3　Spark 的运行架构

与 Hadoop MapReduce 计算框架相比，Spark 采用的 Executor 进程有两个优点：一是 Executor 利用多线程来执行具体的任务（Hadoop MapReduce 采用的是进程来执行具体的任务），从而减少任务的启动开销；二是 Executor 中有一个 BlockManager 存储模块，会将内存和磁盘共同作为存储设备，当需要多轮迭代计算时，可以将中间结果存储到这个存储模块里，下次需要时，就可以直接读该存储模块里的数据，而不需要读写到 HDFS 等文件系统里，因而有效减少了 I/O 开销；或者在交互式查询场景下，预先将表缓存到该存储系统上，从而提高读写 I/O 的性能。

从上可以看出，Spark 的运行架构具有三个特点：每个应用都有自己专属的 Executor 进程，并且该进程在应用运行期间一直存在；Spark 的运行过程与资源管理器无关，只要能够获取 Executor 进程并保持通信即可；任务（Task）采用了数据本地化和推测执行等优化机制。

2. Spark 运行任务的基本流程

Spark 运行任务的基本流程如图 10-4 所示，具体说明如下。

1）当一个 Spark 应用被提交时，首先需要为这个应用构建基本的运行环境，即由任务控制节点（Driver）创建一个 SparkContext，由 SparkContext 负责和资源管理器（Cluster Manager）的通信以及进行资源的申请、任务的分配和监控等。SparkContext 会向资源管理器注册并申请运行 Executor 的资源。

2）资源管理器为 Executor 分配资源，并启动 Executor 进程，Executor 的运行情况会发送到资源管理器上。

3）SparkContext 根据 RDD 的依赖关系构建 DAG 图，DAG 图提交给 DAG 调度器（DAG Scheduler）进行解析，将 DAG 图分解成多个阶段（每个阶段都是一个任务集），并且计算出各个阶段之间的依赖关系，然后把一个个任务集提交给底层的任务调度器（TaskScheduler）进行处理；Executor 向 SparkContext 申请任务，任务调度器将任务分发给 Executor 运行，同时，SparkContext 将应用程序代码发放给 Executor。

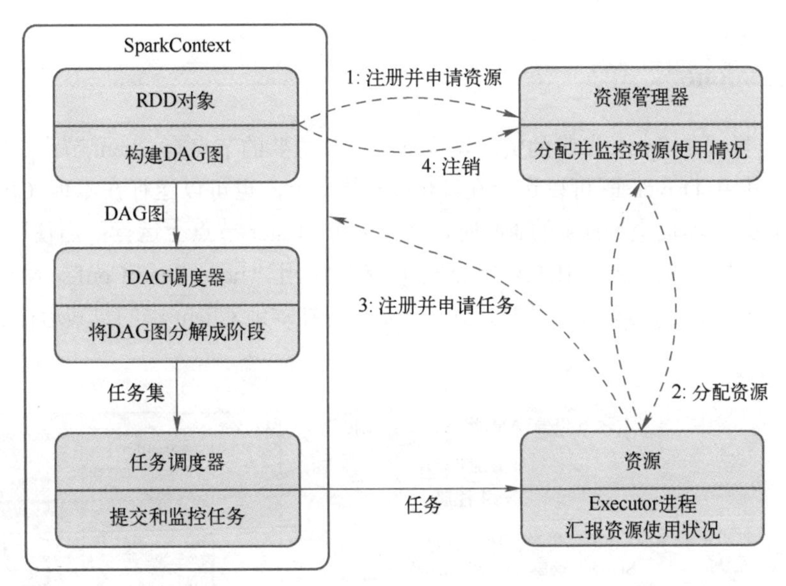

图 10-4　Spark 运行任务的基本流程

4）任务在 Executor 上运行，把执行结果反馈给任务调度器，然后反馈给 DAG 调度器，运行完毕后写入数据并释放所有资源。

10.3　Spark 的运行模式

Spark 的运行模式有很多种，当部署在单机上时，既可以用本地模式运行，也可以用伪分布模式运行；当部署在分布式集群上时，根据集群的实际情况，也有众多的运行模式可供选择。底层的资源调度既可以使用外部资源调度框架，也可以使用 Spark 内建的 Standalone 模式。目前常用的外部资源调度框架有 Yarn 模式和 Mesos 模式。

在实际应用中，Spark 应用程序的运行模式取决于传递给 SparkContext 的 Master 环境变量的值，个别模式还需要依赖辅助的程序接口来配合使用，目前所支持的 Master 环境变量由如下特定的字符串或 URL 组成。

1）Local[N]：本地模式，使用 N 个线程。

2）Local cluster[worker,core,memory]：伪分布模式，可以配置所需要启动的虚拟工作节点的数量，以及每个工作节点所管理的 CPU 数量和内存大小。

3）Spark://hostname:port：Standalone 模式，需要部署 Spark 到相关节点，URL 为 Spark Master 主机地址和端口。

4）Mesos://hostname:port：Mesos 模式，需要部署 Spark 和 Mesos 到相关节点，URL 为 Mesos 主机地址和端口。

5）Yarn Standalone/Yarn Cluster：Yarn 模式之一，主程序逻辑和任务都运行在 Yarn 集群中。

6）Yarn Client：Yarn 模式之二，主程序逻辑运行在本地，具体任务运行在 Yarn 集群中。

10.3.1 Standalone 模式

Standalone 模式是 Spark 自带的资源调度框架，其主要的节点有 Client 节点、Master 节点和 Worker 节点。其中 Driver 既可以运行在 Master 节点上，也可以运行在本地 Client 端。当用 spark-shell 交互式工具提交 Spark 的 Job 时，Driver 在 Master 节点上运行；当使用 spark-submit 工具提交 Job 或者在 Eclipse、IDEA 等开发平台上使用 "new SparkConf.setManager ("spark://master:7077")" 方式运行 Spark 任务时，Driver 是运行在本地 Client 端的。其运行过程如图 10-5 所示。

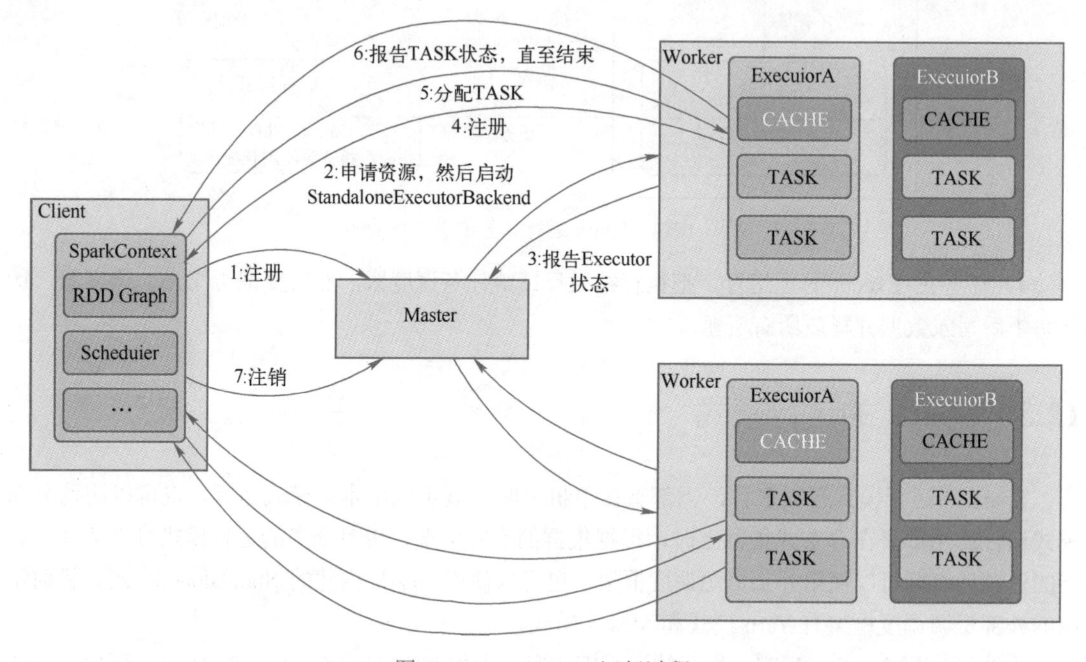

图 10-5 Standalone 运行过程

1）SparkContext 连接到 Master，向 Master 注册并申请资源（CPU Core 和 Memory）。

2）Master 先根据 SparkContext 的资源申请要求和 Worker 心跳周期内报告的信息决定在哪个 Worker 上分配资源。

3）确定 Worker，并在该 Worker 上获取资源，并且在各个节点（Worker）上启动 StandaloneExecutorBackend（对 Standalone 来说的 Executor 的守护进程）。

4）StandaloneExecutorBackend 向 SparkContext 注册。

5）在 Client 节点，SparkContext 根据用户程序，构建 DAG 图（在 RDD 中完成），将 DAG 分解成 Stage（TaskSet），把 Stage 发送给 TaskScheduler。Task Scheduler 将 Task 发送给分配到相应的 Worker 中的 Executor 运行，即提交给 StandaloneExecutorBackend 执行。

6）StandaloneExecutorBackend 会建立 Executor 线程池，开始执行 Task，并向 Spark Context 报告，直至 Task 完成。

7）所有 Task 完成后，SparkContext 向 Master 注销并释放资源。

10.3.2 Spark Yarn 模式

Yarn 是一种统一资源管理机制，在 Yarn 上面可以运行多种计算框架。目前大多数公司除了使用 Spark 之外，还在使用着其他的计算框架，如 MapReduce、Storm 等。Spark 基于这种情况开发了 Spark on Yarn 的运行模式，借助于 Yarn 良好的弹性资源管理机制，Spark on Yarn 模式不仅部署 Application 更加方便，而且用户在 Yarn 集群上运行的服务和 Application 的资源也完全隔离，并且 Yarn 可以通过队列的方式，管理同时运行在集群中的多个服务。Spark on Yarn 模式根据 Driver 在集群中的位置分为两种模式：一种是 Yarn-Client 模式，另一种是 Yarn-Cluster（或称为 Yarn-Standalone 模式）。生产环境中一般采用 Yarn-Cluster 模式，Yarn-Client 模式一般用于交互式应用或者马上需要看到输出结果的 debug 场景。

1. Yarn 框架的工作流程

任何框架与 Yarn 的结合都必须遵循 Yarn 的开发模式。在分析 Spark on Yarn 的实现细节之前，有必要先分析一下 Yarn 框架的一些基本原理。Yarn 框架的基本工作流程如图 10-6 所示。

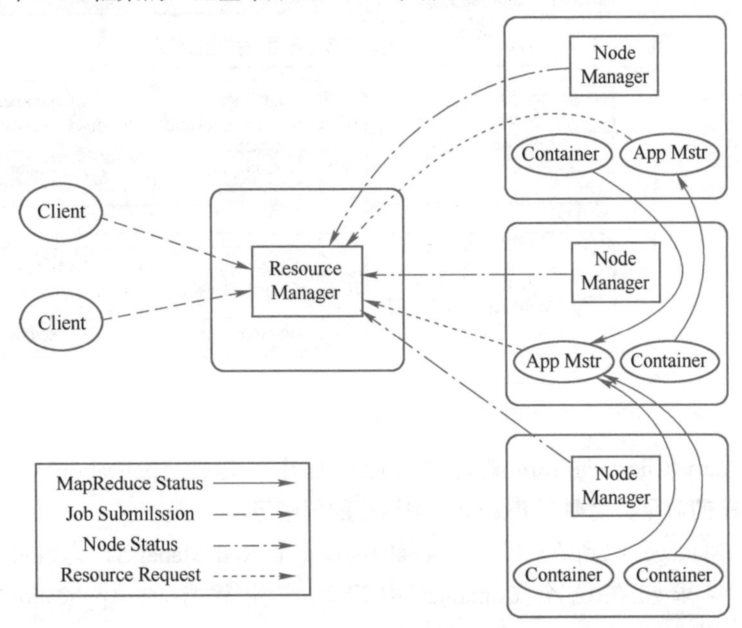

图 10-6　Yarn 框架的基本工作流程

其中，ResourceManager 负责将集群的资源分配给各个应用使用，而资源分配和调度的基本单位是 Container，其中封装了物理资源，如内存、CPU、磁盘和网络等，每个任务会分配一个 Container，该任务只能在该 Container 中执行，并使用该 Container 封装的资源。NodeManager 是一个个的计算节点，主要负责启动 Application 所需的 Container，监控资源（内存、CPU、磁盘和网络等）的使用情况并将之汇报给 ResourceManager。ResourceManager 与 NodeManager 共同组成整个数据计算框架，ApplicationMaster（AppMstr）与具体的 Application 相关，主要负责同 ResourceManager 协商以获取合适的 Container，并跟踪这些 Container 的状态和监控其进度。

2．Yarn-Cluster 模式

在 Yarn-Cluster 模式中，当用户向 Yarn 中提交一个应用程序后，Yarn 将分两个阶段运行该应用程序：第一个阶段是把 Spark 的 Driver 作为一个 ApplicationMaster 在 Yarn 集群中先启动；第二个阶段是由 ApplicationMaster 创建应用程序，然后为它向 ResourceManager 申请资源，并启动 Executor 来运行 Task，同时监控它的整个运行过程，直到运行完成。Yarn-Cluster 的工作流程分为以下几个步骤，如图 10-7 所示。

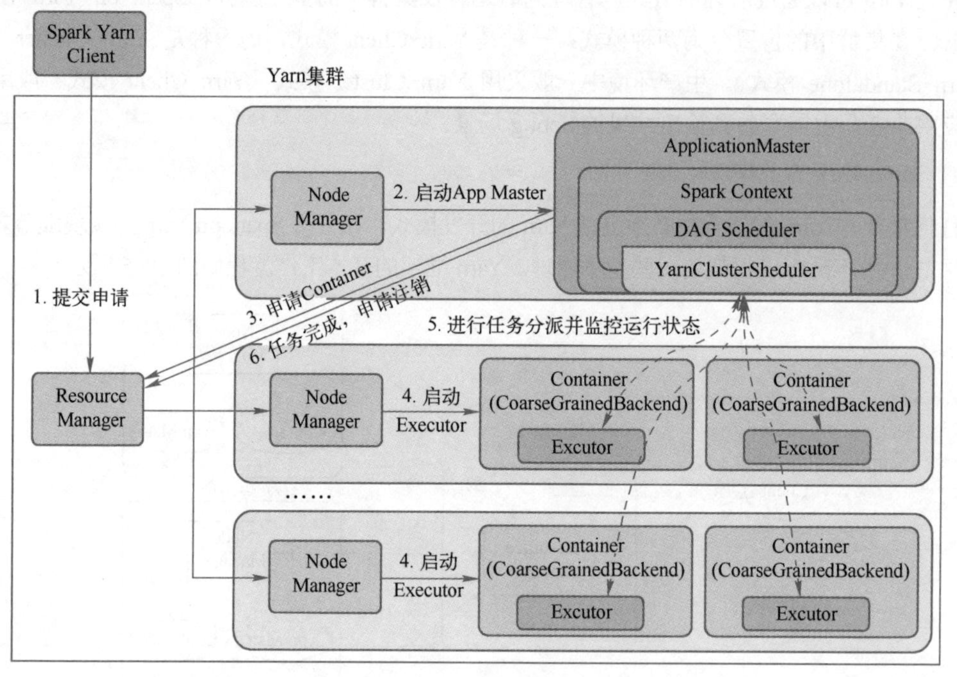

图 10-7 Yarn-Cluster 模式运行流程

1）Spark Yarn Client 向 Yarn 集群提交应用程序，包括 ApplicationMaster 程序、启动 ApplicationMaster 的命令、需要在 Executor 中运行的程序等。

2）ResourceManager 收到请求后，在集群中选择一个 NodeManager，为该应用程序分配第一个 Container，要求它在这个 Container 中启动应用程序的 ApplicationMaster，其中 ApplicationMaster 进行 SparkContext 等的初始化。

3）ApplicationMaster 向 ResourceManager 注册，这样用户可以直接通过 Resource Manager 查看应用程序的运行状态，然后 ResourceManager 将采用轮询的方式通过 RPC 协议为各个任务申请资源，并监控它们的运行状态直到运行结束。

4）一旦 ApplicationMaster 申请到资源（也就是 Container）后，便与对应的 NodeManager 通信，要求它在获得的 Container 中启动 CoarseGrainedBackend 进程（Executor 的守护进程），CoarseGrainedBackend 进程启动后会向 ApplicationMaster 中的 SparkContext 注册并申请 Task。这一点和 Standalone 模式一样，只不过 SparkContext 在 Spark Application 中初始化时，使用 CoarseGrainedBackend 进程配合 YarnClusterScheduler 进行任务的调度，其中 YarnClusterScheduler 只是对 TaskSchedulerImpl 的一个简单包装，增加了对 Executor 的等待逻辑等。

5）ApplicationMaster 中的 SparkContext 分配 Task 给 CoarseGrainedBackend 进程执行，CoarseGrainedBackend 进程运行 Task 并向 ApplicationMaster 汇报运行的状态和进度，以让 ApplicationMaster 随时掌握各个任务的运行状态，从而可以在任务失败时重新启动任务。

6）应用程序运行完成后，ApplicationMaster 向 ResourceManager 申请注销并关闭自己。

3．Yarn-Client 模式

Yarn-Client 模式中，Driver 在客户端本地运行，这种模式可以使得 Spark Application 和客户端进行交互，因为 Driver 在客户端，所以可以通过 Web UI 访问 Driver 的状态，默认是通过 http://master 地址：4040 访问，而 Yarn 通过 http://master 地址：8088 访问。Yarn-Client 的工作流程分为以下几个步骤，如图 10-8 所示。

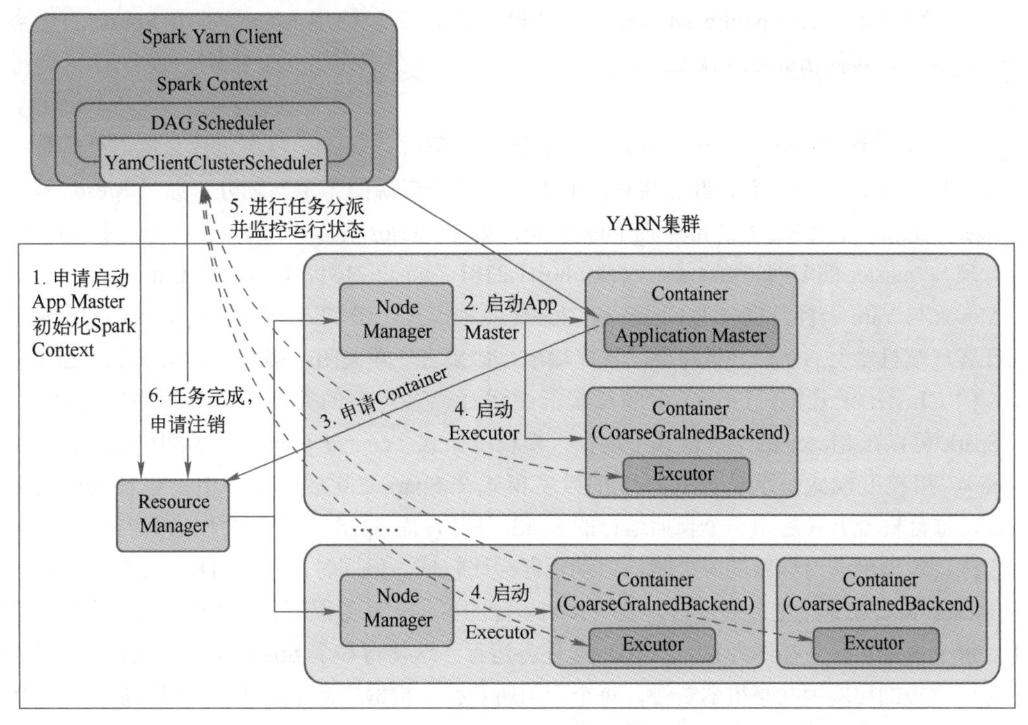

图 10-8　Yarn-Client 模式运行流程

1）Spark Yarn Client 向 Yarn 的 ResourceManager 申请启动 ApplicationMaster。同时在 SparkContent 初始化中将创建 DAGScheduler 和 TASKScheduler 等，由于选择的是 Yarn-Client 模式，程序会选择 YarnClientClusterScheduler（故在 Client 端，而 Yarn-Cluster 是放在资源管理器中的）和 YarnClientSchedulerBackend 进程（也放在 Client 端）。

2）ResourceManager 收到请求后，在集群中选择一个 NodeManager，为该应用程序分配第一个 Container，要求它在这个 Container 中启动应用程序的 ApplicationMaster。与 Yarn-Cluster 的区别是在该 ApplicationMaster 不运行 SparkContext，只与 SparkContext 进行联系进行资源的分派。

3）Client 中的 SparkContext 初始化完毕后，与 ApplicationMaster 建立通信，向 ResourceManager 注册，根据任务信息向 ResourceManager 申请资源（Container）。

4）一旦ApplicationMaster申请到资源（也就是Container）后，便与对应的NodeManager通信，要求它在获得的Container中启动CoarseGrainedBackend进程，CoarseGrainedBackend进程启动后会向Client中的SparkContext注册并申请Task。

5）Client中的SparkContext分配Task给CoarseGrainedExecutorBackend执行，Coarse GrainedExecutorBackend运行Task并向Driver汇报运行的状态和进度，以让Client随时掌握各个任务的运行状态，从而可以在任务失败时重新启动任务。

6）应用程序运行完成后，Client的SparkContext向ResourceManager申请注销并关闭自己。

10.3.3 Spark Mesos模式

Spark可以运行在Apache Mesos管理的硬件集群上。使用Mesos部署Spark的优点有两个：Spark和其他framework之间的动态分区；可以在多个Spark实例之间进行可伸缩的分区。

当一个驱动程序创建一个作业并开始执行调度任务时，Mesos将决定什么机器处理什么任务。多个框架可以在同一个集群上共存，而不必依赖于资源的无定向划分。如果Mesos只有一个master，master的URL为：mesos://host:5050；如果Mesos有多个master（如使用Zookeeper进行管理），master的URL为：mesos://zk://host1:2181，host2:2181，host3:2181/ mesos。

Mesos与Yarn一样，也分为Client和Cluster两种模式。在Client模式中，Spark Mesos框架直接在客户端机器上启动，并等待驱动程序输出，如果客户端关闭，那么驱动程序停止运行。在Mesos的Cluster模式中，Driver程序在集群中运行，客户端的关闭不影响程序的运行。

Spark可以在Mesos的两种模式下运行：粗粒度模式（coarse-grained）和细粒度模式（fine-grained），粗粒度模式是默认模式，但细粒度模式在Spark 2.0后已被弃用。粗粒度模式下，Mesos在每台机器上只启动一个长期运行的Spark任务，而Spark任务则会作为其内部的“mini-tasks”来动态调度。这样做的好处是，启动延迟会比较低，但同时，也会增加一定的资源消耗，因为Mesos需要在整个生命周期内为这些长期运行的Spark任务保留其所需的资源。在细粒度模式下，每个Spark任务都作为独立的Mesos任务运行。这使得多个Spark实例（或者其他计算框架）可以比较细粒度地共享机器资源，每个应用所获得的机器资源也会随着应用的启动和关闭而增加或减少，但同时每个任务的启动也会有相应的延迟。这种模式可能不适用于一些低延迟的场景，如交互式查询，响应Web请求等。

10.4 Spark RDD

Spark提供了一个主要的数据抽象是弹性分布式数据集（Resilient Distributed Datasets，RDD），是分布式内存的一个抽象概念。RDD是跨集群的节点之间的一个集合，可以并行地进行操作。RDD具有自动容错、位置感知性调度和可伸缩性的特点，可以让用户数据存储在磁盘和内存中，并能控制数据的分区。用户还可以要求Spark在内存中持久化一个RDD，以便在并行操作中高效地重用它。而且RDD可以从节点故障中自动恢复。

对开发者而言，RDD可以看作是Spark的一个对象，它本身运行于内存中，如读文件是一个 RDD，对文件计算是一个 RDD，结果集也是一个 RDD，不同的分片、数据之间的依赖、key-value 类型的 map 数据都可以看作是 RDD。

10.4.1 RDD 的特点

通常数据处理的模型有四种：迭代算法（Iterative Algorithms）、关系查询（Relational Queries）、MapReduce、流式处理（Stream Processing）。Hadoop 采用了 MapReduce 模型，而 RDD 实现了以上四种模型，使得 Spark 可以应用于各种大数据处理场景。同时 RDD 还提供了一组丰富的操作来对数据进行计算。RDD 具有如下 5 个特征。

1）Partition（分区）：数据集的基本组成单位，RDD 提供了一种高度受限的共享内存模型，即 RDD 作为数据结构，本质上是一个只读的记录分区的集合。一个 RDD 会有若干个分区，分区的大小决定了并行计算的粒度，每个分区的计算都被一个单独的任务处理。用户可以在创建 RDD 时指定 RDD 的分区个数，默认是程序所分配到的 CPU Core 的数目。

2）Compute（Compute 函数）：是每个分区的计算函数。Spark 中的计算都是以分区为基本单位的，每个 RDD 都会通过 Compute 函数来达到计算的目的。

3）Dependencies（依赖）：RDD 之间存在依赖关系，主要是宽窄依赖关系。如果父 RDD 的每个分区最多只能被一个子 RDD（Child RDD）的分区所使用，即上一个 RDD 中的一个分区的数据到下一个 RDD 的时候还在同一个分区中，则称之为窄依赖（Narrow Dependency），如 map、filter、union 操作都会产生窄依赖，如图 10-9 所示是 RDD 的窄依赖关系。如果被多个 Child RDD 分区使用，即上一个 RDD 中的一个分区数据到下一个 RDD 的时候出现在多个分区中，则称之为宽依赖（Wide Dependency），如 groupByKey、reduceByKey、sortByKey 等操作都会产生宽依赖，如图 10-10 所示是 RDD 的宽依赖关系。当进行 join 操作的两个 RDD 分区数量一致且 join 结果得到的 RDD 分区数量与父 RDD 分区数量相同时（join with inputs co-partitioned）为窄依赖，当进行 join 操作的每一个父 RDD 分区对应所有子 RDD 分区（join with inputs not co-partitioned）时为宽依赖。

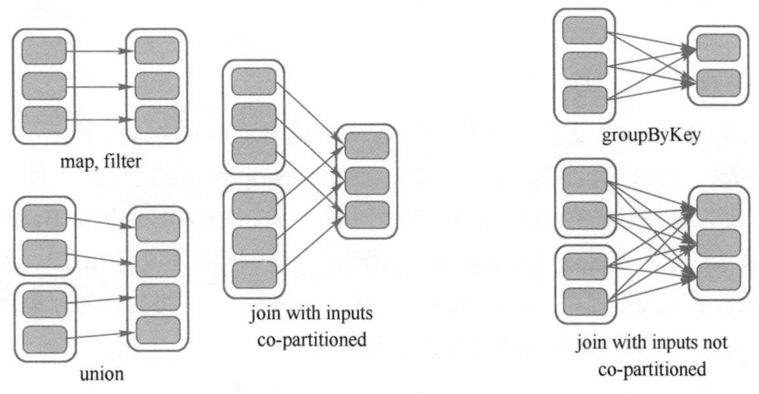

图 10-9　窄依赖关系　　图 10-10　宽依赖关系

具有窄依赖关系的 RDD 可以在同一个 Stage 中进行计算，存在 Shuffle 过程，所有操作在一起进行。宽依赖也存在 Shuffle 过程，需要等待上一个 RDD 的所有 Task 执行完成才可进行下一个 RDD 任务。

4）Partitioner（分区函数）：目前，Spark 实现了两种类型的分区函数，一个是基于哈希的 HashPartitioner，另一个是基于范围的 RangePartitioner。Partitioner 只存在于 key-value 类型的 RDD 中，非 key-value 类型的 RDD 的 Parititioner 值是 None。Partitioner 函数不但决定了 RDD 本身的分片数量，也决定了父 RDD Shuffle 后输出的分片数量。

5）PreferedLocations（优先位置）：按照“移动数据不如移动计算”的原则，Spark 在进行任务调度时，会优先将任务分配到数据块存储的位置。

10.4.2 RDD 的创建

RDD 的创建方式有两种：在驱动程序中并行化现有的集合；引用外部存储系统中的数据集，如共享文件系统、HDFS、HBase 或任何提供 Hadoop InputFormat 的数据源。

1．在驱动程序中并行化现有集合

并行集合是通过在驱动程序（Scala Seq）中的现有集合中调用 SparkContext 类（Spark 程序的主要入口点）的 parallelize()方法实现的。复制集合中的元素，形成可以并行操作的分布式数据集。如创建一个元素为 1，2，3，4，5 的集合，对该集合进行并行化操作。

```
        scala> val data = Array(1,2,3,4,5)              //元素为1, 2, 3, 4, 5
        data: Array[Int] = Array(1, 2, 3, 4, 5)      //此时数据类型为集合（Array）
        scala> val rdd1 = sc.parallelize(data)       //初始化现有集合 data
        rdd1: org.apache.spark.rdd.RDD[Int] = ParallelCollectionRDD[2] at parallelize
at <console>:26
                                                 //此时数据类型转为 RDD
```

并行集合的一个重要参数是将数据集分割成的分区数。Spark 将为集群的每个分区运行一个任务。通常，在集群中每个 CPU 需要 2～4 个分区。Spark 尝试根据集群自动设置分区数量。也可以手动设置它，将其作为第二个参数传递给并行化函数。如 sc.parallelize(data，10)，10 就表示分区数量。

2．引用外部存储系统中数据集

Spark 可以读取 Hadoop 支持的任何存储源来创建分布式数据集，包括本地文件系统、HDFS、Cassandra、HBase、Amazon S3 等。而且 Spark 也支持文本文件、SequenceFiles（Hadoop 用来存储二进制形式的<key, value>键值对的一种文件）和任何提供 Hadoop InputFormat 的数据源的引用。通过调用 SparkContext 的 textFile()方法创建文本文件 RDD。该方法为文件选取一个路径（在机器上的本地路径，或 hdfs://，s3n://等路径），并将其作为行集合读取。如读取 /home/student/data 路径下的 movies.dat 文件创建 RDD。

```
        scala> val rdd2 = sc.textFile("/home/student/data/movies.dat")    //读取文件
        rdd2:org.apache.spark.rdd.RDD[String]=/home/student/data/movies.dat
MapPartitionsRDD[4] at textFile at <console>:24              //数据类型转为 RDD
```

用 Spark 读取文件的过程说明如下。

1）如果是本地文件系统，那么要读取的文件必须在所有的 Worker 节点上能够以相同的路径访问到。所以要么把文件复制到所有 Worker 节点上的同一路径下，要么挂载一个共享文件系统。

2）所有 Spark 基于文件输入的方法（包括 textFile）都支持输入参数为：目录、压缩文件以及通配符。如 textFile（"/my/directory"），textFile（"/my/directory/*.txt"），以及 textFile（"/my/directory/*.gz"）。

3）textFile()方法还采用可选的第二个参数来控制文件的分区数量。Spark 默认会为文件的每一个 Block 创建一个分区（HDFS 上默认 Block 大小为 128MB），也可以通过调整这个参数来控制数据的分区数。注意，分区数不能少于 Block 的个数。除了文本文件外，Spark 的 Scala API 还支持其他几种数据格式，如下所述。

- SparkContext.wholeTextFiles 可以读取包含多个小文本文件的目录，并且以（filename，content）键值对的形式返回结果。这与 textFile 不同，textFile 只返回文件的内容，每个文件中每一行返回一个记录。分区是由数据位置决定的，在某些情况下，可能导致分区太少。对于这些情况，wholeTextFiles 提供了一个可选的第二个参数，用于控制最小数量的分区。
- 对于 SequenceFiles，可以调用 SparkContext.sequenceFile[K, V]读取，其中 K 和 V 分别是文件中 key 和 value 的类型。这些类型都应该是 Writable 接口的子类（Writable 接口是根据 DataInput 和 DataOutput 实现的简单、有效的序列化对象），如 IntWritable 和 Text 等。另外，Spark 允许为一些常用 Writable 指定原生类型，如 sequenceFile[Int, String]将自动读取 IntWritable 和 Text。
- 对于其他的 Hadoop InputFormat，可以用 SparkContext.hadoopRDD()方法读取，并传入任意的 JobConf 对象和 InputFormat，以及 key class，value class。这和设置 Hadoop Job 的输入源是同样的方法。还可以使用 SparkContext.newAPIHadoopRDD，该方法接收一个基于新版 Hadoop MapReduce API（org.apache.hadoop.mapreduce）的 InputFormat 作为参数。

4）RDD.saveAsObjectFile 和 SparkContext.objectFile 支持将 RDD 中元素以 Java 对象序列化的格式保存成文件。虽然这种序列化方式不如 Avro 效率高，却为保存 RDD 提供了一种简便方式。

10.4.3 RDD 基本操作

RDD 支持两种类型的操作：转换（Transformation）和行动（Action）。转换操作是从现有的数据集上创建新的数据集；行动操作是在数据集上运行计算后返回一个值给驱动程序，或把结果写入外部系统，触发实际运算。如 Map 是一个转换操作，通过函数传递数据集元素，并返回一个表示结果的新 RDD。Reduce 是一个行动操作，它使用一些函数聚合 RDD 的所有元素，并将最终结果返回给驱动程序。查看返回值类型可以判断函数是属于转换操作还是行动操作：转换操作的返回值是 RDD，行动操作的返回值是数据类型。

Spark 中的所有转换都是惰性的，它们不会立即计算结果。只有当操作需要返回到驱动程序时，转换所记录的操作才会被计算。该设计使 Spark 能够更高效地运行。如通过 Map 创建的数据集将被用于 Reduce 时，转换操作只会将 Reduce 的结果返回给驱动程序，而不是更大的映射数据集。查看返回值类型可以判断函数是属于转换操作还是行动操作，转换操作的返回值是 RDD，行动操作的返回值是数据类型。

默认情况下，每次对 RDD 执行操作时，每个转换的 RDD 都可以重新计算，也可以使用 persist（或 cache）方法在内存中持久化一个 RDD，在这种情况下，Spark 将在下次查询时使集群周围的元素获得更快地访问。转换操作还支持在磁盘上持久化 RDD，或者在多个节点上进行复制。Spark 中常用的转换操作如表 10-1 所示，常用的行动操作如表 10-2 所示。

表 10-1　RDD 常用转换操作

转换操作	含义
map(*func*)	返回一个新的 RDD，该 RDD 由数据源中的元素经过 func 函数转换后组成
filter(*func*)	返回一个新的 RDD，该 RDD 由经过 func 函数计算后返回值为 true 的输入元素组成
flatMap(*func*)	类似于 map，但是每个输入项可以被映射为 0 或多个输出项，所以 func 函数应该返回一个序列（Seq），而不是单一项
mapPartitions(*func*)	类似 map，但独立地在 RDD 的每一个分区（块）上运行，因此在类型为 T 的 RDD 上运行时，func 函数类型必须是 Iterator<T> => Iterator<U>
mapPartitionsWithIndex(*func*)	类似 mapPartitions，但 func 带有一个整数参数表示分区的索引值，因此在类型为 T 的 RDD 上运行时，func 的函数类型必须是（Int, Iterator<T>） => Iterator<U>
sample(*withReplacement*, *fraction*, *seed*)	根据 fraction 指定的比例对数据进行采样，可以选择是否使用随机数进行替换，seed 用于指定随机数生成器种子
union(*otherDataset*)	对源数据集和参数中的元素求并集后返回一个新的 RDD
intersection(*otherDataset*)	对源数据集和参数中的元素求交集后返回一个新的 RDD
distinct([*numTasks*])	对源数据集去重后返回一个新的 RDD
groupByKey([*numTasks*])	当调用（K,V）类型的 RDD 时，返回一个（K, Iterable<V>）类型的 RDD。如果要对每个键进行聚合（如求和或平均值），使用 reduceByKey 或 aggregateByKey 更好些。默认情况下，输出的并行度取决于父 RDD 分区的数量，可以通过一个可选的 numTasks 参数来设置不同数量的任务。
reduceByKey(*func*, [*numTasks*])	当调用（K,V）类型的 RDD 时，返回一个（K,V）类型的 RDD，使用指定的 reduce 函数，将相同 key 的值聚合到一起，与 groupByKey 类似，reduce 任务的个数可以通过第二个可选参数 numTasks 来设置
aggregateByKey(*zeroValue*) (*seqOp*, *combOp*, [*numTasks*])	当调用（K,V）类型的 RDD 时，返回一个（K,U）类型的 RDD。使用给定的组合函数和一个中立的初始值（zeroValue），对相同 key 值进行聚合。返回值的类型允许与输入值的类型不同
sortByKey([*ascending*], [*numTasks*])	当调用（K,V）类型的 RDD 时，K 必须实现 Ordered 接口，返回一个按照 key 进行排序的（K,V）类型的 RDD
join(*otherDataset*, [*numTasks*])	调用类型为（K,V）类型和（K,W）类型的 RDD，返回一个相同 key 对应的所有元素对在一起的（K, (V, W)）类型的 RDD。外连接同时支持 leftOuterJoin，rightOuterJoin 和 fullOuterJoin
cogroup(*otherDataset*, [*numTasks*])	当调用（K,V）和（K,W）类型的 RDD 时，返回一个（K, (Iterable<V>, Iterable<W>)）类型的 RDD。这个操作也称为 groupWith
cartesian(*otherDataset*)	当调用类型为 T 和 U 的 RDD 时，返回一个（T,U）类型的 RDD。即笛卡尔积
pipe(*command*, *[envVars]*)	通过 shell 命令将 RDD 的每个分区连接起来。RDD 元素被写入到进程的 stdin 中，输出到 stdout 的行被作为字符串 RDD 返回

（续）

转换操作	含义
coalesce(*numPartitions*)	将 RDD 中的分区数量减少到参数 *numPartitions* 指定的数量，有效过滤大数据集
Repartition(*numPartitions*)	将 RDD 数据重新混洗（reshuffle）并随机分布到新的分区中，使数据分布更均衡，新的分区个数取决于 *numPartitions*。该方法需要通过网络混洗所有数据
repartitionAndSortWithinPartitions(*partitioner*)	根据 partitioner 重新分区 RDD，并且在每个结果分区中按 key 做排序。这是一个组合方法，功能上等价于先 repartition，再在每个分区内排序，但这个方法内部做了优化（将排序过程下推到混洗同时进行），因此性能更好

表 10-2　RDD 常用行动操作

行动操作	含义
reduce(*func*)	使用 func 函数聚集 RDD 中的所有元素，func 函数必须是可交换和可并联的
collect()	将 RDD 中的所有元素作为一个数组返回到驱动程序
count()	返回 RDD 中的元素个数
first()	返回 RDD 中的第一个元素（类似于 take(1)）
take(*n*)	返回 RDD 中的前 n 个元素组成的数组
takeSample(*withReplacement*, *num*, [*seed*])	返回从 RDD 数据集中随机采样的 num 个元素组成的数组，可以选择是否用随机数替换不足的部分，seed 用于指定随机数生成器种子
takeOrdered(*n*, *[ordering]*)	使用自然顺序或自定义的比较器，返回 RDD 的前 n 个元素
saveAsTextFile(*path*)	将数据集中的元素作为文本文件（或文本文件集）写入本地文件系统、HDFS 或任何其他 Hadoop 支持的文件系统中。Spark 将在每个元素上调用 toString 方法，将其转换为文件中的一行文本
saveAsSequenceFile(*path*) (Java and Scala)	在本地文件系统、HDFS 或任何其他 Hadoop 支持的文件系统中，将数据集的元素写入到给定路径中的 Hadoop SequenceFile 中
saveAsObjectFile(*path*) (Java and Scala)	使用 Java 序列化以简单的格式编写数据集的元素，然后可以使用 SparkContext.objectFile()方法加载
countByKey()	针对(K,V)类型的 RDD，返回一个(K, Int) 类型的 hashmap，表示每一个 key 对应的元素个数
foreach(*func*)	在数据集的每一个元素上，运行函数 func 进行更新

10.4.4　RDD 持久化（缓存）

Spark 最重要的功能之一是在内存中持久化（或缓存）数据集。对一个 RDD 进行持久化操作后，每个节点都将把计算的分区结果保存在内存中，并在该数据集（或其衍生的数据集）的其他操作中重新使用它们。持久化会加快后续操作执行速度（通常超过 10 倍），缓存是迭代算法和快速交互查询的关键工具。可以使用 persist()方法或者 cache()方法持久化一个 RDD，但这两个方法被调用时并没有立即缓存，只有当第一次在操作中计算它时，该 RDD 将被保存在节点上的内存中，以供后续操作重用。Spark 的缓存是容错的——如果丢失了 RDD 的任何分区，它将使用最初创建的转换自动重新计算并创建出该分区。

另外，每个持久化的 RDD 都可以使用不同的存储级别来存储，如允许在磁盘上保存数据集，作为序列化的 Java 对象保存在内存中，还可以跨节点进行复制。这些存储级别是通过传递一个 StorageLevel 对象给 persist()方法来进行设置的。cache()方法使用默认存储级别—StorageLevel.

MEMORY_ONLY（将反序列化的对象存储在内存中）。存储级别如表 10-3 所示。

表 10-3　存储级别

存储级别	含　义
MEMORY_ONLY	默认级别。将 RDD 作为反序列化的 Java 对象存储在 JVM 中。如果 RDD 不适合存储在内存中，一些分区将不会被缓存，从而在每次需要时都将被重新计算
MEMORY_AND_DISK	将 RDD 作为反序列化的 Java 对象存储在 JVM 中。如果 RDD 不适合存储在内存中，则将这些分区存在磁盘中，并在需要时从磁盘读取它们
MEMORY_ONLY_SER (Java and Scala)	将 RDD 存储为序列化的 Java 对象（每个分区一个 byte 数组）。这通常比反序列化的方式更节省空间，特别是在使用快速序列化器时，但由于密集的读操作会耗费更多的 CPU 资源
MEMORY_AND_DISK_SER (Java and Scala)	与 MEMORY_ONLY_SER 类似，但不是在每次需要时重复计算这些不适合存储到内存中的分区，而是将这些分区存储到磁盘中
DISK_ONLY	仅将 RDD 分区存储在磁盘上
MEMORY_ONLY_2, MEMORY_AND_DISK_2, etc	与上面的级别相同，但是在两个集群节点上复制每个分区
OFF_HEAP (experimental)	与 MEMORY_ONLY_SER 类似，但将数据存储在非堆内存中。这需要启用非堆内存

Spark 的存储级别可以使开发者在内存使用和 CPU 效率之间做出权衡。建议通过以下方法来选择一个合适的存储级别。

1）如果 RDD 与默认的存储级别（MEMORY_ONLY）相适应，就选择默认的存储级别。这是 CPU 利用率最高的选项，会使 RDD 上的操作尽可能快地运行。

2）如果 RDD 不适合默认级别，可尝试使用 MEMORY_ONLY_SER 并选择一个快速序列化库，提高对象的空间利用率，但是仍然可以快速访问。

3）除非要计算 RDD 的时间花费较大或者需要过滤大量的数据，不要将 RDD 存储到磁盘上，否则，重复计算一个分区就会和从磁盘上读取数据一样慢。

4）如果需要快速地故障恢复（如使用 Spark 响应来自 Web 应用程序的请求），则使用重复存储级别。通过重新计算丢失的数据，所有的存储级别都可以通过重新计算丢失的数据来支持完整的容错，但是重复的数据能够继续在 RDD 上运行任务，而不需要重复计算丢失的分区。

Spark 自动监视每个节点上的缓存使用情况，如果要缓存的数据太多，内存中放不下，则利用最近最少使用（LRU）的缓存方式删除旧的数据分区。而且可以使用 RDD.unpersist()方法，手动从缓存中移除持久化的 RDD。

10.4.5　Spark 共享变量

Spark 中的另一个重要的抽象是可用于并行操作的共享变量。默认情况下，当 Spark 在不同节点上并行执行一组任务时，会将每个变量的副本发送给每个任务。有时，变量需要在任务之间或者任务和驱动程序之间共享。通常，当向 Spark 操作（如 map 或 reduce）传递一个函数，在远程集群节点执行时，它会使用函数中所有变量的副本。这些变量被复制到每台机器上，而远程机器上的变量的更新不会传回驱动程序。在任务之间使用通用的支持读写的共享变量是低效的。不过，Spark 为两种常见的使用模式提供了两种有限类型的共享变量：广播变量和累加器。

1．广播变量

广播变量用于缓存所有节点上的内存值，允许程序员将只读变量保存在每台机器上，而不是将其复制到任务中。广播变量可被用于有效地给每个节点提供一个大型输入数据集的副本。Spark 还尝试使用高效的广播算法来分配广播变量，以降低通信成本。

广播变量通过在一个变量 v 上调用 SparkContext.broadcast(v)方法创建。广播变量是一个围绕变量 v 的封装，可以通过调用 value 方法来访问。如下所示。

```
scala> val broadcastVar = sc.broadcast(Array(1, 2, 3))
broadcastVar:org.apache.spark.broadcast.Broadcast[Array[Int]] = Broadcast(0)
scala> broadcastVar.value
res0: Array[Int] = Array(1, 2, 3)
```

在创建了广播变量之后，在集群上的所有函数中应该使用它来替代变量 v，这样 v 就不用不止一次地在节点之间传输了。此外，为保证所有节点获得的广播变量的值相同，对象 v 在广播之后就不应该再修改（如果该变量稍后被发送到一个新节点）。

2．累加器

累加器也是一种被广播到工作节点的变量，它与广播变量的不同之处是，后者只能读取而前者可以累加。累加器提供了一种将工作节点中的值聚合到驱动器程序中的简单语法。累加器能够高效地应用于并行操作，用于实现计数器（counter）或求和（sum）。全局累加器只允许驱动程序访问，每一个工作节点只能访问和操作其本地的累加器。同样，累加器的值通过 value 方法来访问。原生 Spark 只支持数值类型的累加器，而开发者可以对其增加新类型的支持。

作为用户，可以创建命名的或未命名的累加器。如图 10-11 所示，一个命名的累加器 counter 可在修改累加器的阶段在 Spark 的 Web 界面中显示，同时 Spark 任务表中显示被任务修改的每个累加器的值。

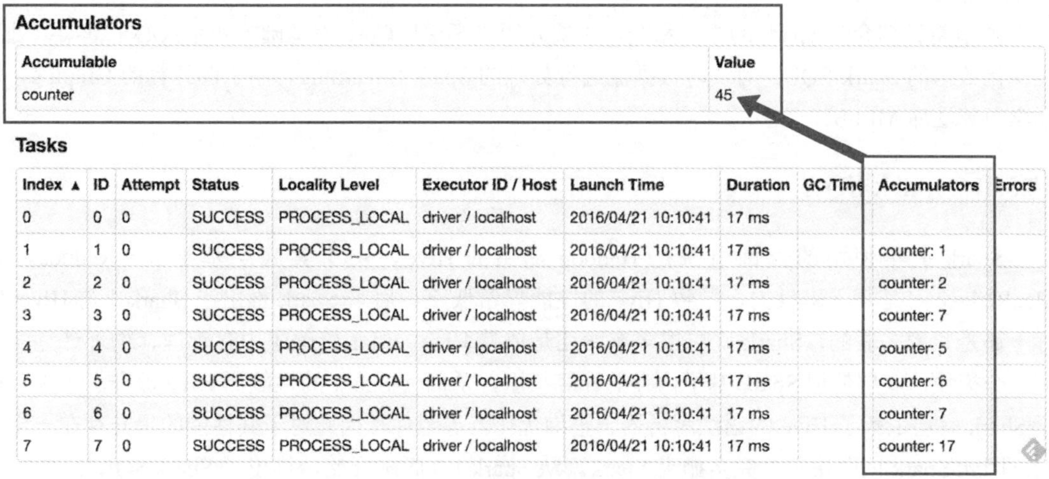

Accumulators

Accumulable	Value
counter	45

Tasks

Index ▲	ID	Attempt	Status	Locality Level	Executor ID / Host	Launch Time	Duration	GC Time	Accumulators	Errors
0	0	0	SUCCESS	PROCESS_LOCAL	driver / localhost	2016/04/21 10:10:41	17 ms			
1	1	0	SUCCESS	PROCESS_LOCAL	driver / localhost	2016/04/21 10:10:41	17 ms		counter: 1	
2	2	0	SUCCESS	PROCESS_LOCAL	driver / localhost	2016/04/21 10:10:41	17 ms		counter: 2	
3	3	0	SUCCESS	PROCESS_LOCAL	driver / localhost	2016/04/21 10:10:41	17 ms		counter: 7	
4	4	0	SUCCESS	PROCESS_LOCAL	driver / localhost	2016/04/21 10:10:41	17 ms		counter: 5	
5	5	0	SUCCESS	PROCESS_LOCAL	driver / localhost	2016/04/21 10:10:41	17 ms		counter: 6	
6	6	0	SUCCESS	PROCESS_LOCAL	driver / localhost	2016/04/21 10:10:41	17 ms		counter: 7	
7	7	0	SUCCESS	PROCESS_LOCAL	driver / localhost	2016/04/21 10:10:41	17 ms		counter: 17	

图 10-11　累加器在 Spark 的 Web 界面中的显示

累加器仅在行动操作内部被更新，Spark 保证每个任务对累加器的更新只应用一次，即重新启动任务也不会更新该值。在转换操作时，在重新执行任务或工作阶段，每个任务对累加器的更新操作可能不止一次。

累加器不会改变 Spark 的惰性求值模型。如果它们在 RDD 的操作中被更新，它们的值只会在对 RDD 执行行动操作时更新。因此，在像 map()这样的惰性转换中，不能保证对累加器的更新被实际执行了。下面的代码片段演示了该属性。

```
val accum = sc.longAccumulator
data.map { x => accum.add(x); x }
// accum 的值仍然是 0，因为没有行动操作引起 map 被实际计算
```

总而言之，Spark 中的共享变量能够在全局做出一些操作，如 record 总数的统计更新，一些大变量配置项的广播等。如利用广播变量可以监控数据库中的变化，做到定时重新广播新的数据表配置情况。

```
    myVector.add(v)
  {
  ...
}
//创建一个以下类型的累加器
val myVectorAcc = new VectorAccumulatorV2
// 将其注册到 spark context 中
sc.register(myVectorAcc, "MyVectorAcc1")
```

请注意，当开发者自己定义累加器类型时，结果类型可能与添加的元素不同。

10.5 Spark 生态系统

本节将详细介绍 Spark 的生态系统，主要介绍以 Spark Core 为基础的四个核心子框架：处理结构化数据的 Spark SQL、对实时数据流进行处理的 Spark Streaming、用于图计算的 GraphX、机器学习算法库 MLlib。

10.5.1 Spark SQL

Spark 最早使用的查询引擎是 Hadoop 提供的 Hive，由于其底层基于 MapReduce，而 MapReduce 又是基于磁盘的，导致 Hive 的性能异常低下。后来 Spark 推出了 Shark，与 Hive 实际上还是紧密关联的，Shark 底层很多东西还是依赖 Hive，但是修改了内存管理、物理计划、执行三个模块，底层使用 Spark 基于内存的计算模型，从而使 Shark 的性能比 Hive 提升了不少。由于 Shark 底层依赖了 Hive 的语法解析器、查询优化器等组件，因此对于其性能的提升存在一定制约。因此 Spark 团队决定，完全抛弃 Shark。从 Spark 1.0 版本开始，推出了 Spark SQL。

Spark SQL 是 Spark 用来处理结构化数据的一个模块。不同于 Spark RDD 的基本 API，

Spark SQL 接口提供了更多关于数据结构和正在执行的计算结构的信息。在 Spark 内部，Spark SQL 利用这些信息去更好地进行优化。可通过 SQL 或 Dataset API 与 Spark SQL 进行交互。当相同的引擎进行计算时，有不同的 API 和语言种类可供选择。这种统一性意味着开发人员可以轻松切换各种最熟悉的 API 来完成同一个计算工作。Spark SQL 具有如下特征。

1）易整合：无缝地将 SQL 查询与 Spark 程序整合。Spark SQL 允许使用 SQL 或熟悉的 DataFrame API 在 Spark 程序中查询结构化数据。支持 Java、Scala、Python 和 R 语言。

2）统一数据访问方式：以同样的方式连接到任何数据源。DataFrame 和 SQL 提供了访问各种数据源的常用方法，包括 Hive、Avro、Parquet、ORC、JSON 和 JDBC。

3）兼容 Hive：可在现有 Hive 仓库上运行 SQL 或 HiveQL 查询。Spark SQL 支持 HiveQL 语法以及 Hive SerDes 和 UDFs，允许访问现有的 Hive 仓库。

4）标准的数据连接：通过 JDBC 或 ODBC 连接。支持商业智能软件等外部工具通过标准数据库连接器（JDBC/ODBC）连接 Spark SQL 进行查询。

通过上述内容可以看到，Spark 的结构化数据处理主要包括：Spark SQL、DataFrame、Dataset 以及 Spark SQL 等相关内容。

Dataset 是一种分布式数据集，是 Spark1.6 新增的接口。它既具有 RDD 的优点，又受益于 Spark SQL 的优化执行引擎。Dataset 可以通过 JVM（Java Virtual Machine，Java 虚拟机）构建，然后使用转换操作（map、flatMap、filter 等）进行操作。Dataset API 在 Java 和 Scala 中都可以使用。

DataFrame 是一种按列命名组织的 Dataset，它在概念上等价于关系型数据库的一个表或者 R/Python 的一个数据帧，但 DataFrame 的底层做了更多的优化。DataFrame 可以通过大量的数据源构建，如结构化的数据文件、Hive 的表、各种数据库、或现有的 RDD。Java、Python、Scala、R 语言都支持 DataFrame 的 API。在 Scala 和 Java 中，DataFrame 由 Dataset 的 Rows 表示；在 Scala API 中，DataFrame 可以简单地认为是 Dataset[Row]的类型别名；而在 Java API 中，用户需要使用 Dataset<Row>来表示 DataFrame。

10.5.2 Spark Streaming

Spark Streaming 用于处理流式计算问题，是 Spark 核心 API 的一个扩展，它支持可伸缩、高吞吐量、容错的处理实时数据流能够和 Spark 的其他模块无缝集成。Spark Streaming 支持从多种数据源获取数据，如 Kafka、Flume、Kinesis 和 HDFS 等，获取数据后可以通过 map、reduce、join 和 window 等高级函数对数据进行处理。最后，还可以将处理结果推送到文件系统、数据库等，如图 10-12 所示。另外 Spark Streaming 也能和 MLlib（机器学习）以及 GraphX 完美融合。

图 10-12　Spark Streaming 结构

Spark Streaming 是一个粗粒度的框架，也就是只能对一批数据进行指定处理方法。其处理数据的核心是采用微批次架构。Spark Streaming 的内部工作流程如图 10-13 所示，SparkStreaming 启动后，数据不断通过 input data stream 流进来，根据时间划分成不同的 Job（即 batches of input data），即 Spark Streaming 接收实时数据流并将数据分解成批处理，然后由 Spark Engine 处理，以批量生成最终的结果流。

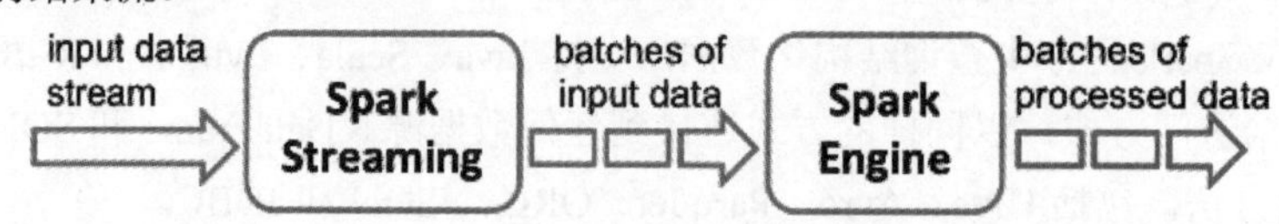

图 10-13　Spark Streaming 内部工作流程

Spark Streaming 提供了一个称为 DStream 的高级抽象，它代表连续的数据流和经过各种 Spark 原语（Spark 原语是指 Transformation 操作和 Action 操作）操作后的结果数据流。在 Spark Streaming 内部，DStream 用一系列连续的 RDD 表示。每个 RDD 都包含来自特定时间间隔的数据，如图 10-14 所示。DStream 可以由外部输入源创建，也可以对其他 DStream 进行转换操作得到新的 DStream。

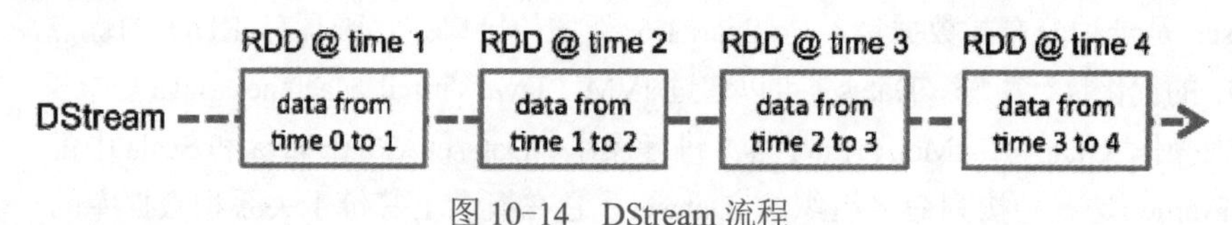

图 10-14　DStream 流程

对数据的操作也是以 RDD 为单位来进行的。在流数据分成一批一批后，生成一个先进先出的队列，然后 Spark Engine 从该队列中依次取出一个个批数据，把批数据封装成一个 RDD，然后进行处理，如图 10-15 所示。假设 lines 是一个 DStream 且按照时间间隔被分成 4 个批数据，数据保存在 4 个连续的 RDD 中（lines from time 0 to 1，lines from time 1 to 2 等）。对 lines DStream 进行 flatMap 操作（flatMap Operation），实际上是对该 DStream 中的每一个 RDD 执行 flatMap 操作，从而将 lines Dstream 转化为 words DStream，得到的结果数据保存在 words DStream 对应的、由特定时间间隔组成的连续 RDD 中（words from time 0 to 1，words from time 1 to 2 等）。

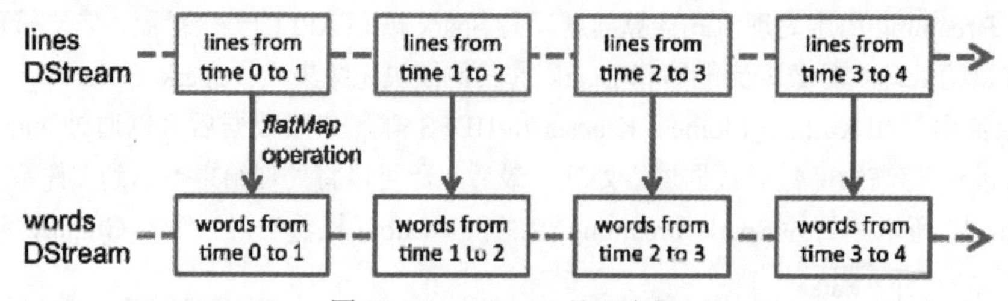

图 10-15　DStream 处理流程

DStream 与 RDD 类似，包含两种操作：转换操作（Transformation）和输出操作（Output）。下面介绍的普通转换操作和窗口转换操作都属于转换操作。

1. 普通转换操作

DStream 的普通转换操作如表 10-4 所示。

表 10-4　DStream 普通转换操作

转换操作	含　　义
map(*func*)	通过函数 func 传递源 DStream 的每个元素，返回一个新的 DStream
flatMap(*func*)	与 map 类似，但每个输入项可以被映射为 0 或者多个输出项
filter(*func*)	在源 DStream 上选择 func 函数返回为 true 的元素，形成一个新的 DStream
repartition(*numPartitions*)	通过输入的参数 numPartitions 的值来改变 DStream 的分区大小
union(*otherStream*)	返回一个包含源 DStream 与参数 otherStream 的元素合并后的新 DStream
count()	计算源 DStream 中的每个 RDD 中元素的数量，返回一个内部所包含的 RDD 只有一个元素的 DStream
reduce(*func*)	使用函数 func 将源 DStream 中每个 RDD 的元素进行聚合，返回一个内部所包含的 RDD 只有一个元素的 DStream。func 函数必须是可交换和可并联的
countByValue()	计算 DStream 中每个 RDD 内的元素出现的频次并返回新的 DStream[（K,Long）]，其中 K 是 RDD 中元素的类型，Long 是元素出现的频次
reduceByKey(*func*, [*numTasks*])	当一个类型为(K,V)键值对的 DStream 被调用的时候，返回类型为(K,V)键值对的新 DStream，其中每个键的值 V 都是使用 func 进行聚合得到。注意：默认情况下，使用 Spark 的默认并行度提交任务（本地模式下并行度为 2，集群模式下是由配置属性 spark.default.parallelism 决定的），可以通过配置 numTasks 设置不同的并行任务数量
join(*otherStream*, [*numTasks*])	当调用类型为(K,V)和(K,W)的 DStream 时，返回类型为(K, (V, W))的一个新 DStream
cogroup(*otherStream*, [*numTasks*])	当调用类型为(K,V)和(K,W)的 DStream 时，返回一个(K, Seq[V], Seq[W])类型的新的 DStream
transform(*func*)	通过对源 DStream 中的每个 RDD 应用 RDD-to-RDD 函数返回一个新的 DStream，这可以用来在 DStream 做任意 RDD 操作
updateStateByKey(*func*)	返回一个新状态的 DStream，其中每个键的状态是根据键的前一个状态和键的新值应用给定函数 func 来更新。这可以用来为每个键维护任意的状态数据

2. 窗口转换操作

Spark Streaming 还提供了窗口计算，允许通过滑动窗口对数据进行转换，如图 10-16 所示。每当窗口在源 DStream 上滑动时，在窗口内的源 RDD 会被组合操作，以产生窗口的 DStream。该操作被应用于数据的最后 3 个时间单元，并且以 2 个时间单元为间隔进行滑动。这表明任何窗口操作都需要指定两个参数。窗口长度：窗口的持续时间（图中为 3）。滑动间隔：执行窗口操作的时间间隔（图中为 2）。这两个参数必须是源 DStream 批处理间隔的倍数（图中为 1）。常见的窗口操作如表 10-5 所示。

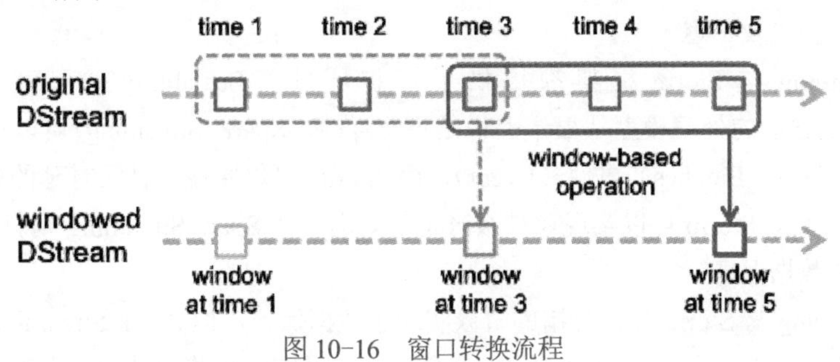

图 10-16　窗口转换流程

表 10-5　常用的窗口转换操作

窗口转换操作	含　义
window(*windowLength*, *slideInterval*)	基于源 DStream 的窗口批次计算后，返回一个新 DStream
countByWindow(*windowLength*, *slideInterval*)	返回基于滑动窗口的 DStream 中的元素的数量
reduceByWindow(*func*, *windowLength*, *slideInterval*)	使用函数 func 对基于滑动窗口中的源 DStream 中的元素进行聚合操作，返回一个内部所包含的 RDD 只有一个元素的 DStream，func 函数必须是可交换和可并联的
reduceByKeyAndWindow(*func*, *windowLength*, *slideInterval*, [*numTasks*])	基于滑动窗口对(K,V)类型的 DStream 中的值按照 K 使用 func 函数进行聚合操作，返回一个新的(K,V)类型的 DStream
reduceByKeyAndWindow(*func*, *invFunc*, *windowLength*, *slideInterval*, [*numTasks*])	reduceByKeyAndWindow 的更有效的实现方式使用前一个窗口的 reduce 值，增量地计算每个窗口的 reduce 值。这是通过减少进入滑动窗口的新数据，以及“反向减少”遗留窗口的旧数据来实现的
countByValueAndWindow(*windowLength*, *slideInterval*, [*numTasks*])	调用(K,V)类型的 DStream 时，基于滑动窗口计算源 DStream 中每个 RDD 内每个元素出现的频次，返回一个(K,Long)类型的 DStream。K 表示 RDD 中元素的类型，Long 是元素出现的频次。可选参数 numTasks 可配置 reduce 的任务数量

3．输出操作

Spark Streaming 允许 DStream 的数据被输出到外部系统，如数据库或文件系统。输出操作实际上使转换操作后的数据可以通过外部系统被使用，同时输出操作触发所有 DStream 的转换操作的实际执行（类似于 RDD 操作）。目前 DStream 主要的输出操作如表 10-6 所示。

表 10-6　DStream 输出操作

输 出 操 作	含　义
print()	打印出运行在应用程序驱动节点上的 DStream 中数据的前 10 个元素，这对于开发和调试非常有用
saveAsTextFiles(*prefix*, [*suffix*])	将 DStream 中的内容保存为文本文件，每次批处理间隔内产生的文件以 prefix-TIME_IN_MS[.suffix]的方式命名
saveAsObjectFiles(*prefix*, [*suffix*])	将 DStream 中的内容按对象序列化并且以 SequenceFile 的格式保存，每次批处理间隔内产生的文件以 prefix-TIME_IN_MS[.suffix]的方式命名
saveAsHadoopFiles(*prefix*, [*suffix*])	将 DStream 中的内容保存为 Hadoop 文件，每次批处理间隔内产生的文件以 prefix-TIME_IN_MS[.suffix]的方式命名
foreachRDD(*func*)	最通用的输出操作，将 func 函数应用于 DStream 中的 RDD 上，这个操作会输出数据到外部系统，如保存 RDD 到文件或者网络数据库等，需要注意的是 func 函数是在运行该 streaming 应用的 Driver 进程里执行的

4．Spark Streaming 与 Storm 的比较

（1）处理模型以及延迟

Spark Streaming 与 Storm 框架都提供了可扩展性（Scalability）和可容错性（Fault Tolerance），但是它们的处理模型从根本上说是不一样的。Spark Streaming 可以在一个短暂的时间窗口里面处理多条（Batches）事件（Event），而 Storm 可以实现亚秒级时延的处理，每次只处理一条 Event。因此，Storm 可以实现亚秒级时延的处理，而 Spark Streaming 则有一定的时延。

（2）容错和数据保证

Spark Streaming 与 Storm 都在容错的时候实现了数据保证，但 Spark Streaming 的容错为有状态的计算提供了更好的支持。在 Storm 中，每条记录在系统中的移动过程中都需要被标记跟踪，

所以 Storm 只能保证每条记录最少被处理一次，但是允许从错误状态恢复时被处理多次。这就意味着可变更的状态可能被更新两次从而导致结果不正确。另一方面，Spark Streaming 仅需要在批处理级别对记录进行追踪，所以能保证每个批处理记录仅被处理一次。

（3）实现和编程 API

Spark Streaming 由 Scala 语言实现，Storm 主要是由 Clojure 语言实现。Spark Streaming 由 UC Berkeley 开发，而 Storm 是由 BackType 和 Twitter 开发。Spark Streaming 支持 Scala 和 Java 语言（其实也支持 Python），Storm 提供了 Java API，同时也支持其他语言的 API。

（4）运行环境

Spark Streaming 与 Storm 都可以在各自集群框架中运行，但是 Storm 可以在 Mesos 上运行，而 Spark Streaming 可以在 Yarn 和 Mesos 上运行。由于 Spark Streaming 是在 Spark 框架上运行的，这样开发者就可以像使用其他批处理代码一样来写 Spark Streaming 程序，或者在 Spark 中交互查询，这样就减少了单独编写流批量和历史数据处理程序。

10.5.3 GraphX

GraphX 是一个分布式处理框架，它是 Spark 中用于图（如网络图 Web-Graph、社交网络 Social Network）和图并行计算（如网页排序算法 PageRank、协同过滤算法 Collaborative Filtering）的 API，可以认为是 GraphLab（C++实现）和 Pregel（C++实现）在 Spark（Scala 实现）上的重写及优化，与其他分布式图计算框架相比，GraphX 最大的贡献是，在 Spark 之上提供了一栈式数据解决方案，可以方便且高效地完成图计算的一整套流水作业。GraphX 最先是伯克利 AMPLAB 的一个分布式图计算框架项目，后来整合到 Spark 中成为 Spark 的一个核心组件。

从社交网络到自然语言建模，图数据的规模和重要性已经促进了许多并行图系统的发展，如 Giraph 和 GraphLab 等。通过限制可描述的计算类型以引入新的划分图的方法，这些图计算模型可以有效地执行复杂的图算法，效率远远高于更通用的数据并行系统。GraphX 在 Spark 中用于图形并行计算，图形的并行处理其实是把这张图拆分成很多的子图，然后分别对这些子图进行计算，计算的时候可以分别迭代进行分阶段的计算，即对图进行并行计算。

图计算广泛应用于社交网站中，如 FaceBook、Twitter 等都需要使用图计算来计算用户彼此之间的联系。当一个图的规模非常大的时候，就需要使用分布式图计算框架，而 GraphX 是一个分布式图处理框架，因为 GraphX 的底层是基于 Spark 来处理的，所以天然就是一个分布式的图处理框架。GraphX 采用分布式框架的目的是将对巨型图的各种操作包装成简单的接口，从而在分布式存储、并行计算等复杂问题对上层透明。从而使得开发者可以更加聚焦在图计算相关的模型设计和使用上，而不用关心底层的分布式细节。

GraphX 是一个计算引擎，是基于 Spark 平台提供对图计算和图挖掘强大的计算接口，可以很方便地处理复杂的业务逻辑，极大地方便了对分布式图处理的需求。

GraphX 通过引入核心抽象 Resilient Distributed Property Graph（一种点和边都带属性的有向多重图）扩展了 Spark RDD 这种抽象的数据结构。Property Graph 有 Table 和 Graph 两种视图，但只有一份物理存储，物理存储由 VertexRDD 和 EdgeRDD 这两个 RDD 组成。这两种视图都有自己独有的操作符，从而使操作更加灵活，提高了执行效率。GraphX 结构图如图 10-17 所示。

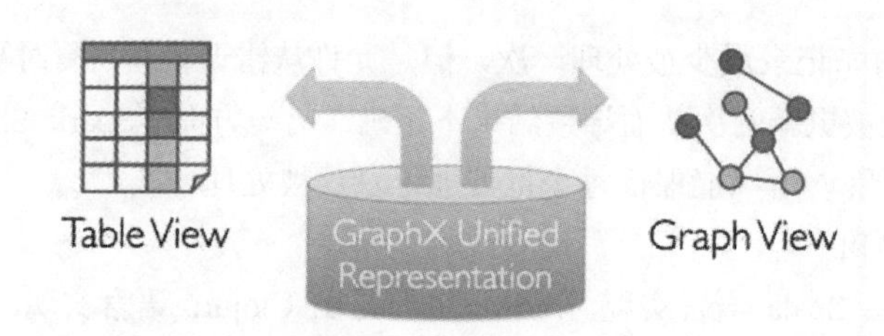

图 10-17　GraphX 结构图

对 Graph 视图的所有操作，最终都会转换成其关联的 Table 视图的 RDD 操作来完成，即对一个图的计算，等价于一系列 RDD 的转换过程。因此，Graph 也具备 RDD 的 3 个关键特性：不可变的、分布式的和容错的。逻辑上，所有图的转换和操作都产生了一个新图；物理上，GraphX 会有一定程度的不变的顶点和边的复用优化，对用户透明。

两种视图底层共用的物理数据，由 VertexRDD 和 EdgeRDD 这两个 RDD 组成。点和边实际都不是以表 Collection[tuple]的形式存储的，而是由 VertexPartition/EdgePartition 在内部存储一个带索引结构的分片数据块，以加速不同视图下的遍历速度。不变的索引结构在 RDD 转换过程中是共用的，降低了计算和存储开销。

GraphX 的存储结构如图 10-18 所示，在 Property Graph 中拥有两种带有属性的元素：点和边。其中点有 3、7、5 和 2，对拥有关系的点使用带箭头的边进行连接。提取点和边以及点和边所带有的属性，可以将 Property Graph 转化为 Vertex Table 和 Edge Table。Vertex Table 保存点数据，即将点和点带有的属性转化为一条记录进行保存，Id 表示所拥有的点（3、7、5、2），Property（V）表示点所对应的属性，如点 3 所拥有的属性是（rxin，student）。Edge Table 保存边数据，即将边和边带有的属性转化为一条记录进行保存，SrcId、DstId 表示每个边都有对应的两个点，Property（E）表示边所带有的属性数据，如连接点 3 和点 7 的边，SrcId、DstId 表示边的两个点，即为 3 和 7；这条边带有的属性为 Collaborator，则 Property（E）的值是 Collaborator。

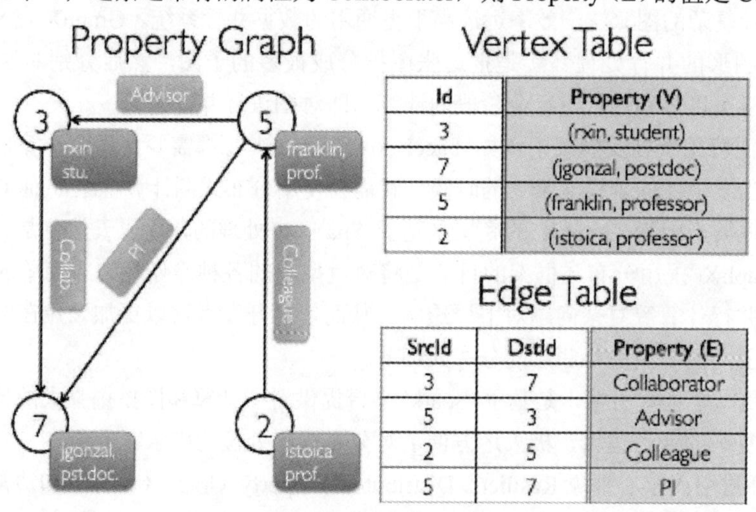

Vertex Table

Id	Property (V)
3	(rxin, student)
7	(jgonzal, postdoc)
5	(franklin, professor)
2	(istoica, professor)

Edge Table

SrcId	DstId	Property (E)
3	7	Collaborator
5	3	Advisor
2	5	Colleague
5	7	PI

图 10-18　Graph X 的存储结构

图的分布式存储采用点分割模式（Vertex-Cut），而且使用 partitionBy 方法，由用户指定不同的划分策略（Partition Strategy）。划分策略会将边分配到各个 EdgePartition，顶点 Master 分配到各个 VertexPartition，EdgePartition 也会缓存本地边关联点的 Ghost 副本。划分策略的不同会影响到所需要缓存的 Ghost 副本数量，以及每个 EdgePartition 分配的边的均衡程度，需要根据图的结构特征选取最佳策略。点分割采用 VertexTable、RoutingTable、EdgeTable 三个 RDD 存储图数据信息，实现方式如图 10-19 所示。采用点分割的 2 维分区方式，将图关系以顶点 A、D 为基础切分成两个分区 Part1 和 Part2。则顶点 RDD（Vertex Table RDD）、边 RDD（Edge Table RDD）、路由 RDD（Routing Table RDD）分别包含两个分区。顶点 RDD 分区 1 保存顶点 A、B、C 的数据信息，顶点 RDD 分区 2 保存顶点 D、E、F 的数据信息；路由 RDD 保存顶点和分区之间的关系，如顶点 A 出现在分区 1 和分区 2 中，顶点 B 只出现在分区 1 中。边 RDD 分区 1 保存 Part1 中边的数据信息，边 RDD 分区 2 保存 Part2 中边的数据信息。

GraphX 包含一组图形算法来简化分析任务，图算法在 org.apache.spark.graphx.lib 包中，如广为人知的 PageRank 算法。PageRank 算法被用于确定图数据集中的一个对象的相关重要程度，衡量每个顶点在图中的重要性。

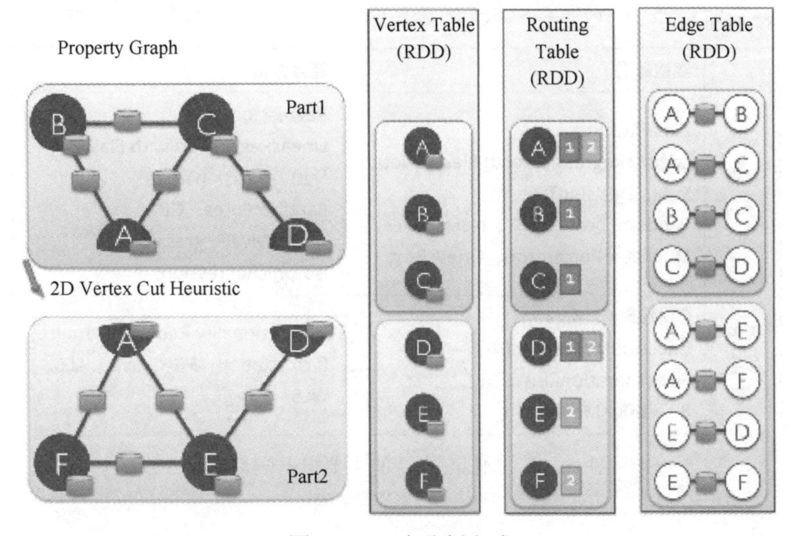

图 10-19　点分割方式

10.5.4　MLlib

MLlib（Machine Learning lib）是 Spark 对常用的机器学习算法的实现库，同时包括相关的测试和数据生成器，旨在使机器学习变得可扩展和更容易。MLlib 目前支持 4 种常见的机器学习算法：分类、回归、聚类和协同过滤，还包括了底层的优化原语和高层的管道 API。具体来说 MLlib 主要包括以下五个方面的内容。

1）机器学习算法（ML Algorithms）：常见的学习算法，如分类、回归、聚类和协同过滤。

2）特征化（Featurization）：特征提取、变换、降维和选择。

3）管道（Pipelines）：用于构造、评估和优化机器学习管道的工具。

4）持久性（Persistence）：保存和加载算法、模型和管道。

5）实用工具（Utilities）：线性代数、统计、数据处理等工具。

Spark 机器学习库从 1.2 版本以后被分为两个包：spark.mllib；spark.ml。

1）spark.mllib 包含基于 RDD 的原始算法 API。spark.mllib 历史比较长，在 1.0 以前的版本就已经有了，提供的算法实现都基于原始的 RDD。

2）spark.ml 则提供了基于 DataFrames 高层次的 API，可以用来构建机器学习工作流（PipeLine）。ML PipeLine 弥补了原始 MLlib 库的不足，向用户提供了一个基于 DataFrame 的机器学习工作流式 API 套件。

纵观所有基于分布式架构的开源机器学习库，MLlib 可以算是计算效率最高的。目前 MLlib 支持的主要的机器学习算法如图 10-20 所示。

MLlib 提供的数据类型主要有：本地向量（Local vector）、标注点（Labeled point）、本地矩阵（Local matrix）、分布式矩阵（Distributed matrix）。支持单机模式存储的本地向量和矩阵，以及基于一个或多个 RDD 的分布式矩阵。本地向量和本地矩阵作为 MLlib 的公共接口提供简单数据模型，底层的线性代数运算 Breeze 库和 jblas 库（它们是 Spark 的线性代数库）。标注点类型用来表示监督学习中的一个训练样本。

	离散数据	连续数据
监督学习	Classification、LogisticRegression(with Elastic-Net)、SVM、DecisionTree、RandomForest、GBT、NaiveBayes、MultilayerPerceptron、OneVsRest	Regression、LinearRegression(with Elastic-Net)、DecisionTree、RandomFores、GBT、AFTSurvivalRegression、IsotonicRegression
无监督学习	Clustering、KMeans、GaussianMixture、LDA、PowerIterationClustering、BisectingKMeans	Dimensionality Reduction, matrix factorization、PCA、SVD、ALS、WLS

图 10-20　MLlib 支持的主要机器学习算法

习题

1．请陈述 RDD 的 5 大特征。

2．简述 Spark 的运行模式。

3．Spark 的生态系统包括哪些？

第 11 章　云计算仿真

本书前几章讲解了基于虚拟化的云计算技术、基于集群的云计算技术和服务器与数据中心等相关知识，基于这些技术目前已经有很多的系统级、算法级和应用级的研究，这些开发和研究大多需要仿真平台。如技术研发人员对大规模集群的资源调度、负载均衡、集群拓扑等展开研究，如果在物理机上进行实验，必然需要消耗大量的服务器、网络设备等硬件资源，实验环境的准备、实验数据的采集、实验方案的调试很不方便，同时成本很高，这种情况下使用仿真系统是一个很好的解决方案；对于数据中心的建设和运营人员来说，数据中心的能耗测算和经济测算非常重要，需要在项目建设之前进行预估，无法在实际的平台上进行测算，展开研究也需要先在仿真实验平台上进行实验。

本章主要讲解云计算仿真软件 CloudSim，通过对这个仿真软件的学习和使用，读者能够快速掌握云计算仿真的相关知识。

11.1　云计算仿真系统——CloudSim

在众多云计算仿真系统中，CloudSim 是最著名、应用最广的系统之一。下面以 CloudSim 为例介绍云计算仿真系统。

11.1.1　CloudSim 基础

1. CloudSim 简介

CloudSim 是澳大利亚墨尔本大学云计算与分布式系统实验室开发的一种通用、可扩展的云计算仿真框架，也是一个云计算仿真工具集，提供了用于描述数据中心、虚拟机、应用、用户、计算资源和管理策略等核心类。

对海量集群资源的模拟仿真一直是计算机领域的研究课题。基于 CloudSim 云计算仿真系统，不仅能够很方便地搭建可控的云计算环境进而对系统的资源调度和负载均衡策略进行建模和测试，还可以对云应用进行建模和测试。研发人员可以根据测评结果针对性地调整性能瓶颈。与此同时，CloudSim 可以为云计算系统建立价格模型和能耗模型，帮助服务提供商制定出更加合理的价格策略和节能机制。

用户可以使用 CloudSim 提供的组件进行编程，构造自己的应用场景，也可以扩展或者自己编写类来进行仿真，使用起来非常灵活。这一点与针对特定使用场景的仿真系统不同，针对特定使用场景的仿真系统在使用的时候只需填写参数即可使用，无须编程，但无法灵活地构建使用场景。

CloudSim 是使用 Java 语言开发的，用户只需掌握 Java 语言的用法和云计算的相关知识，即可建立云计算模型进行仿真。当然，仿真平台是个模拟器，并不能运行真实的云计算平台上的应用程序。

CloudSim 在物理主机和虚拟机两个层面进行资源分配。物理主机中构建的所有虚拟机共享物理资源，由 CloudSim 中的 VmScheduler 负责资源的分配；CloudSim 中仿真的任务称为

Cloudlet，集群中的虚拟机有大量的 Cloudlet 需要资源，由 CloudSim 中的虚拟机资源调度器 CloudletScheduler 负责资源的分配。

2．为什么要使用 CloudSim

对于技术研发人员来说，大规模集群的资源调度、负载均衡、集群平台，集群拓扑等研究如果在物理机上进行，需要大量的服务器、网络设备资源，实验环境的准备、实验数据的采集、实验方案的调试很不方便、成本很高，需要先在仿真实验平台上进行实验。

对云应用服务的测试也会比较麻烦，主要表现在以下两方面。

1）应用服务商直接将应用部署到云平台上之后再进行测试，无疑会带来额外的成本开销。一旦应用程序接入云平台就必须要缴纳相应的费用，这样在应用没有任何经济效益的情况下就产生了额外的费用，对于 SaaS 提供商来说是不经济的。

2）实际运行的云平台环境（IaaS、PaaS）是不可控的，整个互联网环境时而拥塞，时而清闲，从而导致了云平台资源使用的无规律性和不可再现性，不利于应用的重复测试。

3．CLoudSim 的特点

1）能够在一台 PC 上建模和仿真大规模云计算基础设施，如数据中心、物理主机等。

2）支持用户任务以及服务代理的建模和仿真。

3）支持对云计算环境中的网络环境进行建模。

4）有效地利用虚拟化引擎，帮助在数据中心节点上创建、管理和销毁多个虚拟节点。

5）可以灵活地在基于时间共享和空间共享的虚拟化策略之间进行切换。

6）支持对云数据中心的能耗行为进行建模和仿真。

7）可以方便地建立云平台资源的价格策略，包括存储价格、带宽价格等。

8）能够模仿多个云厂家之间进行透明交易，包括任务迁移、存储迁移、价格协商等。

11.1.2 CloudSim 的体系结构

CloudSim 的多层体系架构如图 11-1 所示。

1．用户代码层

用户代码层处于系统的上层，包含仿真描述和调度策略，用户在这一层定义云计算方案、用户需求，进行应用配置，同时云应用开发人员可以生成工作流请求，根据用户的配置进行云计算场景的测试。

（1）仿真描述

对于云服务使用者来说，他们需要测试应用程序在特定云平台上的服务性能，或者测试应用程序需要占用多少云资源，用户只需创建与特定云平台类似的虚拟云平台，并按应用程序的需求（如带宽、内存等）创建对应的云任务（在 CloudSim 中云任务被定义为 Cloudlet），之后，就可以让云任务运行在虚拟的云平台上并最终得到测试结果。例如，一个亚马逊云平台的使用者，想在其上部署一个网络硬盘的应用程序，希望估算需要租用多少服务，可以使用 CloudSim 进行仿真。首先，使用 CloudSim 建立一个虚拟的亚马逊云平台；然后，在其上建立一定数量的虚拟机资源对应某一云服务性能；最后，按照自己的预期生成云服务（如需要多大的硬盘、带宽、内存等），使其运行在之前建立虚拟云服务上得出测试结果。

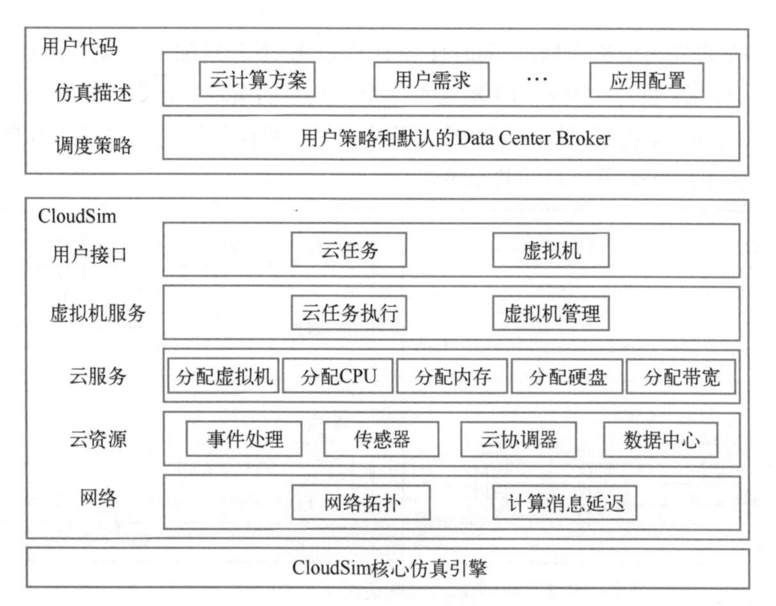

图 11-1　CloudSim 多层体系架构

（2）调度策略

从云服务提供者的角度，服务提供者想测试云平台任务调度策略是否合理，或者服务商提出一种新的任务调度策略，在使用之前需要对其进行测试。测试的重心相较于 CloudSim 就不一样了，测试的步骤需要先实现自定义的任务调度策略（主要是更改数据中心代理 Data center Broker）。如亚马逊的用户发现当前的任务调度策略没有发挥最好的作用，设计实现了一种新的调度策略，可以先在 CloudSim 进行仿真。首先，改写 Data center Broker 的任务调度策略的代码。然后，创建云平台和云任务并运行，最终得出测试结果。

2．CloudSim 仿真层

CloudSim 仿真层的主要作用是对基于虚拟化的数据中心环境中的虚拟机、内存、存储、带宽等进行建模仿真。将物理机切分为虚拟机、应用程序管理、集群系统状态监控等工作由 CloudSim 仿真层来完成。用户在 CloudSim 仿真层编写自己的策略，就可以对虚拟化数据中心的虚拟主机分配策略进行研究，评估不同分配策略下数据中心的运行情况。云应用开发人员可以在 CloudSim 仿真层测试不同云应用的运行效果。

实际的云计算环境的基本组成元素是数据中心。数据中心包含了大量的物理主机，且云环境下的物理主机是可以被多个虚拟机共享的，CloudSim 定义了一组资源共享策略的接口（UtilizationModel）来描述如何使用共享资源，CloudSim 中的主机可以被多个虚拟机共享。资源共享策略主要有空间共享（Space-Based）和时间共享（Time-Based）策略。

空间共享策略是指在某一段时间内只把计算资源分配给某一个虚拟机/计算任务独占；时间共享策略是指某一时间段内计算资源可以在多个虚拟机/计算任务之间进行共享。如一台具有两个 CPU 的主机，CloudSim 在主机上部署了两个虚拟机 VM1、VM2，每个虚拟机都有 4 个任务，VM1 上的任务为 t1、t2、t3、t4，VM2 上的任务为 t5、t6、t7、t8，如图 11-2 所示。

图 11-2a 所示为主机层和虚拟机层都采用空间共享策略的计算任务时间图，VM1 先独占两

个 CPU，待任务处理完再交给 VM2，同时任务 t1 和任务 t2 分别独占 CPU1 和 CPU2，待处理完成后交给 t3 和 t4；图 11-2b 所示为主机层采用空间共享的策略，在虚拟机层采用时间共享的策略；图 11-2c 所示为在主机层采用时间共享的策略，虚拟机层采用空间共享的策略；图 11-2d 所示为在主机和虚拟机层都采用了时间共享策略。

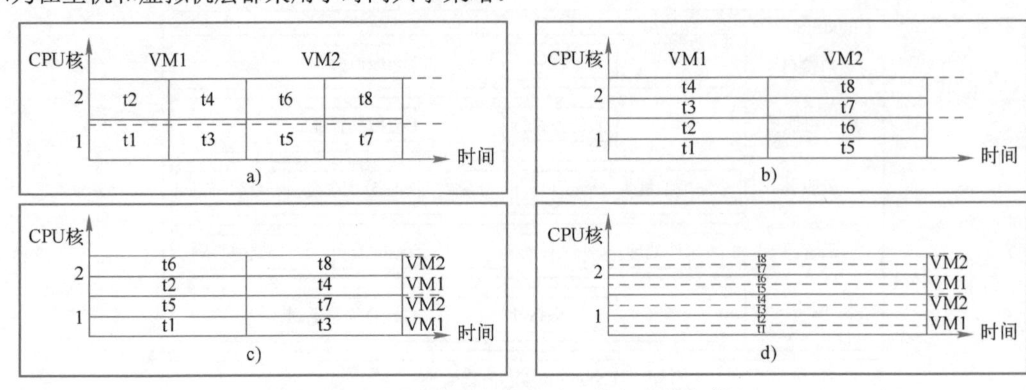

图 11-2　不同资源共享策略下的任务执行情况

11.2　CloudSim 的模型使用场景

CloudSim 可以对云数据中心的很多方面做场景模拟，比如网络、电力、虚拟机的运行情况等。CloudSim 的模型主要分为以下两大类，云数据中心能耗模型以及云数据中心的经济模型。

1. 云数据中心的能耗模型

云数据中心包含大量互相连接的主机、存储设备和网络设备等，维持这样庞大的系统运行需要消耗大量的电力。CloudSim 提供了电力控制策略的模拟，能够让用户设计出符合本地数据中心特点的电力方案，从而节约成本，提高整个系统的运行效率。

在 CloudSim 中实现了一个抽象类 PowerModel，用来对电力策略进行建模。用户可以通过继承该抽象类，编写自己的云数据中心电力供应方案，在 CloudSim 上进行仿真实验，从而验证供电方案的整体效果。

2. 云数据中心的经济模型

云计算基于互联网为用户提供服务，通过互联网来为用户提供动态、易扩展且经常是虚拟化的资源。用户可以像使用水和电一样使用云计算资源，只需付费给云服务提供商就可以租用其提供的计算、存储以及网络等资源。对计算资源、网络资源以及存储资源的定价对于云数据中心的运营非常重要。

CloudSim 可对定价策略进行模拟，分为基础设施层和服务层两个层次。

1）基础设施层：这一层主要包括内存单元的价格、外部存储的价格、数据传输的单位成本以及计算资源的价格。

2）服务层：这一层主要是应用程序服务使用的资源价格。如果使用者只是利用了云数据中心中的基础设施而没有在其上部署任何的应用，如只是创建了几台虚拟机，并没有在虚拟机上运行任何的任务，那么将不需要为服务层付费。

CloudSim 的数据中心类（Datacenter）包含了一些关于价格的参数，如 CPU 的使用价格、网络的使用价格、内存和硬盘的使用价格等，方便用户对云数据中心的价格策略进行建模。

11.3 CloudSim 应用实践

CloudSim 是基于 Java 语言编写的开源软件，运行 CloudSim 需要搭建好的 Java 运行环境。此处使用 CloudSim 和 Eclipse 集成进行云计算的仿真实验和开发工作，操作系统为 Windows 7。本节将介绍以下几个方面的内容：CloudSim 环境的搭建及测试、数据中心仿真实例、网络仿真实例。数据中心仿真实例用于仿真一个数据中心的运行，而网络仿真实例则用于仿真在有网络延迟的情况下云事务的运行。

11.3.1 准备环境

1．下载 CloudSim

登录 http://code.google.com/p/cloudsim/downloads，下载 cloudsim-3.0.3.zip 并解压缩。

2．准备 Eclipse 开发环境

1）根据用户机器的 CPU 的规格，下载相应的 Eclipse 版本并安装。

2）单击“File”→“New”→“Java Project”，新建 Java 项目，命名为“CloudSim”，如图 11-3 所示。

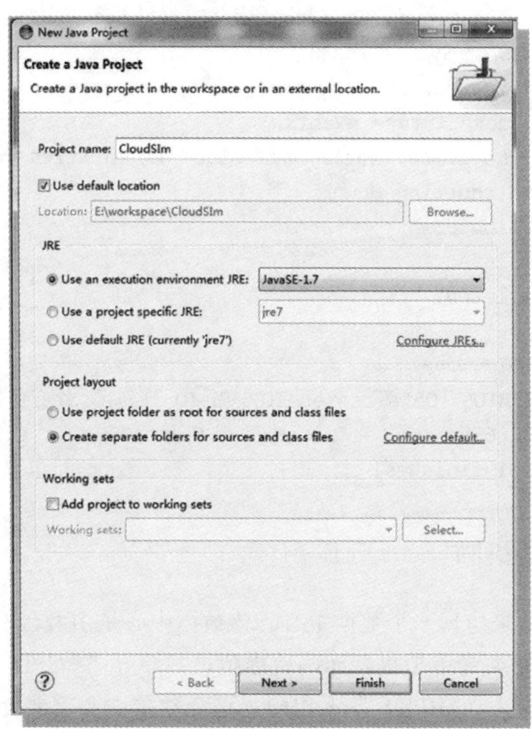

图 11-3　准备 Eclipse 开发环境

3）因本项目工程中用到了 math 里面的类，需要引入 commons-math3-3.2.jar 这个库。下载了 commons-math3-3.2.jar 后，选中新建的项目“CloudSim”，单击右键，选择“Build Path”→“Add External Achieve”，将其导入。

3．运行测试程序

CloudSim 提供了一些实例程序，使初学者能快速了解 CloudSim，实例程序存放在解压后的 CloudSim 文件夹中，打开/cloudsim-3.0.3/examples/org/cloudbus/cloudsim/examples，将其中的 6 个示例程序 CloudSimExample1.java～CloudSimExample6.java 复制到工程中。这里打开的示例程序为 CloudSimExample6.java，按〈Ctrl+F1〉快捷键即可运行示例程序，运行后显示如下的运行结果说明 CloudSim 环境搭建成功，可以正常使用了。

```
Starting CloudSimExamp1el.
Initialising…
StartingCloudSimversion3
Datacenter0isstarting…
Brokerisstarting…
Entities started.
0.0: Broker: Cloud Resource List received with 1 resource(s)
0.0: Broker: Trying to Create VM #0 Datacenter_0
0.1: Broker: VM #0 has been created in Datacenter #2, Host #0
0.1: Broker: Sending cloudlet 0 to VM #0
400.1: Broker: Cloudlet 0 received
400.1: Broker: All Cloudlets executed. Finishing…
400.1: Broker: Destroying VM #0
Broker is shutting down…
Simulation: no more future events
Cloudlntormationsezvice: Notify a11 CloudSim entities for shutting down.
Datacenter_0 is shutting down…
Broker is shutting down…
Simulation completed.
Simulation completed.

==========OUTPUT==========
Cloudlet ID  STATUS  Data center ID  VM ID  Time  Start Time  Finish Time
   0        SUCCESS        2            0   400     0.1         400.1
CloudSimExample1 finished!
```

11.3.2 数据中心仿真实例

本节使用 CloudSim 来仿真一个数据中心。该数据中心是由两台双核物理机组成的最小单元集群，每台物理机分为 4 台虚拟机，即两台虚拟机共享 1 个 CPU 核，集群共有 8 台虚拟机，每台虚拟机的运算能力（MIPS）各不相同。这个数据中心需要处理的外部负载任务数为 16 个。

（1）创建虚拟机

在 CloudSim 中，可以通过使用镜像大小、虚拟机内存大小、CPU 计算性能、网络带宽等参数来定义虚拟机的性能。创建虚拟机的代码如下。

```
/** 创建虚拟机的方法 */
private static List<Vm> createVM(int userId){
    // 创建一个链表用来存储创建的虚拟机
    LinkedList<Vm> list = new linkedList<Vm>();
    /* 虚拟机的参数 */
    long size = 10000;                          // 镜像大小(MB)
    int ram = 512;                              // 虚拟机内存大小(MB)
    long bw = 1000;                             // 带宽(KBPS)
    int pesNumber = 1;                          // 虚拟机的核心数
    String vmm = “Xen”;                         // 虚拟机的类型
    Vm[] vm = new Vm[mips.length];
    for(int i = 0; i< mips.length; i++){
        // 基于时间共享策略创建虚拟机
        vm[i] = new Vm(i, userId, mips[i], pesNumber, ram, bw, size, vmm,
                new CloudletSchedulerTimeShared());
        list.add(vm[i]);
    }
    return list;
}
```

（2）创建云事务任务

接下来创建云事务任务，并对任务的执行时长、占用空间大小、输出文件大小、使用的 CPU 内核数进行定义。

```
/** 创建云事务的方法 */
private static List<Cloudlet> createCloudlet(int userId, long cloudlets[]){
    // 创建一个链表用来存储云事务
    LinkedList<Cloudlet> list = new linkedList<Cloudlet>();
    /* 云事务的参数 */
    long fileSize = 300;                        // 文件大小(MB)
    long outputSize = 300;                      // 输出文件大小(MB)
    int pesNumber = 1;                          // 虚拟机的核心数

    /* 资源的共享策略 */
    UtilizationModel utilizationModel = new UtilizationModelFull();
    Cloudlet[] cloudlet = new Cloudlet[Cloudlets.length];
    for(int i = 0; i<10; i++){
        cloudlet[i] = new Cloudlet(i, length[i], pesNumber, fileSize,
                outputSize, utilizationModel, utilizationModel, utilizationModel);
        // 设置云事务所属的用户
        cloudlet[i].setUserId(userId);
```

```
                list.add(cloudlet[i]);
            }
            return list;
        }
```

（3）运行主程序

主程序是 CloudSim 仿真的重点，运行 CloudSim 仿真主程序主要步骤分为 6 步：初始化 CloudSim 程序包、创建数据中心、创建数据中心代理、创建虚拟机和云事务、开始仿真、打印仿真结果，如下所示。

```
        /* 创建主函数运行实例*/
        public static void main(String[] args){
            Log.printLine("Starting CloudSimExampleA...");
            try{
                /* 第一步：在所有实体创建之前初始化 CloudSim 程序包*/
                int num_user = 1;                                 //用户数
                Calendar calendar =Calendar.getInstance();
                boolean trace_flag = false;                       //是否跟踪事件
                /* 初始化 CloudSim 库*/
                CloudSim.init(num_user, calendar, trace_flag);
                /* 第二步：创建数据中心*/
                Datacenter datacenter0 =createDatacenter("Datacenter_0");
                /* 第三步：创建数据中心(用户)代理*/
                DatacenterBroker broker = createBroker();
                int brokerId = broker.getId();
                /* 第四步：创建虚拟机和云事务，并将其传递给数据中心*/
                int mips[] = {278, 289, 132, 209, 286, 333, 212, 423 };       // 虚 拟
机的 CPU 性能（MIPS）
                /* 所需的指令数 */
                long cloudlets[] = new long[] { 19365, 49809, 30218, 44157, 16754,
18336, 20045, 31493, 30727, 31017, 59008, 32000 ,46790, 77779, 93467,
                67853 };
                vmlist = createVM(brokerId);
                cloudletList = =createCloudlet(brokerId);
                broker.submitVmList(vmlist);
                broker.submitCloudletList(cloudletList);
                /* 第五步：开始仿真*/
                CloudSim.startSimulation();
                /* 第六步：仿真结束，并打印仿真结果*/
                List<Cloudlet> newList = broker.getCloudletReceivedList();
                CloudSim.stopSimulation();
                printCloudletCost(newList);
                Log.printLine("CloudSimExample6 finished!");
            } catch (Exception e){
                e.printStackTrace();
```

```
            Log.printLine(
            "The simulation has been terminated due to an unexpected error.");
        }
    }
```

运行结果如下所示。

```
Starting CloudSimExampleA...
Initialising...
Starting CloudSim version 3.0
Datacenter_0 is starting...
Broker is starting...
Entities started.
0.0: Broker: Cloud Resource List received with 1 resource(s)
0.0: Broker: Trying to Create VM #0 in Datacenter_0
0.0: Broker: Trying to Create VM #1 in Datacenter_0
0.0: Broker: Trying to Create VM #2 in Datacenter_0
0.0: Broker: Trying to Create VM #3 in Datacenter_0
0.0: Broker: Trying to Create VM #4 in Datacenter_0
0.0: Broker: Trying to Create VM #5 in Datacenter_0
0.0: Broker: Trying to Create VM #6 in Datacenter_0
0.0: Broker: Trying to Create VM #7 in Datacenter_0
0.1: Broker: VM #0 has been created in Datacenter #2, Host #0
0.1: Broker: VM #1 has been created in Datacenter #2, Host #1
0.1: Broker: VM #2 has been created in Datacenter #2, Host #0
0.1: Broker: VM #3 has been created in Datacenter #2, Host #1
0.1: Broker: VM #4 has been created in Datacenter #2, Host #0
0.1: Broker: VM #5 has been created in Datacenter #2, Host #1
0.1: Broker: VM #6 has been created in Datacenter #2, Host #0
0.1: Broker: VM #7 has been created in Datacenter #2, Host #1
0.1: Broker: Sending cloudlet 0 to VM #0
0.1: Broker: Sending cloudlet 1 to VM #1
0.1: Broker: Sending cloudlet 2 to VM #2
0.1: Broker: Sending cloudlet 3 to VM #3
0.1: Broker: Sending cloudlet 4 to VM #4
0.1: Broker: Sending cloudlet 5 to VM #5
0.1: Broker: Sending cloudlet 6 to VM #6
0.1: Broker: Sending cloudlet 7 to VM #7
0.1: Broker: Sending cloudlet 8 to VM #0
0.1: Broker: Sending cloudlet 9 to VM #1
0.1: Broker: Sending cloudlet 10 to VM #2
0.1: Broker: Sending cloudlet 11 to VM #3
0.1: Broker: Sending cloudlet 12 to VM #4
0.1: Broker: Sending cloudlet 13 to VM #5
0.1: Broker: Sending cloudlet 14 to VM #6
```

```
0.1: Broker: Sending cloudlet 15 to VM #7
110.22073584375741: Broker: Cloudlet 5 received
117.25570087872245: Broker: Cloudlet 4 received
139.41397426001743: Broker: Cloudlet 0 received
149.00262674228694: Broker: Cloudlet 7 received
180.28320228185527: Broker: Cloudlet 8 received
189.1982966214779: Broker: Cloudlet 6 received
214.74775417625537: Broker: Cloudlet 9 received
222.27643507571565: Broker: Cloudlet 12 received
234.95804857081453: Broker: Cloudlet 15 received
279.77119735974185: Broker: Cloudlet 1 received
288.7291553176998: Broker: Cloudlet 13 received
306.31767206411126: Broker: Cloudlet 11 received
364.48256020450873: Broker: Cloudlet 3 received
457.93710565905417: Broker: Cloudlet 2 received
535.5267283005636: Broker: Cloudlet 14 received
676.0418798157151: Broker: Cloudlet 10 received
676.0418798157151: Broker: All Cloudlets executed. Finishing...
676.0418798157151: Broker: Destroying VM #0
676.0418798157151: Broker: Destroying VM #1
676.0418798157151: Broker: Destroying VM #2
676.0418798157151: Broker: Destroying VM #3
676.0418798157151: Broker: Destroying VM #4
676.0418798157151: Broker: Destroying VM #5
676.0418798157151: Broker: Destroying VM #6
676.0418798157151: Broker: Destroying VM #7
Broker is shutting down...
Simulation: No more future events
CloudInformationService: Notify all CloudSim entities for shutting down.
Datacenter_0 is shutting down...
Broker is shutting down...
Simulation completed.
Simulation completed.

========== OUTPUT ==========
Cloudlet ID    STATUS    Data center ID    VM ID    Time      Start Time    Finish Time
    5          SUCCESS        2              5      110.12       0.1          110.22
    4          SUCCESS        2              4      117.16       0.1          117.26
    0          SUCCESS        2              0      139.31       0.1          139.41
    7          SUCCESS        2              7      148.9        0.1          149
    8          SUCCESS        2              0      180.18       0.1          180.28
    6          SUCCESS        2              6      189.1        0.1          189.2
    9          SUCCESS        2              1      214.65       0.1          214.75
    12         SUCCESS        2              4      222.18       0.1          222.28
    15         SUCCESS        2              7      234.86       0.1          234.96
```

```
        1           SUCCESS         2               1           279.67          0.1             279.77
        13          SUCCESS         2               5           288.63          0.1             288.73
        11          SUCCESS         2               3           306.22          0.1             306.32
        3           SUCCESS         2               3           364.38          0.1             364.48
        2           SUCCESS         2               2           457.84          0.1             457.94
        14          SUCCESS         2               6           535.43          0.1             535.53
        10          SUCCESS         2               2           675.94          0.1             676.04
    CloudSimExampleA finished!
```

为了理解其运行结果，可以先关注主程序代码的第四步，要特别的注意到以下两个部分的代码。

1）CPU 的性能。

```
    int mips[] = new int[] {278, 289, 132, 209, 286, 333, 212, 423 };//虚拟机的
CPU 性能(MIPS)
```

2）任务执行的指令数。

```
    long cloudlets[] = new long[] { 19365, 49809, 30218, 44157, 16754, 18336,
    20045, 31493, 30727, 31017, 59008, 32000 ,46790, 77779, 93467, 67853 };
```

再看运行结果，注意完成的事务 5 与事务 2，可以看到事务 5 分配给了虚拟机 VM5，事物 2 分配给了虚拟机 VM2。而 VM2 的 CPU 性能值为 289，VM5 的 CPU 性能值为 286，它们两个的 CPU 执行效率很接近，在此可以看成是一样的。它们执行的事务指令数分别是 16754 与 49809，用时分别为 110.22 和 676.04。从这个结果可以得出，CPU 计算能力相同时，执行指令的数量决定了事务处理的时长。同样，再看另外一个例子，事务 9 与事务 3。这两个事务指令数分别为 30727 与 30218，非常接近，可以看成是一样了。而事务 9 与事务 3 分别对应虚拟机 VM1 与虚拟机 VM3。VM1 的 CPU 性能值为 278，VM3 的 CPU 性能值为 132。而从上面的结果可以看出，事务 9 处理完成用时为 214.65，而事务 3 处理完成用时为 364.38。因此，可以得出结论，在事务长度相同时，CPU 执行速度（即 CPU 计算能力）决定了事务处理时长。

到此，实现了由两台物理机组成的小型数据中心仿真的实验。从上面的仿真程序运行结果可以看出，CPU 计算能力以及处理事务时间的长短都直接影响着执行任务的时长。在相同事务的情况下，CPU 计算能力越强，则执行时间越短。在相同 CPU 计算能力的情况下，执行的事务越短则用时越少。因此，合理地利用虚拟机计算资源与合理地分配任务非常重要。

11.3.3 网络仿真实例

本节介绍如何使用 CloudSim 进行网络仿真并运行云事务（此处云事务就是任务或负载的意思），模拟网络流量延迟。网络仿真中需要创建主机并在其上运行数据中心，然后在网络拓扑结构上运行云事务。其中创建虚拟机、创建云事务和定义数据中心等操作与之前的例子相同，为了便于描述，本例中只使用一个数据中心和一个网络拓扑结构。

CloudSim 中的网络拓扑结构依赖于 brite 文件，该文件可以包含许多实体节点。它允许用户在不更改拓扑文件的情况下增加模拟的规模。每个 CloudSim 实体必须映射到一个（并且只有一

个）节点，以保证网络模拟正确工作，且每个 brite 节点一次只能映射到一个实体。一个 brite 文件的内容如下所示。

```
        Topology: ( 5 Nodes, 8 Edges )
        Model (1 - RTWaxman):  5 5 5 1  2  0.15000000596046448 0.20000000298023224 1
1 10.0 1024.0

        Nodes: ( 5 )
        0    1    3    3    3    -1 RT_NODE
        1    0    3    3    3    -1 RT_NODE
        2    4    3    3    3    -1 RT_NODE
        3    3    1    3    3    -1 RT_NODE
        4    3    3    4    4    -1 RT_NODE


        Edges: ( 8 )
        0    2    0    3.0                   1.1  10.0 -1   -1  E_RTU
        1    2    1    4.0                   2.1  10.0 -1   -1  E_RTU
        2    3    0    2.8284271247461903    3.9  10.0 -1   -1  E_RTU
        3    3    1    3.605551275463989     4.1  10.0 -1   -1  E_RTU
        4    4    3    2.0                   5.0  10.0 -1   -1  E_RTU
        5    4    2    1.0                   4.0  10.0 -1   -1  E_RTU
        6    0    4    2.0                   3.0  10.0 -1   -1  E_RTU
        7    1    4    3.0                   4.1  10.0 -1   -1  E_RTU
```

其中影响仿真的信息从“Nodes”开始。Nodes 下每一行表示拓扑结构中的一个节点，每一列分别表示：节点 id、x 坐标位置、y 坐标位置、入度、出度、自治系统 id 和类型（路由/自治）。Edges 下每一行表示拓扑结构中的一条边，每一列分别表示：边 id、起点、终点、欧几里得距离、延迟、带宽、自治系统起点、自治系统终点和类型。

CloudSim 使用 NetworkTopology 类实现网络层功能。NetworkTopology 类可以实现读取 brite 文件并从中生成一个网络拓扑结构。这些信息用于在 CloudSim 中模拟网络流量延迟。

数据中心和云事务的创建方法不再赘述，以下是网络仿真的主程序。

```
        public static void main(String[] args) {
                Log.printLine("Starting NetworkExampleA...");
                try {
                    // 第一步：在所有实体创建之前初始化 CloudSim 程序包
                    int num_user = 1;                         // 用户数
                    Calendar calendar = Calendar.getInstance();
                    boolean trace_flag = false;               // 是否跟踪事件
                    // 初始化 CloudSim 库
                    CloudSim.init(num_user, calendar, trace_flag);

                    // 第二步：创建数据中心
                    //Datacenters are the resource providers in CloudSim. We need
```

```
at list one of them to run a
                    CloudSim simulation
                    Datacenter datacenter0 = createDatacenter("Datacenter_0");

                    // 第三步：创建数据中心（用户）代理
                    DatacenterBroker broker = createBroker();
                    int brokerId = broker.getId();

                    // 第四步：创建虚拟机
                    int mips[] = {278};
                    vmlist = createVM(brokerId,mips);
                    broker.submitVmList(vmlist);

                    // 第五步：创建云事务
                    long length[] = { 40000 };
                    cloudletList = createCloudlet(brokerId,length); // creating 40
cloudlets

                    broker.submitCloudletList(cloudletList);

                    // 第六步：加载网络配置参数
                    NetworkTopology.buildNetworkTopology("topology.brite");
                    // 将 CloudSim 实体映射到 BRITE 实体
                    int briteNode=0;
                    NetworkTopology.mapNode(datacenter0.getId(),briteNode);
                    // 代理对应到 3 号 BRITE 实体
                    briteNode=3;
                    NetworkTopology.mapNode(broker.getId(),briteNode);

                    // 第七步：开始仿真
                    CloudSim.startSimulation();

                    // 第八步：仿真结束，并打印仿真结果
                    List<Cloudlet> newList = broker.getCloudletReceivedList();

                    CloudSim.stopSimulation();
                    printCloudletList(newList);
                    Log.printLine("NetworkExampleA finished!");
                }
                catch (Exception e) {
                    e.printStackTrace();
                    Log.printLine("The  simulation  has  been  terminated  due  to  an
unexpected error");
                }
            }
```

程序运行结果如下所示：

```
Starting NetworkExampleA...
Initialising...
Topology file: topology.brite
Starting CloudSim version 3.0
Datacenter_0 is starting...
Broker is starting...
Entities started.
0.0: Broker: Cloud Resource List received with 1 resource(s)
7.800000190734863: Broker: Trying to Create VM #0 in Datacenter_0
15.700000381469726: Broker: VM #0 has been created in Datacenter #2, Host #0
15.700000381469726: Broker: Sending cloudlet 0 to VM #0
167.3848926585355: Broker: Cloudlet 0 received
167.3848926585355: Broker: All Cloudlets executed. Finishing...
167.3848926585355: Broker: Destroying VM #0
Broker is shutting down...
Simulation: No more future events
CloudInformationService: Notify all CloudSim entities for shutting down.
Datacenter_0 is shutting down...

Broker is shutting down...
Simulation completed.
Simulation completed.

========== OUTPUT ==========
Cloudlet ID   STATUS   Data center ID   VM ID   Time    Start Time   Finish Time
    0        SUCCESS        2             0     143.88     19.6        163.48
NetworkExampleA finished!
```

根据上述的输出结果（OUTPUT 下面的内容），输出结果中云事务的启动时间（Start Time）为 19.6，而并非数据中心仿真实例中的 0.1（参考数据中心仿真实例的运行结果），这说明启动时间直接受到影响，而执行时间不会受到影响，即仿真的网络运行事务时存在网络延迟的情况。如果不是网络仿真环境，则云事务的启动时间应为 0.1。

习题

1．什么是 CloudSim？

2．CloudSim 使用的模型场景有哪些？

3．简述 CloudSim 仿真的主要步骤。

4．使用 CloudSim 完成以下数据中心的仿真。仿真两个数据中心，每个数据中心分别有 10 台物理机（5 台双核，5 台 4 核）。两个数据中心总共有 100 台虚拟机，每台虚拟机的运算能力（100-500）不相同。这两个数据中心总共需要处理 1000 个外部负载（负载能力 10000-100000）任务。

参 考 文 献

[1] 安俊秀. 量化社会：大数据与社会计算[M]. 成都: 西南交通大学出版社, 2016.

[2] 王鹏. 云计算的关键技术与应用实例[M]. 北京: 人民邮电出版社, 2010.

[3] CALHEIROS R N, RANJAN R, BELOGLAZOV A, et al.CloudSim:a toolkit for modeling and simulation of cloud computing environments and evaluation of resource provisioning algorithms[J]. Software Practice & Experience, 2010, 41(1): 23-50.

[4] 孟小峰, 慈祥. 大数据管理: 概念、技术与挑战[J]. 计算机研究与发展, 2013, 50(1): 146-169.

[5] HEY T.The Fourth Paradigm - Data-Intensive Scientific Discovery[J]. Proceedings of the IEEE, 2009, 99(8): 1334-1337.

[6] 中国大数据技术与产业发展白皮书[R]. 中国计算机学会, 2013.

[7] 林康平, 王磊, 安俊秀. 云计算技术[M]. 北京: 人民邮电出版社, 2017.

[8] 周洪波. 云计算：技术、应用、标准和商业模式[M]. 北京: 电子工业出版社, 2011.

[9] 马建光, 姜巍. 大数据的概念、特征及其应用[J]. 国防科技, 2013, 34(02): 10-17.

[10] 朱志军, 闫蕾. 大数据：大价值、大机遇、大变革[M]. 北京: 电子工业出版社, 2012.

[11] ANRAWAL D, DAS S, EL ABBADI A.Big data and cloud computing:current state and future opportunities[C]. Proceedings of the 14th International Conference on Extending Database Technology. ACM, 2011: 530-533.

[12] 朱伟雄, 王德安, 蔡建华. 新一代数据中心建设理论与实践[M]. 北京:人民邮电出版社, 2009.

[13] 王鹏, 黄焱, 安俊秀, 等. 云计算与大数据技术[M]. 北京: 人民邮电出版社, 2014.

[14] 丁维龙, 赵卓峰, 韩燕波. Storm: 大数据流式计算及应用实践[M]. 北京: 电子工业出版社, 2015.

[15] ANDERSON Q. Storm 实时数据处理[M]. 卢誉声，等译. 北京: 机械工业出版社, 2014.

[16] 陈敏敏, 王新春, 黄奉线. Storm 技术内幕与大数据实践[M]. 北京: 人民邮电出版社, 2015.

[17] Dongarra J, 等. 并行计算综论[M]. 莫则尧, 等译. 北京: 电子工业出版社, 2005.

[18] 安俊秀, 王鹏, 靳宇倡. Hadoop 大数据处理技术基础与实践[M]. 北京: 人民邮电出版社, 2015.

[19] KARAU H. Spark 快速大数据分析[M]. 王道远, 译. 北京: 人民邮电出版社, 2015.

[20] 耿嘉安. 深入理解 Spark 核心思想与源码分析[M]. 北京: 机械工业出版社, 2016.

[21] 郭景瞻. 图解 Spark 核心技术与案例实战[M]. 北京: 电子工业出版社, 2017.

[22] 王庆波. 虚拟化与云计算[M]. 北京: 电子工业出版社, 2009.

[23] 陈国良. 并行计算机体系结构[M]. 北京: 高等教育出版社, 2002.